LUMINAIRE

光启

U0219048

人与环境

FIR AND EMPIRE

THE TRANSFORMATION OF FORESTS
IN EARLY MODERN CHINA

杉木与帝国

早期近代中国的森林革命

[美]
孟一衡 著
IAN M. MILLER
张连伟 李莉 李飞 郎洁 译

上海人民出版社

光启书局
LUMINAIRE BOOKS

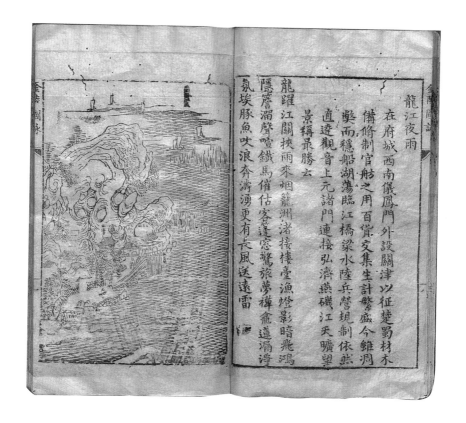

龍江夜雨

在府城西南儀鳳門外設關津以征楚蜀材木
備脩製官舫之用百貨交集生計繁盛今雖洞
槊而穩船湖蕩臨江橋梁水陸兵營規制依然
直逹觀音上元諸門連接弘濟燕磯江天曠望
景稱最勝云

龍躍江關挾雨來烟籠洲渚接樓臺漁燈影暗飛鴻
隱簷溜聲喧鐵馬催估客逢窓驚旅夢禪龕道漏㳉
氣埃豚魚吹浪奔濤湧更有長風送遠雷

图1 龙江夜雨

这幅木版画描绘了一支大型船队沿河前进的场景。原书的部分文字描述
为："在府城西南仪凤门外，设关津以征楚蜀材木，备修制官舫之用。"
—

资料来源：《金陵图咏》（1624 年），美国国会图书馆"中国珍本古籍
数字收藏"（Courtesy of the Library of Congress, Chinese Rare Book Digital
Collection）

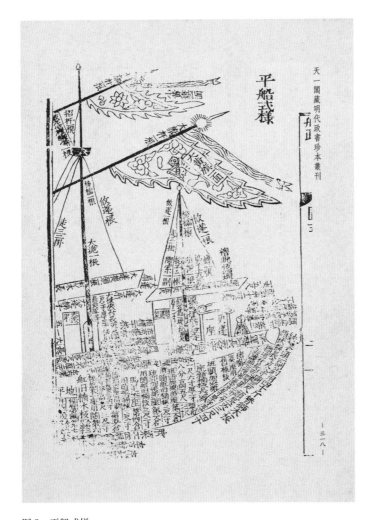

图2　平船式样

图片描绘了制造平船的样式标准，图中的文字表示船只单个组件的名称，有的标明了尺寸。在原书的其他地方还提供了每个组件的标准价格和其他规格数据。

—

资料来源:《船政》(1546年)，转载自哥伦比亚大学斯塔亚图书馆（C.V.Starr East Asian Library）提供的《天一阁藏明代政书珍本丛刊》翻印本

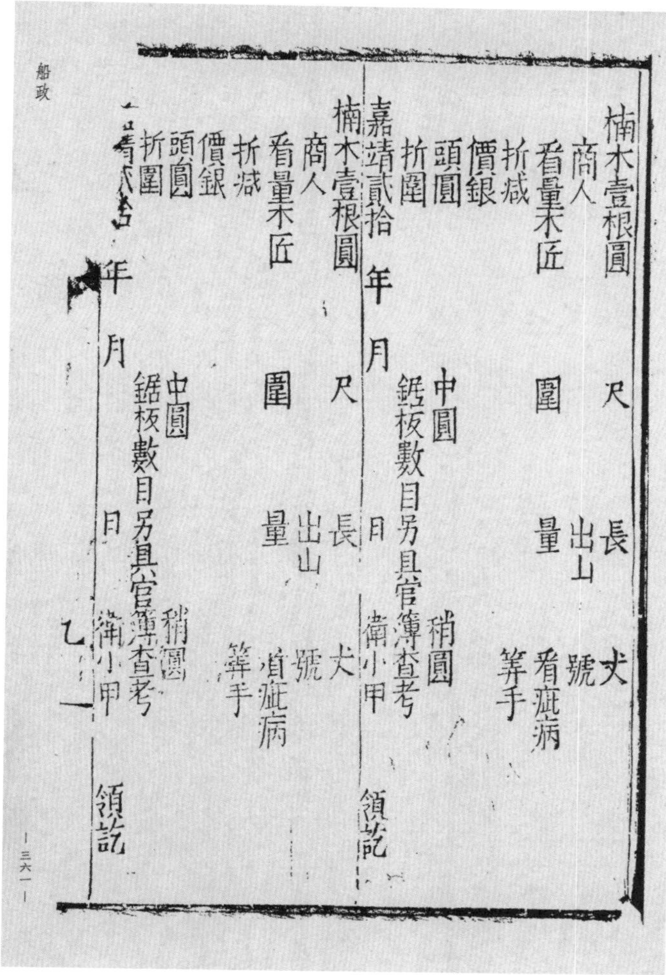

楠木壹根圓　尺　長　丈　出山　號

商人　看量木匠　圍　量　看疵病　籌手

價銀　頭圓

折圓　折減　中圓　稍圓　籌手

嘉靖貳拾　年　月　日　鋸板數目另具官簿查考　衛小甲　領訖

楠木壹根圓　尺　出山　長　丈　號　衛小甲　領訖

商人　看量木匠　圍　量　偵疵病　籌手

價銀　頭圓

折圓　折減　中圓　稍圓　籌手

嘉靖貳拾　年　月　日　鋸板數目另具官簿查考　乙二一　領訖

图3　木材采购记录表

图为《船政》的一页，左右排列了两张采购木材的记录表格，书中这样的页面共有两页。这些表格可以根据需要用木刻版印刷出来，表格中有信息注明："锯板数目另具官簿查考。"表头注明这是采购楠木的记录，不过原书有批注认为，这张表应更正为杉木或其他类型木材的采购记录。

—

资料来源：《船政》，转载自哥伦比亚大学斯塔东亚图书馆提供的《天一阁藏明代政书珍本丛刊》翻印本

图 4　悬木吊崖

资料来源：《西槎汇草》（1533 年），美国国会图书馆"中国珍本古籍数字收藏"

图 5　天车越涧

资料来源：《西槎汇草》，美国国会图书馆"中国珍本古籍数字收藏"

图 6　巨浸飘流

资料来源：《西槎汇草》，美国国会图书馆"中国珍本古籍数字收藏"

图 7　转输疲弊

资料来源：《西槎汇草》，美国国会图书馆"中国珍本古籍数字收藏"

图 8　焚劫暴戾

资料来源：《西槎汇草》，美国国会图书馆"中国珍本古籍数字收藏"

图 9　蛇虎纵横

资料来源：《西槎汇草》，美国国会图书馆"中国珍本古籍数字收藏"

献给我的祖父母

目 录

中文版序言

在我研究此项目的十年间,中国环境史(尤其是森林史)在中国和西方世界获得了迅速发展。当我开始写作时,最重要的研究聚焦于农业、河流以及水利。伊懋可(Mark Elvin)的著作,以及马立博(Robert Marks)的概述性英文学术研究,构建了以衰退的叙事模式来理解中国环境史的总体框架。我深受上述第一代(学者的)环境史研究影响,特别是伊懋可和马立博。但是,我也在思考,这一谜题中是否有一些缺失的碎片——长期的可持续利用甚至是保护的事例。

在我十年的研究和写作期间,涌现了数十部重要的英文环境史著作。贝杜维(David A. Bello)的《穿过森林、草原与高山》(*Across Forest, Steppe and Mountain*)和谢健(Jonathan Schlesinger)的《帝国之裘》(*A World Trimmed with Fur*)详尽地展示了清代的环境保护制度。张玲的《河流、平原与政权》(*The River, the Plain, and the State*)展现了书写早如北宋那样具有深刻而复杂历史的朝代的可能性。2018 年,我与约翰·S. 李(John S. Lee)、戴伯力(Bradley Camp Davis)、布赖恩·兰德(Brian Lander)以及 K. 西瓦拉马克里什南(K. Sivaramakrishnan)聚在一起,组成小组,以"亚洲的木材时代"

为题共同研讨亚洲森林史。他们的几部著作和论文与此书几乎在同时期出版或发表，包括大卫·费德曼（David Fedman）关于殖民地时期朝鲜林业的《控制的种子》（*Seeds of Control*），金田（Aurelia Campbell）关于明代建筑的《帝国建立了什么》（*What the Emperor Built*），以及张萌的《清代中国的木材与森林：维持市场》（*Timber and Forestry in Qing China*）。

在中国，这个领域正因为新发现的材料与新视角而快速转变。这在一定程度上要归功于丰富的森林契约文书，以及对徽州林业数十年的研究。当我着笔时，清水江文书仍然较为新颖，张应强的《木材之流动》刚刚出版，现在（此类研究）已经发展起来。在浙江和福建，又有数以万计的森林契约文书被发现，杜正贞、郑振满和其他一些学者的研究进一步证实了清代和 20 世纪初整个东南地区地方森林社会的活力。虽然这些文档似乎更多地展示了社会、经济和法律的历史，而不是环境本身的变化，但这项研究有望进一步改变这一领域。

由于中国森林史正在英文和中文学术界快速发展，我也因此特别感谢本书的中文版继英文版后能很快出版。我要特别感谢我的编辑肖峰和上海光启书局的热情。张连伟教授及其团队以惊人的速度完成了全部翻译工作，发现并修正了几处错误。在这一过程中，他必须决定如何翻译学术语言，以保持对两种不同语言的忠实，以及（在某些情况下）对文言文原著的忠实。出于这两种原因，中文版与英文版之间存在些许差异。本书的任何疏漏和错误之处都由我本人负责。

还有一个复杂之处在于，怎样表述这本书所思考的历史时期。

在英语中，有三种主要选择，一是使用"imperial"（帝国时期）或"late imperial"（帝国晚期）；二是使用"Song，Yuan and Ming"（宋元明）这样的朝代名称；三是使用源自欧洲学术界的术语，比如"medieval"（中世纪）和"early modern"（早期近代）。我希望欧洲历史学者能阅读我这本书，所以我明确地选择一个比较的框架，使用了"early modern"这一术语。这当然没有完美地契合这本书的历史时期。在欧洲学术界，"early modern"指的是从1453年（奥斯曼帝国征服君士坦丁堡）或1492年（哥伦布航海）到1789年（法国大革命）的历史时期。然而，这些年份在中国历史上的意义并不那么突出。

我认为欧洲森林史从大约1500年开始的变化，其实早在大约1200年开始的中国森林史中就得到了预演。为了激起欧洲历史学家对这一观点的回应，我选择了"early modern"。他们当中有些人仍旧把我的书称为"medieval"，认为欧洲的事件更加重要；为了让西方的历史学家承认中国的重要性，依旧有待努力。不过面对中国的读者，有一个不同的问题：在把"early modern"翻译成中文时，怎样最好地传达我的观点？中文版译者、编辑和我考虑了好几种可能性，最后决定使用"早期近代"作为"early modern"的最佳译名。这不仅因为这个中文词汇保留了我的原本用意，还因为在中国，"近代"传统上指的是1840年之后的历史，要指称在此之前的历史时期，"早期近代"更加易于理解。我希望，关于怎样对比和联系中国历史、欧洲历史以及其余整个世界的历史，这会启发出更多的思考。

最后，当在我写这篇序言时，世界各国领导人正在苏格兰格拉斯哥参加 2021 年联合国气候峰会。这是一个被热议的话题，因为森林在吸收二氧化碳方面扮演着重要角色，植树造林，将成为任何气候变化解决方案的一部分。然而，在解决像气候这类大问题时，人们非常容易陷入绝望或幻想。我希望本书展示的中间路线是可行的：在早期近代中国，人们能够通过实施新的复杂实践来促进森林种植，应对森林砍伐的威胁。这个过程并不容易，结果也并不完美，但是几百年中建立起来的造林体系限制了环境和经济灾难。

孟一衡（Ian M. Miller）

纽约

2021 年 11 月 1 日

序：大造林

保罗·S.萨特

在过去二十年，随着环境史研究的国际化，世界上很少有像中国这样涌现出如此丰富的学术成果的地方。中国作为环境史研究对象的吸引力是显而易见的。一方面，档案记录可以追溯到几千年前，如果一个人有足够的中文水平，就可以发掘人类与环境互动的深层历史，这是在世界上其他大多数地方都难以复制的。另一方面，矛盾的是，当代历史中急剧加速的环境变化，巩固了中国在新兴人类世（Anthropocene）叙事中的中心地位。今天即使一个漫不经心的观察者也会很快意识到，就像我2019年夏天第一次来中国的时候一样，中国是一个既古老得惊人，又崭新得惊人的地方。关于中国近期的急剧转变，包括其深刻的环境转变，任何令人满意的历史叙述必须建立在理解其深厚历史的基础之上。

在为中国深厚的历史建立主流环境叙事方面，没有哪位历史学家比伊懋可做得更多，他的权威著作《大象的退却：一部中国环境史》将野生大象数量的减少作为一项指标，证明中国环境史的决定性趋势："长期的毁林和原始植被的消失"。公元前5000年，亚洲象几乎分布在中国所有的森林，但是森林植被的消失迫使它们退却到今天西南部的几个避难地，紧邻缅甸和老挝的边境地带。伊懋可把这个过程叫作"大毁林"（Great Deforestation）。他意识到，中国历史上特有的毁林现象，一次是在一千年前、被他称作"中世纪经济革命"的时期，另一次则是始于 17 世纪并在整个 19 世纪加速。他还认为"大毁林"在几千年的时间里是相对持续的。就像亚洲象的退却，它们依赖森林植被生存，"大毁林"也有一个南向的趋势。

现在伊恩·米勒（Ian M. Miller）*出场了。他创作了一部历史探究的杰作，从根本上改变了我们对中国早期近代环境史的理解。在《杉木与帝国》一书中，米勒创新地使用当地和民间的新材料，分析土地利用和植被变化，揭示了中国南方的森林历史，修正了伊懋可关于前现代中国持续毁林的叙事。通过这项工作，他认为在公元 1000 年到 1600 年之间，即伊懋可所说的"中世纪经济革命"所导致的森林危机期间，以及从 17 世纪开始的另一场全面爆发的森林危机期间，在中国南方地区主导的趋势其实是造林（afforestation）。米勒揭示，这一时期更应称之为"大造林"（Great Reforestation），而非伊懋可所言的"大毁林"。

这一修正是颠覆性的，支撑这一修正的细节引人入胜，但在深入研读之前，重要的是弄清楚米勒没有争论什么。他并没有去质疑中国环境史上的长期趋势，即被伊懋可所称的"原始植被"的消失，与之相伴随的汉族扩散。中国大象的退却是过去千年里这种真实而深刻的环境变化的结果，中国失去了众多的原始森林及赖其生存的生物。从生态学角度看，由"大造林"形成的人工林生物群

---

* 即本书作者，中文名孟一衡。"*"号注释均为译注。

落，与消失的原始森林相比，显得苍白无力。然而，米勒真正想做的是让我们摆脱这种观念：上述长期趋势意味着森林覆盖面积的巨大减少，这些变化趋势源自几个世纪以来中国环境治理的失败。他的主要观点是公元1000年至1600年之间，中国南方地区通过种植杉木和其他经济林木，实现了重新造林。不仅如此，米勒还认为这几个世纪里中国出现了一种独特的森林管理体系，这一体系在之后的几个世纪里传播到世界，堪称现代林业制度的先驱。《杉木与帝国》不仅颠覆了我们把中国历史看作森林锐减的故事的认知，它还表明，早期近代中国的森林管理具有惊人的创新史。

对米勒来说，这个故事始于南宋初年（1127—1179）税收政策上一个微妙但至关重要的变化：原本只对农业土地征税的政府，开始对山林土地征税。为此，政府调查并绘制了这些山林的地图，要求土地所有者向国家登记，但政府并没有对中国南方所有的林地征税。相反，米勒认为，南宋政府只对土地所有者植树的区域征税。这些记录成为米勒论证重建新森林群落的关键证据。换句话说，这一税收政策的转变并非意味着国家介入并规范森林公地，相反这是国家意识到大面积植树作为一种新型的农业土地使用方式的有效性并且应该进行征税。此外，米勒认为，对于那些致力于振兴中国南方森林的人来说，适度的税收是国家以很小的代价将人工林合法化为私有财产的一种形式。这一转变的结果是私有化和市场化林业制度的发展——在一个没有护林员或者中央林业机构的林业帝国——这一发展产生了一场迅速席卷中国南方的"造林革命"。这场革命不仅创造了新的森林生物群落，也创造了一个坐落在农业低地和仍然不受管制的高地之间独特的圈地和环境管理区域。于是

"大造林"开始了。

米勒也发现了关于这场革命的各种各样的连续性证据。他注意到这一时期的一个变化，国家通过使用差役，从采伐公有林转变为对木材工人强制性征收银税，而这些工人必须在私人木材市场挣取工钱来交税。他认为，这是从天然林过渡到人工林的清晰证据，这一变化意味着公有林对木材市场和其他资源采集的开放程度要低得多。徽州是这场变革的中心，米勒利用徽州的林契和租佃合同，揭示了人工林地及其成长周期长的树木作为私有财产，在这几个世纪里是如何以复杂的方式发展的。他论证了国家如何通过对一部分流通到市场的私人木材供给征税，实现间接管理人工林，以此代替国家主导的木材行业。他通过分析几次雄心勃勃的造船运动，包括15世纪早期郑和著名的下西洋船队，展示了大量的木材需求如何依靠人工林木材市场交易及其产生的关税收入，而不是通过集中的林业管理得以满足。值得注意的是，米勒发现这些造船活动并没有对中国南方的木材供应产生实质性的压力。这个新的森林群落唯一难以胜任的就是明朝时期帝国首都北京的建设，它需要巨大的原始木材，而这些原始木材只有在长江峡谷的深处才能找到。

通过检索各种各样的税务、契约和木材市场记录，米勒熟练地勾勒出一个非凡的林业体系框架。在数个世纪里，这一体系曾是高效而且相对稳定的。中国连续的几个朝代都通过税收机制、财产法律、市场规则等实现了远程地、大规模地管理。更准确地说，因为没有中央林业管理机构，以及由此产生的档案材料，这种造林革命一直隐蔽在人们的视线之外。米勒的突出贡献在于重新发现这一革命。

这一体系及其造就的约 2000 万英亩*人工林地，在 17、18、19 世纪解体和消失，而此时欧洲国家、日本、美国正在发展现代的、国家的林业管理机构。中国 19 世纪的森林危机是可怕的，没有林业机构来解决这个问题看上去是一种保护失败。基于这一事实，人们很容易认为森林滥伐和薄弱的森林管理是中国人生活的永恒特征。但事实上，这并不是一场缺乏国家有效干预而持续千年的危机。相反，正如米勒令人信服地展示的那样，这是一个近期的创新造林体系的失败，是间接的和受市场驱动的，而这是中国环境史学者大多忽略的。这个林业体系当然有其社会和生态代价，中国南方在公元 1100 年后人工林布满山岭，取代了天然林，导致依赖这些公共资源生存的原住民流离失所。但是这些人工林发端于应对"宋代木材危机"而进行的税收改革，成功地满足了宋、元、明时期大量的木材需求。这是一项重大成就。不仅如此，米勒让我们认识到这个人为的森林群落，由当地土地所有者和他们的雇工种植和维护，对一个前工业时代国家来说，是一种前所未有的景观改变。通过重新发现中国南方的"大造林"，以及使其得以实现的管理政策和实践，米勒改变了我们对早期近代中国环境史的理解。

---

*　英美面积单位，1 英亩约等于 0.405 公顷。

致　谢

这项研究开始于哈佛大学期间，受到了宋怡明（Michael Szonyi）的指导，并得到了包弼德（Peter K. Bol）、伊恩·贾里德·米勒（Ian Jared Miller）和保罗·沃德（Paul Warde）的建议。它所取得的突破性进展，是在耶鲁大学参加由詹姆斯·斯科特（James C. Scott）和K.西瓦拉马克什南主持的土地研究项目，以及受薛凤（Dagmar Schäfer）和陈诗沛（Shih-Pei Chen）邀请在马普科学史研究所进行的两次访学。在本书的完善过程中，华盛顿大学出版社的保罗·S.萨特（Paul S. Sutter）和安德鲁·贝赞斯基（Andrew Berzanskis）以及两位匿名评审的卓识给予我极大帮助。我惊异地发现它现在正趋近于完善。

在这些年中，我还亏欠了其他许多人。从某种程度上说，这本书一半像是我与约翰·S.李的对话，它开始于十多年前宋怡明关于晚期帝制中国的研讨课之后。在哈佛，车柱沆（Javier Cha）、萨库若·克里斯马斯（Sakura Christmas）、陈琍敏（Tarryn Li-Min Chun）、德文·迪尔（Devon Dear）、戴史翠（Maura Dykstra）、冯坦风（Devin Fitzgerald）、金环（Huan Jin）、克礼（Macabe Keliher）、孙慧子（Angela Huizi Sun）、许临君（Eric Schluessel）、于文（Wen Yu）是重要的同窗好友。与华琛

1

（James L. Watson）和张玲的研讨课，对我作为环境史学者的研究之路产生了决定性影响。我的研究中的旅行，则受到费正清中国研究中心和弗里德里克·谢尔登旅行奖学金的慷慨资助。我在中国的田野考察，得到了张伟然、梁洪生、李平亮的大力帮助。克里斯·柯金斯（Chris Coggins）也非常友好地邀请我参加了他及其学生的研究之旅。在耶鲁，我受益于安东尼·阿基瓦蒂（Anthony Acciavatti）、卢克·本德（Luke Bender）和萨宾·卡多（Sabine Cadeau）的卓识和友谊。在马普科学史研究所，我受教于凯瑟琳·巴尔丹扎（Kathlene Baldanza）、边和（He Bian）、车群、德斯蒙德·张（Desmond Cheung）、史瑞戈（Gregory Scott），尤其是与金田和戴思哲（Joseph Dennis）的交流。我在圣约翰大学历史系的同事给予了特别的支持，非常感谢沙赫拉·侯赛因（Shahla Hussain）、苏西·帕克（Susie Pak）、尼丽娜·鲁斯托姆吉（Nerina Rustomji）和我的前任杰弗里·金克利（Jeffrey Kinkley）。李明珠（Lillian M. Li）开启了我的中国历史研究，至今仍然是我最重要的导师。

本书中的几个章节特别受到同几位学者交流的影响。冯坦风帮我找到了一本稀有图书，其中的插图呈现在封面和第七章中。贝杜维和穆盛博（Micah Muscolino）的反馈意见促使我澄清并强化了几个主要的观点。开篇讲述的轶事是基于谢健的建议。濮德培（Peter Perdue）和芮乐伟·韩森（Valerie Hansen）的批评让我把第二章的内容调整回到最初的构思。第三章早期的内容受到边和的影响；在哥伦比亚现代中国研讨会上，我得到了高彦颐（Dorothy Ko）、吴克强（Chuck Wooldridge）和曾小萍

（Madeleine Zelin）对后期初稿的指点。第四章深受戴史翠和周绍明（Joseph McDermott）的影响。第五章内容通过与张萌的交流获得了信息，并根据张玲的重要意见进行了修订。第七章在很大程度上归功于金田。我在"亚洲森林时代"学术会议上也受益良多，这是我与戴伯力、布赖恩·兰德、约翰·S.李和K.西瓦拉马克里什南共同组织的，由美国学术社团理事会（the American Council of Learned Societies）和蒋经国国际学术交流基金会资助。此外，我也在与以下学者的讨论中受益匪浅，他们是卡尔·阿普恩（Karl Appuhn）、约翰·以利亚·本德（John Elijah Bender）、张仲思（Tristan Brown）、陈元（Yuan Chen）、费边·德里克斯勒（Fabian Drixler）、大卫·费德曼、郝瑞（Stevan Harrell）、洪广冀（Kuang-chi Hung）、李琼（Jung Lee）、乔安娜·林泽（Joanna Linzer）、马立博、帕梅拉·麦克尔维（Pamela McElwee）、南希·李·佩鲁索（Nancy Lee Peluso）、贾日娜（Larissa Pitts）、霍莉·斯蒂芬斯（Holly Stephens）和法扎·扎卡里亚（Faizah Zakaria）。

最后，我必须感谢我的家人，没有他们中的任何一员，这一切都不可能发生。我的祖父母，贝蒂（Betty）和老沃利·米勒（Wally Miller Sr.）、鲍勃（Bob）和薇·福格尔·乌雷茨（Vi Fogle Uretz），对我的教育给予了巨大的支持，此书是献给他们的。我的父母，珍（Jane）和沃利·米勒，还有他们的合伙人，艾伦·霍洛维茨（Allan Horowitz）和克里斯蒂娜·史密斯（Christina Smith），都给了我太多的帮助，难以言尽。我的岳父母，何国勉和肖文佳，也给予了卓识和支持。我的孩子，何然

（Rye）和何恺（Kai），一直是我灵感的源泉（也包括分心），并陪伴进行了许多脑力风暴的"公园之旅"。最重要的是，我要感谢我的妻子，何及（Evelyn He），为了实现这一目标所付出的耐心、激励和坚持。

　　除非另有说明，所有翻译都是我自己完成的，也包括其中存在的任何错误。*

---

* 此处指作者在英文原书中进行的中文翻译。

命名规范

地方有多个名称。因为本书跨越时段长，许多地名发生了变化。为了明晰起见，我在全书中主要使用了明朝时期的地名，它与现代许多地名相同，易于辨识。如果与当代地名不同，该地名首次出现时，我会在括号中注明。例如，北宋的主要都城是开封（汴京）。

人物也有多个名称。在全书中，我会选择最为明确的单一称谓，即使这有可能牺牲前后的一致性。这意味着我用庙号称呼宋朝的统治者，用蒙古族的名字称呼元朝的统治者，用年号称呼明朝的统治者。唯一的例外是朱元璋，我用其本名是为了避免出现明朝建立前后的时代错误。帝王以外，大多数人是其本名，但这里也有例外：我称呼王阳明，这是更为人熟知的尊称。

甚至植物也有多个名称。在文中使用树木名称的时候，我一般用通用名和中文术语而不是双名法。在许多情况下，这避免了不合时宜和准确性方面的错误。例如，本书标题中的"fir"翻译的是一个汉字（shan，杉），它可以指多个物种。在中国南方地区，它是指杉木（Cunninghamia lanceolata）；在日本，同样的字，发音是"sugi"，一般是指日本柳杉（Cryptomeria japonica）；在这两种情况下，shan/sugi 在历史上又可以指其他多个物种。更多的信息，可以查阅词汇表。

导　论

1793年，大英帝国首次来华的外交使团返回途中，特使乔
治·马戛尔尼经过了中国南方地区。马戛尔尼在日记中记录了对这
一地区勤劳农作的印象。在浙江和江西交界地带的附近，这位爱尔
兰伯爵写道，他"看到只要能耕作的地方都被充分利用起来"，留
意到"任何可以利用的山坡都被开垦成梯田，种上不同类型的作
物"，并且"池塘和蓄水池是一个公众关心的问题"。最后，马戛
尔尼观察到"山上都是新种的树木，主要是杉树，有成千上万英
亩。从这里到广州一路上基本都是如此"。¹25年后，植物学家克
拉克·阿贝尔（Clarke Abel）陪同另一个英国使团访华，对于中
国森林留下了内容更为丰富的文字材料。他也注意到长江沿岸漫山
遍野的"橡树和杉树人工林"。²根据以上两位旅行者的描述，中国
南方林木茂密，尤其是存在大量幼杉人工林。

200年前，这些英国观察者看到的正是许多现代学者所经常忽
略的：布满山峦的针叶树，都是人们亲手种植的。马戛尔尼和阿贝
尔认识到这些森林是人类培育的产物，如同低山坡上的水塘和梯
田。从杭州到广州的山上长满了树木，不是由于缺少人类的干预，
反而就是人们种上去的。正是他们来中国旅行的时候，在欧洲，
林务员开始推广这种针叶树类型的人工林，但是在中国南方，这种

"新植树木"的森林并不是什么新现象。马戛尔尼和阿贝尔看到的杉树，是早在12世纪和13世纪就开始培育的树木的克隆繁殖后代，这些树木不仅是人造林，还是经过人类改造和再改造的森林，几个世纪以来不断重复。

像任何好的故事一样，这些杉木人工林的培育史始于一场危机。数百年来，人们一直利用并改变中国的森林而没有造成灾难，是因为他们通过炼山、择伐和小规模种植，促进了有用树木的生长。但是，在11世纪，这些主导人们行为的习惯性措施开始失效，急需木材的人们在人口最稠密的地区砍伐有用的树木，甚至连林木繁茂的边远地区也报告说过度采伐。当过度采伐威胁到木材供应稳定的时候，政府管理者也面临着越来越大的压力，宫殿、城市、堤坝和船舶都需要木材。为了应对这种需求高峰，官员和百姓都在寻求新的木材来源和节约方式。他们加强了对共有林地的管理，寻找新的伐木区域，扩大国家和私人造林的范围。如果时间允许，这些策略的任何组合都可能解决木材危机。但是，它们并没有时间等待成熟。12世纪20年代末，战争和洪水给中原带来了混乱。尘埃落定时，私人造林和商业得以幸存，但新生的国家林业体系却不复存在。

在接下来的五个世纪里，中国的地主不断精细化和传播着这种最初由于应对木材危机而革新的森林管理方式。通过种植被马戛尔尼和阿贝尔记录的速生的中国杉（*shan/sha*，Cunninghamia lanceolata），他们为需求迫切的木材市场提供了稳定的木材来源。但是商业化的杉树种植不仅仅解决了迫在眉睫的木材需求危机，事实证明，它也对不断变化的需求作出了惊人的反应。随着需求的增长和价格的上升，更多的人种植了更多的树木，杉树种植也从少数州县扩展到覆盖南方大部分的高地。除了杉树，林地的所有者也栽种了其他具有商业价值的树木，包括用作木材的松树和樟树，用作竹竿和纸张原料的竹子，用来覆盖茅屋顶和制作纤维的棕榈，桐油、漆树、乌桕和油茶，饲养桑蚕的桑树，用作饮料的茶树，还有用途广泛的燃料、水果和坚果树种。从长江最后向南弯曲的下游几个州县开始，地主用人工栽种的林场代替了自然发育的树林，将河谷的集约农业扩展为一种山地的集约林业。在接下来的世纪里，人工林的触角向南延伸到广州，向西延伸到长江三峡。

　　环境和制度在不同程度上限制了森林的形成。无论在哪个层面分析，生态都是这一问题中的关键因素：植物的生长过程决定着树木成长的模式，物种的相互作用影响着群落组成，气候条件限制着森林生物群落的范围。[3] 人类的行为也成为这些环节上的重要影响因素：种植者引导着树木从种子到树苗再到树桩；他们决定着选择什么样的树木种在一起以及怎样采伐它们，这影响着各林分的年龄和物种组成。公共的准则和商业的需求也传递着人们在什么地方、什么时候、选择什么样的树木栽种。但是，如果我们想要解释区域性的森林生物群落的出现，就必须考察把森林聚集在一起的基石：为了管理、记录商品林并从中获利而出现的大规模机制。换言之，如果不探究中国市场和中华帝国的驱动力，就无法理解中国的森林。[4]

森林、官僚体制和经济

　　在很大程度上，造林是由国家和市场的需求以及由此建立并

5

管理木材供应的制度驱动的。政治生态学的学者已经证明，国家通过特定的知识形式来建立对环境的权力。国家通过调查林地和统计树木，建立了关于土地的信息，以此获取更多的产出，使森林适应国家对木材和燃料的需求，最终满足它们的控制欲。[5] 商业市场通过把自然界的产物变成个别的、可替代的商品，也改变着林地的自然属性。商人和市场监管者通过在生物群落砍伐树木，把单株的植物变成可交换的"木材"。[6] 依靠概念和测量标准化，官僚把林地及其产品在更高的抽象级别变得"清晰"起来，从而使其实现集中控制和专门技能。通过把树木和木材从它们的社会生态依赖中抽取出来，这些抽取物也会施加暴力给相互关联的群落——人类和植物的群落——木材正产生自这些群落。[7]

但是，把木材和林地变成抽象物在历史上并不是一成不变的。被管理的森林和商业木材也不是突然地、全部地从卡夫卡式（Kafkaesque）的官员头脑中跳出来的。相反，反映在纸质账本上的木材增长，看似平淡的表现背后是不断解决新压力的尝试，尤其是面对燃料和建筑材料日益激烈的竞争。在某些概念中，这些过程具体指向的是早期近代（early modern period），德国社会学家沃纳·桑巴特（Werner Sombart）称之为"木器时代"（wooden age）。[8] 在过去千年的中世纪，中国远非唯一面临木材需求高峰或经历森林治理革命的早期近代帝国。中国在 11 世纪木材危机期间的状况，包括城市化、军事竞争和海外扩张，与 1500 年左右欧洲的状况惊人相似。为了应对木材短缺，无论是真实的或感知到的，许多欧洲国家也加强了对森林的监管，在此过程中创造了新的环境治理形式及其专门知识。[9] 反过来，欧洲的经验又是我们认识现代林业、官僚体制和经济之间关系的核心。

因为欧洲的经验是我们当代对森林认知的渊源，所以值得我们简要回顾一下欧洲林业的发展过程。在内部，森林调查是欧洲统治者将中世纪宫廷转变为早期近代国家的关键途径。"forest"（森林）一词，以及与它具有亲缘的 *forst*、*forêt* 和 *foresta*，都源于贵族或城市庄园控制的森林管辖区的行政术语，其中有些地方甚至并没有特别茂盛的树木。[10] 各个国家扩大了森林管辖的范围，但只是逐步扩大。威尼斯是一个关键的革新者，它从 16 世纪开始调查其陆地森林。[11] 在北欧和西欧的大部分地区，宫廷只是在 17 世纪和 18 世纪才调查其王室领地以外的森林。[12] 正是这种监管的不断扩大，特别是森林调查的扩大，使行政术语"森林"（forest）几乎变成了描述性术语"林地"（woodland）的同义词。反过来，直到 19 世纪和 20 世纪，随着林学家利用他们新创办的专业期刊和学院来发展关于气候、土壤和可持续性的思想，"森林"才具有了现代生态学含义。[13] 换句话说，"森林"一词不断扩展的含义，反映了欧洲国家控制自然资源、最终量度和管理林地生态的野心。但是林业并不是一种纯粹的国内事务。

随着欧洲早期近代林业部门改变了本地的森林管理，他们的宫廷也派出调查员、商人和植物学家走遍整个大陆，寻找更多的材料。这些人在旅行过程中，把新发现的森林和物种报告给国内，为科学研究、帝国利益和商业利润服务。从莱茵河开始，木材采伐的边界沿着波罗的海向北和向东移动，然后向西到达美洲，最后达到非洲和亚洲。[14] 但是，无论他们代表的是科学团体、官方垄断企业，还是私人利益集团，欧洲的调查员都在寻找同样的东西——木材，

7

以便替代更熟悉的国内供给。在此过程中，从挪威云杉（Norway spruce）到里加冷杉（Riga fir）、美洲白皮松（American white pine）和印度柚木（Indian teak），他们把一系列树种分类并转化为商品。[15]欧洲人，尤其是受过训练的德国和法国林务员、苏格兰外科医生和博物学家，在林业、植物学和环境科学方面留下了不可磨灭的印记。[16]英国植物学家甚至将中国南方主要的造林树种以苏格兰外科医生詹姆斯·康宁汉（James Cunningham）的名字命名，他于1702年将第一批标本从浙江送回国。[17]他们提出的术语、概念和原则至今仍影响着我们理解世界的方式。然而，如果我们剥离过去两百年的发展，回到公元1800年前欧洲的森林监管，中国的经验看起来就不那么陌生了。

在中国，正是官僚体制和商业的不同渗透，导致森林景观的改变。当欧洲国家扩大官僚机构来监管国内森林并在海外进行殖民以扩张木材供给时，中国基本上没有这么做。但是，官僚林业的缺失并不意味着中国的国家完全放弃了对森林的监管。相反，管理者通过土地税收、劳动力和商业等多方面的监督来监管森林。他们在12世纪就开始调查森林，比欧洲类似的调查早了500年。他们对市场上的木材运输进行征税和管控。在14世纪，他们将"山"统一为应纳税森林的官方用语。但是，中国政府没有发展日益集中化、专业化的林业服务体系，而是尽量减少对森林的直接监管，把重点放在了对私人木材贸易的征税和管控上。没有林业行业的发展，"森林"（山）仍然是一个行政管理概念，能确定具体的税率，但对地表植被的影响有限，更不用说生态了。

虽然如此，中国有限的、主要以市场为基础的监管已经足够激发造林革命了。虽然几乎没有官僚式的森林管理，中国多功能的财政政策仍然使木材和其他林产品贸易产生了惊人的生产力。通过实践和偶然性事件，行政管理改革促进了专有的土地所有权，规范了木材的等级和价格，取消了卑微的伐木徭役，使农民能够自由地在商业劳动力市场上从事工作。虽然这都依托于非常不同的规则和制度，但他们可能已经建立了欧洲思想家所称道的"自由市场"——一个由独立木商竞相满足广泛需求的竞技场。官员干预这个市场是为了满足自己的需要，偶尔也会用严厉的规则和过度的压榨扭曲市场，但在很大程度上，他们将监管控制在最低限度，并逐渐将税率降至象征性的水平。在这些条件下，木材生产暴增。公元1200—1600年间，杉木人工林面积和长江地区的木材贸易量都增长了许多倍，这几乎完全是由私人伐木工、林农和木商自发实现的。

在某种程度上，这种自然涌现的木材市场看似惊人的现代。正如周绍明所指出的，森林所有者形成了复杂的机制来划分风险和回报，这实际上是一种木材期货市场。[18]官员一方面从商业木材中征收少量的关税，另一方面又从日益膨胀的低成本木材产品中购买供给，以此供应他们的建筑工程。到16世纪末，是领取薪水的工人，而不是服徭役的劳力，在采伐木材以供应官府的薪炭燃料，建造官府的船只和建筑物。

商业化也带来许多消极后果，这与现代世界相似。由于林农最大化可量产的商品如木材，导致那些不可量产的生态产品明显下降。他们造成位于商业边缘的动植物栖息地的破坏或退化，尤其是像老虎和大象这样的大型哺乳动物。[19]地表植被减少，导致坡地侵蚀，以及河流和湿地的泥沙沉积。[20]因为植树者要求对森林的专有权，他们也剥夺了社区成员对燃料、饲料和野生食物的传统需求。[21] 植树者把高地上的人从他们的土地上驱离，将他们长期从事林产品生产并在低地上交易的角色也驱离。[22] 所有这些趋势——无论好与坏——都将在其后的欧洲国家及其殖民地中出现。

中国早熟的商业化的另一面是国有林业的发展受到阻碍。如下所述，中国国家创建或扩大其森林管理机构至少可分为三个时期：第一个时期是应对 11 世纪的木材危机期间，第二个时期是在 15 世纪初新的帝国建立期间，第三个时期是在 16 世纪官僚机构复兴期间。然而选择和偶发事件一再将政策从集中监管转向间接的、主要基于市场的调控。在欧洲，公务员被训练成专业的林务员和植物学家，为政府各部门工作，并进行殖民调查。[23] 继而，这些职业又成为林业、生物学和环境科学发展的关键。[24] 相比之下，中国缺少国家层面的林业部门，意味着受过良好教育的精英在很大程度上回避了造林，他们把造林视为农业的一个很小的分支，把植物学局限于医疗上的草药学和方志中无关紧要的方面。这就是为什么中国南方木材树种是由英国植物学家命名，而不是由中国植物学家命名。中国私营木材种植者的生产力使国家得以发展出一种非常高效、放任自流的自然资源管理方式，但是它也阻碍了更专业化的环境知识的发展。

无论其最终的缺点是什么，中国的森林体系是创新的，它对国外尤其是朝鲜和日本，也有着显著的影响力。在朝鲜，当王室在 15 世纪发展了对用材林的监管时，特别引用了中国的先例——从世界范围来看，这也是相当早熟的。朝鲜后来的林业与中国模式有了实质性的分歧，但它继续参考了中国的制度和术语。[25] 在日本的部分地区，17 世纪和 18 世纪发展起来的森林监管形式，看起来也与中国的造林惊人地相似。[26] 虽然目前还没有直接证据表明中国对日本植树的影响，但鉴于日本在其他许多制度上都采用了中国的模式，因而在林业方面也可能同样如此。朝鲜和日本都使用中文词语"山"（朝鲜语：san，日语：san/sen/yama）来表示其行政上管理的森林。

自相矛盾的是，尽管它们的发展轨迹存在关联，但日本经常被看作森林管理的成功典范，而中国则被视为监督失败或缺位的案例。[27] 造成这种差异的原因可能更多地与它们在 1800 年以后的历史有关，而不是在这之前所取得的成就。当日本在 19 世纪末和 20世纪初实现现代化时，它将本土的造林方式与源于德国的科学林业结合起来，然后传播到朝鲜和中国台湾的殖民地以及中国大陆。[28] 在同一时期，中国却经历了数十年的战争、内乱和革命，削弱了大多数现代化努力的尝试，并导致了森林退化。结果，日本的现代森林转型井然有序，有据可查，而中国则是支离破碎的，知之甚少。

在没有清晰的文献资料线索的情况下，最初的中国环境史研究大多认为中国的确缺少有效的森林系统，并转而使用其他形式的证据来探究生态变化。伊懋可在他极具影响力的著作《大象的退却》中，用大象作为其栖息林地的代表。通过"大象的退却"和一系列传闻证据推论，他断言，随着中国向南方和西部的发展，中国的森林覆盖率不断下降。[29] 其他著作，尤其是马立博的《虎、米、丝、泥》，也依靠描述性证据和其他替代性材料来证明不受控制的增长导致了灾难性的退化，特别是在 18 世纪和 19 世纪。[30] 但是，中国 19 世纪的灾难性事件是长期环境失调的证据，还是森林系统在新的压力下崩溃的证据？在没有其他分析框架的情况下，尽管缺乏 18 世纪和 19 世纪之前环境退化的明确证据，但伊懋可的长时段叙事被认为证明了中国数千年的毁林过程。

在本书中，我修正了这种关于滥伐森林的简单叙事，讲述中国森林监管独特形式的历史。虽然中国直到 20 世纪才建立起欧洲式的林业管理机构，但确实发展了其他关于木材和林地管辖权的制度。这种制度为了解社会和环境变化提供了充足的证据来源。政府土地调查提供了一个相对广阔的关于中国森林面积的视野，至少是那些在国家登记纳税的森林。森林交易、木材关税和造船厂采购可以用来估算木材市场的规模和增长情况。同时也有大量官府徭役的记录，包括当地伐木工人向官府提供薪炭以及在遥远的西南地区为采伐宫殿建筑木材所进行的大规模探险。虽然存在不足，但这些资料使我们能用更具概括性的观点代替传闻性的叙事来看待森林的变化。

这些资料证明中国森林发生了大规模转变，而不是毁坏。在 1000 年到 1600 年间，伐木工人的确砍伐了大片林地，此后甚至更多。但是，砍伐中国原始林地并不意味着森林植被完全丧失。相反，强劲的木材需求导致种植者栽种新树木来代替他们砍伐掉的树木，而不是留下空地浪费或将其改造成农田。这使生态多样性和复杂性降低，但它与完全的毁林相去甚远。直到 19 世纪，新的压力破坏了原有的功能系统，中国森林才真正开始面临灾难。尽管与众所周知的欧洲经验，甚至日本传统有很大不同，但中国有一个有效的森林监管体系，提供了大量商业木材产品，防止了灾难性的退化，这一体系提供了超过六个世纪的制度和环境变化的充分证据。

樟与杉之乡

　　中国森林监管的历史在很大程度上是区域史，是中国南方环境的产物，它改变了该地区的自然和文化。因此，为了理解商业造林所带来的变化，我们必须了解此前该地区的生态和文化状况。南方地区的北限在很大程度上是以长江为界的。江北的一片辽阔的沉积平原，是中国历史上的中心地带。在长江的南边——中国人所说的"江南"——是更加丰富多彩的景观，这里的沿海湿地和水稻种植平原被 500 米以上的山脉和 1000 米以上的山峰区隔开来。江南作为汉文化最重要的组成部分，有着悠久的历史，这里居住着曾经来自中国北方的难民，他们与江南的原住民混居，形成了文化的融合体。再往南是起伏的河谷，一直延伸到浙江、福建和广东的东南沿海。再往西是长江的主要支流和季节性湖泊：江西的赣江和鄱阳湖、湖南的湘江和洞庭湖。在这些河谷地带，混合的汉文化已经发展了数百年，而在高地仍然保留着独特的、非汉族族群的狩猎和撂荒耕作的家园。[31] 因此，虽然江南的北部边界稳定在长江沿线，但是它的南部和西部边界却是不稳定和不规则的，随着气候、地形和制度的变化，地方和区域社会相互渗透和融合。

　　除了融合汉族移民和文化，中国南方与北方有着长期而独特的政治—生态关系。中国北方，尤其是它的大平原，从早期历史以来就一直缺乏木材；相比之下，南方往往以其丰富的森林资源而闻名。[32] 这种关联是如此之大，以至于数个世纪以来鄱阳湖的主要管辖区被命名为"樟州"（豫章郡）。[33] 甚至当长江以南和以北地区分处不同政权控制时，它们也通过木材贸易联系在一起。这种交流在帝国统一南北的时候得到进一步加强。[34] 但是，即使在人类历史的早期，南方森林的分布也是不均匀的。孢粉证据表明，到公元前三四千年前，江南部分地区已经被开垦成农田。[35] 整个地区群山相连，意味着南方被分割为存在边界的两种地带，高地的人们用森林产品交换低地农民的农产品。实际的统治区域是沿着地形线形成的：低地居住的是定居的农民，受到汉族政权的控制，而高地则是非汉族族群居住的区域。换句话说，南方著名的森林财富是属于南方高地的。

自从造林第一次出现在这个多元区域的一个小角落，它就改变了中国南方的景观，并进一步转变了区域文化、山地和低地之间的复杂梯度。商业用材的主要树种，中国杉由于种植过于广泛，很难确定它的原产地，但它肯定原产于中国南方，很可能源于徽州、浙江西部和江西，这也是公元1100年左右首次证明有商业用材林的地区。制度的发展只会强化这种早期优势。第一次森林调查、第一批木商许可证和第一次结束伐木徭役的改革都是这个大区域的产物，这进一步强化了其木材市场的可靠性、清晰度和效率。

随着木材贸易的发展，江南每个主要区域都参与了向南方临近地区推广造林的进程。负责调查的官员逐渐对江西和福建的森林进行了登记，后来又在广东和广西的部分地区进行了登记。税关官员量化了木材的登记，降低了整个长江沿线市场的关税。徽商在长江沿岸和东南沿海地区推广用材林种植。从江西来的搬运工翻山越岭，把种苗运到遥远的南方和西南地区。他们一起扩散着土地所有权、商业规则和营林技术以及杉树本身，将多样化、特色化、开放式的林地转变为私有林木。虽然重要的地区性和区域性差异仍然存在，但这些相互关联的林区使南方的生态和制度景观看起来越来越统一。

通过将种植景观从河谷延伸到山区，用材林种植者逐渐改变了国家与非国家之间的空间、汉族与非汉族族群的边界。詹姆斯·斯科特在他关于东南亚高地史的研究中指出，税收和强迫劳动等国家行为会把占据低地"国家空间"的主导族群与在山地实践"不被统治的艺术"的高地族群区隔开来。[36] 与此相一致，直到19世纪末，中国人自己使用的主要名称是行政分类的"民"，而非民族分类的"汉"。[37] 从国家的角度来看，低地的"民"与高地的"蛮"之间的区别是："民"有固定的居所，并且通过各自户口纳税；而"蛮"则四处游荡，并向他们的部落首领进"贡"。贝杜维认为，这意味着分隔"汉族区域"（Hanspace）与其他区域的边界穿越了生态区，固定田地（fixed-field）的农业逐渐变得边缘化，无法支撑。[38] 数个世纪以来，这些界线将纳税、种植水稻的低地农民与不纳税、刀耕火种的高地山民区分开来。然而，即使在正式服从国家的范围内，也存在着进行谈判和抵制的巨大空间。正如宋怡明对明朝军户的研究表明，他们可以选择何时以及如何服从国家的需要。[39]

中国南方的高地居民长期以来在南方木材生产中扮演着非常重要的角色，他们采伐巨木，然后卖出，因此进入低地经济。在商业造林出现之前，他们的生活属于朝贡经济，而非纳税经济，他们被归为部落族群而不是臣民。在允许高地像农耕区一样从事种植以后，人工林从根本上改变了这种平衡。虽然不同于以粮食为基础

14

的农业，但造林还是有比较固定的空间，并且在产量上足以征税，使"国家空间"（或"汉族空间"）延伸到了高地。在汉族低地与非汉族高地之间的分形边界上，出现了一个新的区域，具有自己独特的生物群落和制度。在这片以徽州为中心的江南高地上，一个新的社会阶层出现了，他们像种庄稼一样种树，登记他们的林地并向国家交税，生产出作为市场商品的木材。后来，其他的社会群体也涌现出来，其中最著名的是客家人，他们走出福建、江西和广东的山区，在中国南方种植树木、茶叶和其他高地作物。[40] 这些从前的刀耕火种者在边缘地带为自己创造了一个并不太安全的空间，他们被认为比那些退到深山里的族群要开化一些，但又因他们太过游荡和异样的文化特征，也无法被低地社会完全接受。

实际上，人类对树木早期生长阶段控制的扩展，把砍伐和轮作的高地复合体转变成了定居农业的低地复合体。这种与税收和财产法规相一致的新型造林，使得国家管控范围扩大到了中国南方的高地。但是森林群体在新的行政管理实施中加入了他们自己的因素。一些人，如徽商和地主变成了国民中的卓越群体，在中国保持着最好的记录，正常交税，并调节着国家与森林经济的互动。[41] 另外一些人，如客家种树人，只是暂时性地接受国家的统治。即使他们登记户籍并交税，他们的流动性和独特的行为方式也使他们能够最大程度地避开官方的监管，这使得他们遭受非正统的怀疑。[42] 大部分南方高地位于徽州和客家腹地之间，处在这两种政治策略的连续体上。这一地区代表了一个新的生物群落，在这里人类对木本植物的行为是促进杉树和其他具有商业价值的物种生长的主要因素。它也代表了一个新的行政管理区域，这里作为帝国的一部分，森林被纳入官方的土地监管，森林族群也获得了行政管理上的国民身份新形式。

中国的木材时代

在这篇导论的最后，我认为，中国南方地区造林的发展，不仅促使我们重新思考中国南方的生态与社会，还促使我们重新思考中国历史的分期。传统上，中国历史学家根据 1000—1600 年之间统治中国的三个主要朝代进行划分。宋朝在 960 年至 1127 年控制了中国的大部分地区——这一时期被称为"北宋"——此后直到 1279 年继续统治了中国南方——"南宋"。它以在贸易、教育、政府财政和科技方面的特殊成就而闻名。当时印刷术开始普及，政府通过考试选拔人才，中国产生了世界上最早的纸币，并发明了火药武器和航海指南针。但宋朝通常被认为是一个懦弱的帝国，不断受到强大的、非汉族对手的围攻，包括契丹人建立的辽、党项人建立的西夏、1127 年从宋朝夺取中国北方的女真人以及 1279 年征服了宋朝剩余领土的蒙古人。

蒙古人建立的东亚帝国，在 1271 年后被称为元朝，传统上被认为是一个由少数民族统治的严酷时期，同时也是中国与其他地区交流活跃的时期。最初，元朝非常强大，打败了蒙古人的竞争对手，向日本、越南和爪哇派遣舰队，并将东南亚大部分内陆地区纳入其统治之下。但是，到了 14 世纪中叶，在连续几位软弱的统治者以及跌宕起伏的自然灾害和动乱的影响下，元朝迅速衰落，最终终结于倡言"弥勒降生""明王出世"口号的红巾军起义。1368 年，从红巾军的一个分支发展起来的明朝军队迫使蒙古人退回到大草原上。

很长一段时间内，从 1368 年到 1644 年，明朝统治着一个庞大的帝国，但通常被认为是一个软弱的朝代，尤其是与它的继任者、满族统治的清朝相比。在第一位和第三位皇帝统治下，明朝在国内外都取得了重大的成就，建立了新的税收制度和法律法规，修复了大运河，修建了北京城，并派遣郑和船队到达印度洋。但 1424 年第三位皇帝去世之后，朝廷连续由几位无能的皇帝和宦官独裁统治，基本上退出了与外部世界的接触。从 15 世纪末开始，大量白银涌入，提振了市场，但也扰乱了财政管理，最终导致社会动荡。1644 年，北京城被农民起义军占领，一名边防将领向满族人打开了关口，满族人建立起自己的王朝，在之后的两个半世纪里，统治着更加庞大的帝国。

这种朝代划分以皇帝和大臣为中心，忽视了地方森林管理极大的延续性。有些时期朝廷本身的确与森林管理有关。1102—1120 年间，宰相蔡京在整个宋帝国建立了国家森林监管机构。1391 年，明朝开国皇帝朱元璋下令在南京附近植树数千棵，作为水军补给。1405—1424 年间，为修建明朝宫殿，永乐皇帝派遣了大批伐木工人到西部采伐木材。但是，这些朝廷直接干预的案例在很大程度上属于例外。事实上，高层政治对森林经济影响最大的两次干预都与官方退出监管有关。第一次是 1127 年，当时宋朝退出中国北方，使新生的林业体系陷入混乱，为私人造林的兴起扫清了障碍。第二次是 1425 年，永乐皇帝去世后，明朝政府关闭了数十个管理自然资源的机构。在很大程度上，对森林管理产生重大影响的政策，是由低、中级官员而不是由皇帝和高级官员制定的，这些政策大多贯穿于王朝更替时期。

除了忽略地方规范的持续性之外，这种朝代划分也忽略了 12 世纪中期到 16 世纪中国南方商业网络的重要连续性。随着造林业的发展，商人和地主在木材市场上建立了从植树到采伐、水运和销售市场不同阶段的联系。王朝的更迭会以各种方式影响这些商业网络。当南宋都城临安沦陷时，徽商将木材交易从临安市场转移到了鄱阳湖。当朱元璋在 14 世纪八九十年代严厉打击商业时，木材市场出现衰落。[43] 但人工造林行业投资数十年才能够成熟，参与者并没有准备在一夕之间放弃他们的关系网。相反，随着时间的推移，商业网络逐渐扩大，涵盖了更大的区域和更多的林场。万志英在他最近关于中国经济史的考察中称，1127—1550 年是"江南经济的鼎盛时期"。[44] 更宽泛地说，万志英和史乐民认为，更长时段的"宋—元—明过渡"（Song-Yuan-Ming transition）应该被看作一个统一的历史区间，而不是一个有中断的时期。[45] 当我们讨论森林经济时，的确如此。

最后，由于木本植物生长的延续性，景观本身也具有很大的连续性。新栽种的杉树至少要经过三十年时间才能达到商业利用的规模；如果不受干扰，它们将能保持一个世纪或更长时间的生长。废弃的农田很快就变成杂草丛生的荒地，与此不同，废弃的森林仍然是一片森林。所有者通常在采伐后重新种植林木。只要木材保持足够高的价格，造林始终是一项划算的投资，特别是山区，几乎没有其他的选择。几百年来，在江南的山区，一代又一代的林主在同

17

样的土地上重复栽种着。只有在自然生长充足或土地所有权缺乏保障的边缘地带，人们才不会在砍伐森林后重新栽种。即使在这里，行为规范也会在一到两代人之间发生变化，当地人从允许开放天然林地转向警惕地防护他们通向人工林地的通道。

正如江南人工林的出现取代了其他形式的高地耕作一样，其持续性也因一系列新的山地作物到来而受到挑战。美洲甘薯和玉米使高地耕作者能大幅提高每英亩粮食的产量。[46] 烟草与木材争夺坡地，而靛蓝和茶叶等经济作物的需求也在不断增加。[47] 客家移民的后代在 16 世纪广泛种植杉树，但到了 17 世纪和 18 世纪他们开始在整个南方高地广泛种植新世界的粮食作物和经济作物。山地生产力在食物热量和资金收益方面的提高，使人口大量增加。由于这都是一年生作物，它们也破坏着脆弱的山地土壤植被，导致上面的山坡水土流失和下面的溪流淤塞。土地稀缺、人口压力和生态退化相互关联，引发了高地耕种者和低地种植者一系列冲突。[48] 这些冲突是导致 19 世纪和 20 世纪中国长期危机的关键因素：太平天国运动和共产主义革命都从南方高地发展起来，并且过多的客家人成为领导者。[49] 换言之，我们应该把中国 19 世纪的危机解释为自 11 世纪危机后中国极为显著的森林监管和相对稳定的生态时期的终结。

此书讲述政府和经济多重机制中的造林故事。第一章从危机的开始讲起，称之为"富足的终结"。从远古时代迟至 8 世纪，我假定这是一个有管制的富足时期，那时期简单的习俗规定就足以防止人们过度采伐"山泽之利"。大约在公元 750 年，一系列新的压力开始出现，在北宋达到顶峰。我认为政府和民众对此的回应是创造了新的监管形式，并从稀缺中获利。

此书其余的部分讲述随后时期的故事，大致可分为两部分来理解。首先是造林的黄金时代，从1127年持续到1425年。在这一时期，国家和市场都利用日益增长的木材供应，建造船队出行南洋，建造大规模的公共工程项目，以及建造标志性的建筑。贯穿于南宋、元朝和明朝前三位皇帝统治的时期，是一个商业和帝国的发展时期，扩张性的纸币，几位个性鲜明、雄才大略的皇帝和可汗强化了这一时期。然而，巨大的雄心壮志最终破坏了这段增长时期的稳定。黄金时代随着永乐皇帝的去世而终结，他的统治带来了通货膨胀，帝国劳动力供给耗尽，造成严重的经济萧条。

继扩张时期之后，是一个字面意义上的"白银时代"，银币的涌入提振了森林经济的复苏。但是，尽管在1425年到17世纪初期商业依然处在扩张阶段，明朝还是进入了一个长期的紧缩和改革时期，结束了扩张的野心，学会了量入为出。国家出场的减少，伴随着经济的扩张，不可避免地意味着越来越多的商业活动脱离了官方的监管。这一时期，私人土地所有者和商人发展了较少国家干预的监管。这种情况在1600年左右结束，随着长江流域最后一块重要的原始林地被清理，逐渐衰弱的明朝政府几乎完全依赖于商业木材供应。

剩余六章内容涵盖这一扩张时期，其主题结构围绕使造林业蓬勃发展的机制展开。第二章"边界、税收与产权"论述了森林如何融入中国的土地监管体系。这一章从1149年第一次政府登记造册的森林调查开始，中间是14世纪将"山"标准化为应纳税森林的专用语的会计改革，最后是16世纪可以通过土地记录来评估的森林管理形式在中国南方的传播。

第三章"猎户与寄居家族"详细介绍中国官方如何管理狩猎和伐木等森林劳动。1425 年是标志劳动力监管的一个转折点，在此之前，在元朝和明初，登记从事特定森林贸易的在册户口数量和种类都有了很大增加。此后，对赋役制度的改革逐渐使大多数专门的林业户口过时，致使他们进入商业劳动力市场。

第四章"契约、股份与讼师"从国家转向商业经济，考察地主和劳动者如何利用合同来划分木材种植的风险和回报。以徽州为例，这一章说明地主如何将林契从简单的所有权证修改为复杂的股权，以及如何创新其他形式的契约来解决森林经营中的具体问题。然后转向被朝廷法典忽视的私人讼书，它发展了专门的森林法类型。

接下来两章讲述"木与水"的故事——木材市场与水上活动相互促进的关系。第五章"木材关税"揭示国家如何对商业运输征收少量的关税，以获得持续的木材供应。第六章"水军木材"详细阐述这些木材如何支撑船队建造的成本。这两章都揭示了一个重要的转折点，即南宋、元朝、明朝初期积极利用木材市场为扩张性的国家提供物质基础，而 1425 年后保守派对可持续性和成本消减的关注占据了主导地位。

第七章"北京的宫殿与帝国的终结"是本书主题和时间顺序上的结尾。此前，为营建北京的宫殿，探险队在长江流域采伐了最后一片原始森林。从 1405—1425 年间，伐木工人砍伐了数十万根巨大的原木，当宫殿完工，此项工程也随之结束。但是，当皇帝们在 16、17 甚至 18 世纪重新探寻可伐的原始森林时，他们越来越难以获得满意的木材量，这标志着长江木材边疆的实际封闭。

帝国伐木的失败并没有结束木材市场的扩张，但它的确标志着另一个根本性的转变。从此开始，商人、种植者和官员采取了进一步措施巩固和扩大木材贸易，但木材的获取并没有因此而变得容易。18 世纪白银市场的繁荣仍然足以使成千上万的木材顺流而下，并且木材贸易在混乱的 19 世纪继续扩大。[50] 但从 1800 年左右开始，就在马戛尔尼和阿贝尔游历中国的时候，过去六个世纪有序的森林体系开始显现出社会环境危机的最初迹象。到了 19 世纪 50 年代，局部混乱演变成了持续一个世纪的战争和灾难，给人留下了混乱和衰败的持久印象。但在这场崩溃之前，中国南方曾有一段较长的有序时期，在这段时期内，杉木造林占据了森林的主导地位，促进了市场的增长和帝国的扩张。

注释

1　Barrow and Macartney, *Earl of Macartney*, 2: 356–357.

2　Abel, *Narrative of a Journey*, 167.

3　这些框架最好通过生态过程进行分析，而不是假设一个等级尺度。参见 Allen and Hoekstra, *Toward a Unified Ecology*。

4　虽然我在很大程度上避免了相关术语，但是本框架深受曼纽尔·德兰达（Manuel DeLanda）的"集群理论"（assemblage theory）影响，该理论试图解释复杂系统是如何从自组织的实体和过程中产生的。DeLanda, *Thousand Years of Nonlinear History*；DeLanda, *New Philosophy of Society*.

5　斯科特:《国家视角》(*Seeing Like a State*)；Sivaramakrishnan, *Modern Forests*；McElwee, *Forests Are Gold*；Peluso and Vandergeest, "Genealogies of the Political Forest"。

6　Cronon, *Nature's Metropolis*. 更深入的理论化研究，尤其是"新陈代谢断裂"概念，见 Foster, "Marx's Theory of Metabolic Rift"；Moore, "Transcending the Metabolic Rift"。

7　这一主题在斯科特的《国家视角》中得到最清晰的表述。

8　Radkau, *Wood*, 25–27, 156–158.

9　关于欧洲木材危机的回应和调查，见 Radkau, *Wood*, chaps.2–3；Warde, "Fear of Wood Shortage"。

10　Jørgensen, "Roots of the English Royal Forest"；Rackham, *History of the Countryside*, 129–139, 146–151；Radkau, *Wood*, 57–70；Warde, *Invention of Sustainability*, 60–61.

11　Appuhn, *Forest on the Sea*.

12 Kain and Baigent, *Cadastral Map*, 331–334; Matteson, *Forests in Revolutionary France*; Oosthoek and Hölzl, *Managing Northern Europe's Forests*; Radkau, *Wood*, chaps.2–3; Warde, *Ecology, Economy and State Formation*; Warde, *Invention of Sustainability*, 177–182, 188–192, 198–200; Wing, *Roots of Empire*.

13 Grove, *Green Imperialism*, esp. chaps.7–8; Lowood, "Calculating Forester"; Radkau, *Wood*, 172–204; 斯科特：《国家视角》，第 1 章；Warde, *Invention of Sustainability*, 201–227。

14 Albion, *Forests and Sea Power*; Funes Monzote, *From Rainforest to Cane Field*, chaps.2–3; Grove, *Green Imperialism*; Moore, "'Amsterdam Is Standing on Norway,' Part I," and "Part II"; Wing, *Roots of Empire*, chap.2.

15 参见 Albion, *Forests and Sea Power*, chap.1。

16 参见 Grove, *Green Imperialism*。

17 实际上是以詹姆斯·康宁汉（James Cunningham）和艾伦·康宁汉（Allan Cunningham）两人的名字命名的，艾伦·康宁汉也是一位英国植物学家，但他从来没有到过中国。见 Brown, *Miscellaneous Botanical Works*, 1：461n1。

18 周绍明：《新乡村秩序》卷 1（*New Rural Order*），第 6 章。

19 柯金斯：《老虎与穿山甲》（*Tiger and the Pangolin*）；伊懋可：《大象的退却》（*Retreat of the Elephants*），尤其是第 1—3 章；马立博：《虎、米、丝、泥》（*Tigers, Rice, Silk, and Silt*）。

20 马立博：《虎、米、丝、泥》；安·奥思本（Osborne）：《丘陵与低地》（*Highlands and Lowlands*）。

21 孟泽思（Menzies）：《森林与土地管理》（*Forest and Land Management*），第 5 章。此问题一直是欧洲森林史关注的主要话题（例如，Matteson, *Forests in Revolutionary France*; Radkau, Wood; Warde, *Ecology, Economy and State Formation*），但在中国历史研究中没有得到充分重视。

22 马立博：《中国环境史》（*China：An Environmental History*），第 5 章。

23 Grove, *Green Imperialism*, 133–145, 257–258, 271–273, 282–291, 346, and chap.8; McElwee, *Forests Are Gold*, chap.1; Peluso, *Rich Forests, Poor People*, chaps.2–3; Sivaramakrishnan, *Modern Forests*, esp. chap.4; Warde, *Invention of Sustainability*, 212–227.

24 主要见 Grove, *Green Imperialism*; Warde, *Invention of Sustainability*。

25 Lee, "Forests and the State."

26 Totman, *Green Archipelago*, chaps.5–6; Totman, *Lumber Industry in Early Modern Japan*.

27 参见 Richards, *Unending Frontier*, chap.4; Williams, *Deforesting the Earth*, 216–220; Radkau, *Nature and Power*, 112–115 and passim。

28 Hung, "When the Green Archipelago Encountered Formosa"; and personal communication. 奇怪的是，日本的现代森林管理用森林的另一个特征"林"（日语：rin 或 hayashi，朝鲜语：lim or im）来取代"山"。这意味着我们可以从 shan/san 到 lin/rin/lim 的转换追溯

森林监管方式从早期近代中国到现代德国—日本的过渡。

29　伊懋可：《大象的退却》，尤其是第 1—3 章。此观点建立在伊懋可十多年的研究基础上，开始于伊懋可的短期研究项目"中国环境史"。伊懋可大部分关于战争、水利控制和环境变化的理论是由他最初的"不可持续增长的三千年"和"帝制中国的环境遗产"发展起来的。

30　马立博：《虎、米、丝、泥》。又见韦思谛（Averill）：《棚民》（Shed People）；安·奥思本：《土地垦殖的地方政治》（Local Politics of Land Reclamation）；费每尔（Vermeer）：《山地边疆》（Mountain Frontier）。见陈国栋：《台湾的非拓垦性伐林》；刘翠溶：《汉人拓垦与聚落之形成》；安·奥思本：《丘陵与低地：清代长江下游地区的经济与生态互动》（Highlands and Lowlands）；费每尔：《清代中国边疆地区的人口与生态》，载伊懋可和刘翠溶编：《积渐所至：中国环境史论文集》。

31　Anderson and Whitmore, "Introduction:'The Fiery Frontier'"；Churchman, "Where to Draw the Line?"；戚安道（Chittick）："Dragon Boats and Serpent Prows"；Kim, "Sinicization and Barbarization"；Clark, *Sinitic Encounter in Southeast China*。

32　参见《尚书·禹贡》；司马迁：《史记·货殖列传》。

33　"豫章郡"出现在班固《汉书》、范晔《后汉书》、房玄龄《晋书》、沈约《宋书》、刘煦《旧唐书》等史书的《地理志》中。

34　参见陆贾《新语·资质》、桓宽《盐铁论·本议》、王符《潜夫论·浮侈》。

35　Xiaoqiang Li et al., "Population and Expansion of Rice Agriculture"；Dodson et al., "Vegetation and Environment History."

36　斯科特：《不受统治的艺术》。

37　关于"汉"意义的转换，参见欧立德（Elliott）："Hushuo," Giersch, "From Subjects to Han," 以及其他论文如墨磊宁（Mullaney）等："Critical Han Studies"；郝瑞（Harrell）："Ways of Being Ethnic," chap.14；谭凯（Tackett）："Origins of the Chinese Nation"。

38　贝杜维：*Across Forest，Steppe，and Mountain*，esp. chaps.1 and 4。

39　宋怡明：《被统治的艺术》。

40　梁肇庭：《中国历史上的移民与族群性》（*Migration and Ethnicity*）。

41　关于徽州的资料非常丰富，学术成就可观。主要的英文著作有：杜勇涛：《地方秩序》（*Order of Places*）；周绍明：《新乡村秩序》卷 1；宋汉理（Zurndorfer）：《中国地方史》（*Chinese Local History*）。

42　梁肇庭：《中国历史上的移民与族群性》；王大为（Ownby）：*Brotherhoods and Secret Societies*。

43　关于这场打击的力度和影响学界一直争论不休，但它无疑损害了江南地区的商业繁荣。参见万志英："Towns and Temples"；万志英："Ming Taizu Ex Nihilo?"；施姗姗（Schneewind）："Ming Taizu Ex Machina"。

44　万志英：*Economic History of China*，chap.7。

45　史乐民（Paul Jakov Smith）："Introduction：Problematizing the Song-Yuan-Ming Transition"；万志英："Imagining Pre-modern China"。

46　何炳棣（Ho）："Introduction of American Food Plants"；Mann，1493，chap.5；Mazumdar，

"New World Food Crops"；梁肇庭：《中国历史上的移民与族群性》，第 119—122 页各处；安·奥思本：《土地垦殖的地方政治》(Local Politics of Land Reclamation)。

47　班凯乐（Benedict）：《中国烟草史》(Golden-Silk Smoke) 第 1—2 章；加德拉（Gardella）：Harvesting Mountains；梁肇庭：《中国历史上的移民与族群性》，第 1 章。

48　韦思谛：《棚民》；马立博：《虎、米、丝、泥》；梁肇庭：《中国历史上的移民与族群性》，第 3、7 和 8 章；安·奥思本：《土地垦殖的地方政治》；安·奥思本：《丘陵与低地》。

49　Erbaugh，"Secret History of the Hakkas"；梁肇庭：《中国历史上的移民与族群性》第 3—4 章。

50　张萌对这一时期做了出色的研究，参见张萌的博士论文《长江沿岸的木材贸易》(Timber Trade along the Yangzi River)；这同样也是张萌已经出版的著作《清代中国的木材与森林：维持市场》一书的基础。

第一章

富足的终结

　　12世纪末，学者兼官员袁采（约1140—1190）写下了著名的《袁氏世范》，这是一本指导士大夫如何管理家族事务的书。在众多的箴言中，袁采指出了植树的潜在好处。他写道："桑果竹木之属，春时种植，甚非难事，十年二十年之间，即享其利。"[1]袁采甚至建议，在女儿出生时种植杉树万棵，等女儿到了婚嫁的年龄就可以卖出去作为嫁资。[2]他还指出，"兄弟析产，或因一根荄之微，忿争失欢。比邻山地，偶有竹木在两界之间，则兴讼连年。"[3]在"田产界至宜分明"一节，他进一步阐述了这一问题，主张用分水岭作为山林的边界，避免用树木、岩石或土堆，所有这些都可能被移动或伪造。[4]在这一系列道德规训中，袁采关于植树的内容反映了一种显著的发展：种植树木已经变成一种投资。在此一百年前，袁采的建议也许是不切实际的。一百年后，这将是司空见惯的事情。但在袁采的有生之年，他所描绘的造林既新颖又值得借鉴。

　　袁采并非第一个试图以森林满足其需要的人。人类有意识地改造林地在史前时期已经开始，控制火的使用可以说是第一项将人类与其他动物区分开来的技术。到更新世晚期，人们已经用火来改变亚洲的环境。[5]几万年来，它一直是人类改造生物群落的主要形式。[6]但是随着人口增长，火的使用开始引发危机。孢粉、木炭和沉积物记录显示出，大约在公元前2000年晚期和公元前1000年早期，有一波清理林地的浪潮。[7] 在第一波清理之后，人们越来越意识到他们可能造成了持久的破坏。第一次木材危机开创了中国最早自觉的森林监管形式。中国早期的帝国，秦朝（前 221—前 207）和汉朝（前 206—公元 220），制定了林木利用的法律，设立了森林管理和保护机构，建立了木材垄断经营制度，并对植树给予正式的奖励。[8] 这一制度建立在有限管理丰富的自然资源的基础上，又延续了一千年。

在新的历史时期到来时，过度焚烧引发了木材危机。同样，过度砍伐导致了第二次危机，这次危机始于公元 700—1000 年。与第一次危机一样，在 8 世纪到 11 世纪期间出现了林地清理的浪潮，这从孢粉、木炭和沉积记录中得到了证明。[9] 像第一次危机一样，它导致观念、制度以及改造中国林地的方式发生了翻天覆地的变化。在观念上，政策制定者从富足的预设转向了对稀缺的担忧。[10] 在制度上，政策从资源管理转向了财产所有权。当资源变得相对稀缺，国家将监管从伐木劳役转移到资源本身：将山林登记为独占的财产，将木材作为商品加以管理，并最终结束了劳役征用。这些观念上和法律上的转变导致了自人类使用火以来林地改造的最大变化：天然林的清除以及取而代之的统一人工林。

造林使人类以比用火更为精确的方式改造林地生物群落。人们清理土地，选择树木栽种，限制竞争性生长，并按照自己的时间砍伐树木。这标志着从种植、修剪到采伐、重新种植，树木的整个生命周期都依赖于人类的干预。与消极限制不同，植树造林是对市场价格的动态反应。当需求的增长快于供给，高涨的木材价格就驱使人们种植更多的树木。最后，尽管森林的约束限制仍然是地方性的，但造林紧随砍伐之后。采伐后，种植者在大片的土地上栽上速生的针叶树和其他有商业价值的树木。在地方层面，植树无关紧要，是家庭经济中一项很小的活动。但通过数百年成千上万家庭的不断重复，它创造了某种革命性的东西：一个包含木材和薪炭林、竹、茶、果和油料树木等的组合——其中每一种都由这些家庭在自己的地块上种植，一个或多个几乎完全由人类双手创造的林地生物群落。

这种人工森林景观的形成构成了本书的中心叙事。但在我们深入讨论这一问题之前，有必要先回顾此前的管理形式，以及它们让位于大规模造林的原因。我认为，根本性的变化是人们认为自然界丰饶的态度发生了转变。在 11 世纪前的林木法规中，我们可以看到几乎普遍的预设：管理的富足（managed abundance）。在 12 世纪接踵而来的商业造林中，像袁采的箴言就反映了一种从稀缺中获利的情况。在 11 世纪发展起来的这种稀缺性框架，将引导接下来章节讨论的所有干预措施。

管理的富足

在中国早期的文字记载中，树木大多是作为障碍物出现的。几乎与所有的早期社会一样，火是驯化这种野生植物的主要手段。[11]但是到了公元前 6 世纪或前 5 世纪，早期国家开始把森林和水域视为可管理的资源而非可驯服的荒野。不久之后，墨子、孟子和商鞅的著作出现了中国传统中连贯的自然资源概念。尽管他们在政治观念上存在重大分歧，但都认可自然资源富足，并且这种富足可能为人类活动所逐渐破坏的基本前提。《月令》也遵循了同样的基本原则，限制伐木、狩猎、焚烧等破坏性行为的类型、频率和地点。[12] 在公元 3 世纪，秦汉帝国将这些原则编进了中国传统中最早的关于自然资源的成文法中。[13] 它们反映了一种广泛存在于早期欧亚大陆的关于环境的思考方式。[14]

秦汉帝国除了制定林木利用的法规外，还设立了一系列的机构来监管这些法规的执行，包括皇家林务官（虞），逐渐从强调限制狩猎转向控制广袤的森林资源。他们还建立了最早的国家垄断经营，包括限制向采矿和冶炼提供燃料的禁山，以及被称为上林苑的大型建筑群，既用于祭祀娱乐，也支配着当时世界上最大的城市——帝都的薪炭和木材市场。[15] 秦汉也开始了最早的有文献记载的植树计划，主要是行道树和堤坝林。[16] 然而，尽管帝国政府发展了管理森林的关键职能，但这些职能基本上局限于都城腹地。原则上，早期的皇帝声称对所有的"山林湖泽"进行监管，但实际上，他们只能控制有限的领地。即便如此，限制性法规也是有限度地运用，许多统治者还专门颁布"弛山泽之禁"的诏令。[17] 秦汉帝国通常不是控制领土，而是征派劳工采伐林木，包括强迫罪犯采集"鬼薪"。[18] 他们从南部和西部广袤的天然林区输入大部分大木。[19] 除了少数限制性的时间和区域外，绝大部分林地都是开放性地自然生长。

公元 3 世纪初汉帝国崩溃后，尽管发生了大规模的政治动荡，但接下来五百年里，自然资源的管理原则并没有发生明显的改变。在 3 世纪到 6 世纪之间，中国分裂为不同的政权，每个政权都声称拥有帝国的统治权，但在控制领土、执行法规、征召劳役方面的能力要小得多。那个时代的朝廷甚至难以维持对庶族的有限控制，更无力阻止他们侵占山泽。[20] 长时间的权力下移，国家对山泽的控制既不切实际，也基本上没有必要。这一时期也见证了佛教和道教的兴起，两种宗教都提出了新的、经常是矛盾的思考自然和自然资源的方式。佛教徒倡导了对所有生命的敬畏，但他们也从来自印度的财务技巧中发展出了一种令人讶异而强烈的逐利动机。这加剧了森林保护与商品化之间的对立趋势。[21] 道教同样特别尊重非人的生命，但他们也吸收了驯化危险的和野生的自然生物的方术，这些方术部分来自南方和西方的异族。[22] 我们可以从文献中关于僧侣与森林恶魔的搏斗中看到，这两种传统中的宗教人物都促成了人们的居所向森林边缘的扩张。[23] 在这一时期，大部分的林地可能已被农民、贵族或僧侣占有，或回归到更加荒芜的状态。

25

尽管如此，拥有林地所有权群体数量的激增促进了森林培育的推广和完善。这一时期最重要的园圃管理著作是 6 世纪贾思勰的《齐民要术》，其中描述了许多商品林的栽培技术。其"园篱"的扩展部分，包括了栽种枣、桃、奈、李、梅、杏以及其他各种果树的指导说明。[24] 贾思勰介绍了种桑、柘养蚕的方法。[25] 他还详细介绍了以三到十年为周期种植榆树和杨树的方法，由此可以提供薪炭资源和椽条。[26] 其中也简要介绍了柳、槐、梓、楸、竹等的培育方法。[27] 这一时代的奇闻轶事中也记载了寺庙和贵族庄园中按照贾思勰描述的方法培育果园、茶园和薪炭林。[28] 然而，尽管这一时期零散的庄园布满了果园、林地、树篱，但控制人力仍然是管理林地资源的主要机制。像帝国政府一样，士族和僧侣阶层实行他们的劳役制度，支配劳动力，以至于与帝国政府发生分歧。[29] 与其对具有商业价值的树木产品详尽介绍形成鲜明对比的是，《齐民要术》不包括种植林木的建议，只有一小部分关于伐木的内容。这表明，庄园的大部分木材来自采伐周边大量自然生长的林地。[30] 只要木材充足，伐木劳役既节省又有效。他们把林地治理的重点放在了相对于砍伐木材来说更为稀缺的劳动力上。

　　7 世纪初，唐朝（618—907）正式确立了通过人力管理林地的原则。随着 624 年《唐律》的编纂，新王朝将几个世纪零散的律令整理成一部普适性的刑法。在这个法典中的两条法令确立了林地的具体使用准则。第一条法律禁止任何实体独占山野陂湖之利。[31] 这反映了秦汉以来诏书中所见对独占山野监管的原则。第二条法令建立了一个基本上全新的法律来管理"山野物，已加功力"。擅取"已加功力"的山野物，包括已经砍伐的树木，按盗窃论处。[32] 这意味着正是人类劳动将自然产品变成了私有财产。唐朝甚至运用这一原则来管理其木材供应。一份 8 世纪的契约证实了伐木在王朝中期是一种普通的徭役形式。[33]

　　这并非一种独特的发展情况，在《唐律》中看到的山野概念化，大致可与晚期罗马法的情况相当。在将中国法律翻译成拉丁语的过程中，立木被视为 *fructus naturales*——不能被私有的"自然产物"（fruits of nature）。被砍伐的木材变成了 *fructus separati*——从它们产生条件中分离出来的"分离产物"（fruits separated），成为砍伐者的财产。总之，这些法律反映了"产物分离"（*separatio fructuum*）的原则，或者"切割产物"（cutting the fruit）的原则，认为正是将自然产物从其生长条件中移出才使其成为财产。[34] 虽然这些法律原则在《唐律》中规定得甚为明确，但其最初形成可以追溯到 7 世纪以前。其后宋代刑法几乎一字不差地采纳了《唐律》，而这些条文也没有改变。[35] 正如罗马法构成了欧洲大陆法系的基础一样，唐朝法律也为后来的中国法律奠定了基础。最重要的是，这里明确阐述的"切割产物"原则，为利用山野的权利转变为拥有山野产品的权利提供了途径。这一思想最终使林地本身的所有权成为可能。

在唐朝，我们也看到了造林技术的进一步发展。诗人、散文家柳宗元（773—819）甚至写了一篇"种树郭橐驼"的传记，郭橐驼是一位专业园丁，《种树书》也被认为是他的作品。[36] 无论郭橐驼是否真的写过这样一部著作，此书都以广博而深入的植树知识而著称。它表明，9 世纪知识渊博的栽培者已经具有了一套广泛适用的造林技术，包括从育种和插条、移栽、嫁接、修剪到采伐的种植过程。《种树书》也包含了最早的关于种植林木的具体指导，如松和杉。[37] 尽管如此，最晚在 10 世纪，一些逸闻传说证据表明，大多数木材仍然是从天然林中砍伐的。通过对唐代文学的考察，薛爱华认为，"中世纪的森林似乎仍然是取之不尽用之不竭的"，官员们把植树看作是浪费时间的事情。[38]

尽管森林在第一个千年中已经发生了实质变化，但自然富足的预设依然盛行。国家控制着小片森林，农民社区管理着薪炭林，僧侣和贵族则种植果树和林荫树，但山野总是处于这种人造锦绣（cultivated tapestry）的边缘地带。简单的规章制度仍然足以促进自然的丰足。但是，在公元 700—1000 年，管理林地的规则开始发生改变。《唐律》在加强较早的开放进入标准的同时，也为后来的产权概念奠定了基础。虽然只是在一些小的庄园中实行，但到

27

了 9 世纪，早期近代的一套造林技术和树种已经基本完成。这些发展表明，富足的预设开始失效，最初是逐渐的，然后变得越来越急迫。在随后的时期中，这个体系陷入了自身的危机，只有通过确立关于自然界的一种全新概念才能化解这种危机。

宋朝木材危机

与早期帝国规制的发展一样，向大规模造林的转变始于旧有木材利用模式的危机。在这场危机之前，社会主要通过三种机制维持木材产品的可靠供给：对开放林地的季节性限制，木材丰饶地区与木材匮乏地区间的贸易，以及在战略区域有限的森林培育。到了宋朝（960—1279），这一体系变得不稳定，不断增长的需求导致了对公共林地的过度利用，以及对周边地区的过度砍伐。宋朝官员最初试图通过加强前两种机制来解决木材短缺问题——实施更严格的采伐限制和进口更多的木材，但是这些干预措施已经不够了。到了 12 世纪初，对木材的需求如此之高，以至于人们越来越求助于最后一种储备手段：植树。从前高度地方化条件下的造林实践，现在变得普遍起来。植树造林的推广，集约化的管理机制，都清楚地表明，那种简单的林地管理机制已经失败，随之通过有限管理以确保自然富足的预设也失效了。

旧有的木材监管体系危机是宋初经济和地缘政治环境因素多重加转变的产物。当宋朝在 960 年宣布建立的时候，它仅仅是自 907 年唐朝灭亡后控制中国北方的六个朝廷中最新的一个。但与

28

此前的朝廷不同，宋朝皇帝统治了三个世纪，首先是在开封（汴京），大运河在这里与黄河交汇（北宋）。1127 年，中国北方大部分地区丢失给敌对政权后，这个王朝在杭州（临安）开始新的统治，一直延续到 1279 年，大运河的南端在此与东海岸的一个大湾交汇（南宋）。

　　宋朝要比前代庞大的帝国小一些，其权力更多来源于商业和中央集权，而非辽阔的领土。回溯宋朝，越来越专业化的官僚机构、不断发展的印刷业和大众文化、国家支持的纸币，以及烟煤的广泛使用，使它与 500 年后的西欧诸国非常相似。一些历史学家认为它是中国"早期近代"（early modern）的开端。[39]就像后来的这些国家一样，宋朝花了三个世纪的时间与其遭遇的状况作斗争：与强大区域竞争对手的军事竞赛，城市化和不断扩张的商业经济带来的内部震荡，以及前所未有的环境威胁浪潮。

　　当宋朝在 10 世纪后期建立的时候，它只控制了中国北方平原地区。虽然与大多数欧洲国家相比，宋朝的国土面积仍然很大，但它还是缺失了过去那些伟大帝国的广袤领土。虽然到 980 年，宋朝占领了南方，但在北方边界上却与非汉族政权展开了争夺，包括契丹人建立的辽（907—1125），党项人建立的西夏（1038—1227），以及女真人建立的金（1115—1234）。敌对政权不仅切断了宋朝通往周边茂密森林的通道，而且构成重大的军事威胁，导致各方的木材需求扩大。在东北地区，宋人在边境种植边防林抵御辽。[40]在西北地区，宋和西夏在 11 世纪中期的战争中都大量砍伐树木以建造堡垒。[41]两种干预措施都使大片林地不能再作他用。与此同时，铁产量在 11 世纪扩大了一个数量级，大部分被用于军事。[42] 尽管宋朝在建造堡垒和生产兵器上投入了大量资金，但它仍然无法有效地保卫边境。金强大以后，迫使宋朝在 1127 年从北方都城撤退。具有讽刺意味的是，这场南下中原之所以成功，部分原因是减缓游牧骑兵速度的边境森林被砍伐了。[43] 在这些战争中，宋朝军队一直在努力平衡日益增长的木材和薪炭需求与有限储备之间的矛盾，特别是在东北和西北的战略边境地区。

宋朝的城市化远超前代，商铺、房屋、官府建筑和补给船只的木材需求量巨大。早期帝国城市的发展主要集中体现在首都，那里地处西北，附近大面积的森林为国家所独占。北宋的都城也很大，在 11 世纪末的鼎盛时期，开封的城市居民可能达到 75 万人。[44] 但不同于早期的都城毗邻树木繁茂的山区，开封位于树木稀少的华北平原中部，几乎所有的木材都需要输入。事实上，宋朝都城的家庭和作坊消耗了太多的燃料，以至于该地区无法供应足够的木材，到 11 世纪末开封几乎全部改用煤炭。[45] 在 11 世纪还出现了其他几十个城市中心，其规模都远远超过了早期。[46] 所有这些城市都带来了对木材和燃料的需求。

更糟的是，宋朝经历了一千年来最大的环境危机，这本身就是林地退化的原因和结果。黄河是中国北方的命脉，容易泛滥，不过自公元 2 世纪以来一直处于相对稳定状态。但是，数百年来泥沙积淀使河岸高出周围的村庄，当河水高涨时，很容易引发灾难。而过度的树木采伐导致更多的土壤流入河道，加速淤积，使问题更加恶化。在 10 世纪后期，这条河开始经常性地泛滥，最终在 1048 年暴发了一次大洪水，淹没了大片农村地区，并将河道改向了遥远的北方。为了治理这条不羁的河流，宋朝的水利官员命令大范围地砍伐梢料来重建堤坝。这只是加剧了该地区的木材短缺，进一步消耗了附近山区用以保持土壤的林地，导致更多的沉积和洪水。1128年，为了减缓金人南下的速度，宋朝军队掘开了黄河堤坝，造成了又一次黄河大洪水，使河道南移，远离了黄河故道。在这场"环境大戏"中，河道管理机构以前所未有的规模消耗着木材。[47]

最后，宋朝见证了商业经济的大发展，其中部分原因是货币供应量的大幅扩张。在监管了一千多年最伟大的铸币之后，宋朝支持了最早由官方印刷的纸币，在中国历史上首次将流通货币扩大到铜币供应之外。[48]随着如此多的钱币进入流通领域，木材和燃料成了市场商品，以现金定价。这使木材从一种特殊的、地域性的产品变成一种标准化的商品。通过使木材、燃料与其他产品互换，商品化为木材进入流通领域提供了第三个关键机制。在现金充裕的经济体中，商人扩大了国家和城市的影响力，在帝国四处寻找更多的木材进入商品市场。

官有林管理

军事、城市、水利和商业压力叠加达到了极点，建堡卫边、造船行水、筑堤御洪护田都挑战着宋朝政府寻求足够木材的能力。这些危机引发了越来越激烈的争论，关涉国家在征税、控制社会和管理自然方面的恰当角色。随着国家意识到危机的严重性，政府变本加厉地采用旧有的管理方式，包括限制采伐、尝试节约、扩大采伐边界和加强直接的森林监管。然而，北宋森林政策的主要特点是混乱和纷争。官僚们面对全新的情况，对于如何正确地行动意见不一。

　　宋朝的官僚首先试图通过实施愈加严格的伐木禁令来控制过度采伐，特别是在人口稠密的华北平原地区。1049 年，有商人要求暂停定州北部的伐木，以促进森林的恢复。[49] 到 1074 年，定州的森林似乎有所恢复，但林木再次被砍伐，导致又一次被禁。[50] 1080 年，宪州的一个县报告，它的森林已经减少到原来的 12%，并要求在恢复之前全面禁止利用。[51] 这些限制措施越来越频繁，尤其是在人口稠密的华北平原，表明其实效在下降。这些奏报虽然零散，但也证明了官方的木材需求与限制过度利用森林之间的矛盾日益加剧，因为最初经常是官府的征用导致了过度砍伐。

　　随着伐木限制逐渐趋于失效，缓解日益严重的木材短缺最显而易见的方式是扩大采伐边界。政府在这方面的努力主要集中在西北地区，因为那里有直接通往开封的水路，而且该地区驻有大量军队，具有征用士兵作为伐木工的可能性。到了 11 世纪中叶，"林木参天"的秦岭山脉——长期以来一直是首选的木材产地——已经越来越稀疏了。[52] 为了替代这一木材供给，宋朝官员越来越深入黄土高原边远地区，那里的森林相对较好。[53] 事实上，宋朝官员在王朝最初几十年里已经深入到西部边远地带采伐，在遭到了"蕃人"报复后，宋真宗于 1017 年取消了这些行动。[54] 在 11 世纪 30 年代，西夏政权在黄土高原的建立，导致大量采伐用于军事建筑。到 1044 年，北宋与西夏共建造了 300 多个堡寨。[55] 因此，在该地区的伐木导致了这两条战线暴露于敌军的风险。尽管如此，开封上游富饶的森林仍然是诱人的木材来源。

　　在与西夏数十年的冲突中，一位名叫王韶的低微编外官员于 1068 年提出了新的策略。他认为，宋朝应招募"蕃人"为己用，进行货物贸易和封爵。这将克服北宋在战略上的弱点，同时使西夏多面受敌。[56] 到了 1072 年，宋军收复西夏河州，将其纳入宋朝版图，属熙河路，王韶为熙河路最高长官。[57] 熙河路很快就变成了大量制度试验的场所。1074 年绥靖之后，十多个新的县和州一级的城镇被建立起来管理这个地区。[58] 国家在边境地区建立了官方市场，用川茶交换藏马。[59] 它还建立了和"蕃人"进行木材贸易的市场。[60] 1080 年，皇帝任命一位支持王韶的太监李宪为这些新建木材市场的行政长官。[61] 他注意到帝国中唯有熙河的木材足以满足帝国营建的需要，因而授权李宪控制从边境市场到都城的木材贸易。[62]

　　在接下来几年里，李宪把熙河采买木植司建成了西北边陲一个虽然小但引人注目的赚钱机构。1081 年，木植司支付了 20 万贯钱作为购买木材的本金。[63] 它利用向下游出售原木的利润支付粮食和饲料的运输成本，以供应边境，并将本金再进一步投资到木材采购。[64] 这项投资的回报显然非常可观：1084 年，李宪能从木植司借钱五万贯为军队购买储备。[65] 如同更大、更著名的茶马市场一样，木材市场也成为西北边疆军事和宦官独立财政收入和权力的来源。[66] 他们还提升了国家在日益紧张的黄河市场上获得木材的能力。然而，这种采伐边界的扩张只是宋朝改变森林监管的因素之一。

　　随着有关木材短缺的奏报不断增多，愈加频繁，宋朝官员开始重新考虑某些从唐朝继承下来、有数个世纪历史的旧有林木政策的理论基础。11 世纪 60 年代末到 70 年代初，在宋神宗的支持下，改革家王安石上升到了政治权力的巅峰，他开始重新思考国家控制环境的基础。《周官》是一部经典文献，曾被用来为秦汉时期强有力的森林官僚机构辩护，王安石引用此书，认为森林管控完全在古典国家事务的范围之内。[67] 他说："古非特什一之税而已……山林、川泽有虞衡之官，其絘布、总布、质布、廛布之类甚众。"[68] 尽管面临木材危机，但王安石明确拒绝对公共樵采区域进行征税（觿得樵采），或者任何公共荒地征税（众户殖利），包括山林。他还禁止地主圈占或以虚假的理由出租这些土地。[69] 尽管王安石的具体政策没有彻底改变林木使用的规则，但他对中国经典的大胆解读开始改变自然资源管理的基本原则。然而，这种争取更大国家权力的努力很快就停止了。王安石在 1076 年被迫辞官，1085 年他的支持者宋神宗也去世了。新皇帝哲宗任命王安石的竞争对手司马光为宰相，然后司马光废除了王安石的大部分政策。[70]

尽管王安石变法短暂而不彻底，但他为更激进的政策奠定了基础。1102 年，年轻的皇帝徽宗任命另外一位改革者蔡京为宰相。蔡京仿效王安石，很快恢复了国家干预政策。蔡京以 11 世纪 70 年代的改革为先例，发动了一项内容广泛的改革计划，以扩大国家监管，并从非农土地上获得财政收入，包括恢复对茶叶和食盐等商品的垄断。[71] 在王安石改革下，县丞（assistant magistrates）是将更多的监督延伸到人口众多的县乡的关键。[72] 蔡京有了更为具体的设想：他把县丞作为国家官僚机构和生产景观之间的首要的联结点，胪列了未包含在王安石系列改革方案中的新的干预措施。在一项重大的政策建议中，蔡京写道："铜、铅、金、银、铁、锡、水银坑冶及林木可养，斤斧可禁，山荒可种植之类，县并置丞一员以掌其事。"[73]

以王安石的构想为基础，蔡京任命了一批官员来管理整个帝国的国有矿山和森林。在接下来几十年的法令中，他们的职责被明确。1105年，江西的一位官员建议将这一职位限制在真正有矿山和森林管理的县。在裁撤不必要的职位后，江西约有三分之二的县设立了县丞。[74]这表明县丞掌管了先前存在的林地，这可能是在政策出台之前公众能够进入的区域。在没有其他指令的情况下，县丞负责执行现有的伐木限制，而不是任何全新的政策。尽管如此，他们还是成为最早一批在地方一级具体负责森林管理的官员。

像王安石的改革一样，蔡京在1120年辞官退休后，他的许多政策也被限制收缩了。[75]但在接下来几年里，国家的林业计划实际上变得越来越具体，管理也越来越严密。1123年的一项法令规定，每一位县丞要负责维护本县两万棵林木，并规定惩罚那些种植少的人，奖励种植多的人。[76]两年后，地方官员被要求将这些树木数量纳入他们关于当地经济的定期奏报中。[77]其他一些没有确切时间的森林法规也可能是这一时期的产物。[78]其中一条明确规定了对未经许可从国有森林中砍伐木材的人进行处罚。[79]另一项措施是对那些在监管期间允许森林破坏的县丞减缓晋升，而对那些促进森林发展的县丞给予更快的晋升奖励。[80]总体而言，这些政策将森林监管从预防性的政策转向积极政策。除了对采伐实施越来越严格的限制外，国家还责成县级官员调查现存立木，并奖励他们扩大森林面积。虽然这些规定中没有具体提到植树，但这本来

34

就是官员实现生产目标的一种方式。不管官员是否植树，新的法规将木材监管的重点从采伐逐渐转向更早的生长周期阶段。这些县的森林的最终命运尚不清楚，部分原因是蔡京的大部分作品被他的批评者销毁了。事实上，他的反对者成功地塑造了蔡京的叙事，在经典小说《水浒传》中，一个伪历史版本的蔡京似乎是一个恶棍。[81] 尽管如此，这些森林政策似乎很快就因为宋朝的南迁而失效。[82]

私有林经营

像宋朝国家一样，私营企业家对木材危机做出了两个非常重要的反应：在新的边远地带进行采伐，以及加强人口密集地区的森林经营。国家将重心放在扩大西北地区的采伐范围，那里有通往首都的河道和大量军事设施，民间商人则将重心放在了南方相互连接的河流和沿海市场上。虽然其中一些地区已经过度采伐，但其他地区仍有茂密的天然林地。一部 11 世纪的本草书指出，"南中深山"中有大量自然生长的杉木。[83] 12 世纪初，另一部书写道，紧邻杭州的腹地"有漆、楮、松、杉之饶，商贾辐辏"。[84] 即使到了 12 世纪后期，一位宋朝大臣仍将杭州的一部分地区描绘为"弥望皆大杉"。[85] 但是，当最古老而著名的木材市场出现稀缺时，商人逐渐深入到更远的地方，从整个长江流域流动的伐木者那里购买木材。[86] 在沿海地区，像宁波（明州）和泉州这样的城市，在 12 世纪成为特别重要的海上贸易中心。随着行业发展，这些港口被连接成一个广泛的贸易区域，从更远的地方比如广州和日本西南部购买木材。[87] 总的来说，东南沿海和南方内陆地区的木材市场可能比北方和西北地区以国家为主导的采伐区大一个数量级。

与此同时，国家加强森林管理的压力同样也传导给了地主，促使他们去做同样的事情。第一次，木材需求量大到让地主开始投资植树，不仅是为了果实和燃料，也为了木材。林木培育技术在 12 世纪以前已经为人们所熟悉。如上所述，9 世纪的《种树书》已经记载了中国南方两种主要林木松树和杉树的培育技术。著名的诗人和政治家苏轼（1037—1101）也记录了一种松树的培育方法。[88] 植杉同样被证实用于宗教仪式和观赏目的。在杭州附近的一座寺庙里，有两棵当地传统巨杉，是 893 年被移栽的，而赣西北"万杉寺"的杉树最迟是在 11 世纪初种下的。[89] 1173 年，哲学家朱熹（1130—1200）在徽州祖母的坟墓旁种植了杉树；到 1999 年，他种植的 24 棵杉树中仍然有 16 棵还活着。[90] 但是，虽然这些史料显示了种植松树和杉树的专业知识，它们并没有表明商业种植广泛存在。

在这方面，1100 年是一个关键的转折点，从私人庄园和寺庙的少量栽种转向对用材林的大规模投资。叶梦得（1077—1148）晚年退隐浙江西部的湖州，在那里他写下了自己的计划，在三十年内种植大片的松、杉和桐。[91] 这是第一次明确提到在不同的地块上错落有致地种植用材林，使树木在不同的时间成材。我在前面已经提及袁采的著述，他是附近的衢州人，在 12 世纪末，他曾反复写到植树之利。[92] 当时一部方志中记载，在徽州"山中宜杉，土人稀作田，多以种杉为业"。[93] 徽州的事实说明，杉苗的培育在 13 世纪已经广泛存在。[94] 13 世纪的几部农书给出了如何种植杉树的建议，并保存了这方面的专业知识。[95] 那时，对木材的需求非常巨大，既促成了从国外进口木材的迅速扩大，也促成了江南内陆以用材林为交易标的的全新市场。这标志着一个生物群落改造的开端，不仅是对自然播种林地的选择性压力，也是对种植和繁育用材林的直接人类干预。

未走的路

36　　　到 12 世纪江南地主开始大面积培育林木时，人们已经用了几千年的时间改造中国的林地生物群落，先是通过火，然后是通过简单的规则，这些规则都是建立在"被管控的富足"（*regulated abundance*）概念上的。尽管这一基本框架具有实质上的连续性，它在千年的变化中始终存在，但最终，城市、船只、军队、堤坝和市场的规模不断扩大，产生了对木材和燃料的大量需求，而这些需求无法通过现有的机制得到满足。对这场危机的反应并非单向的。一些官员求助于过去行之有效的办法，暂停砍伐童秃的林地，并在新征服地区建立木材市场。其他人则提倡更全面国家监管的观点，将官有森林管理扩展到整个帝国的郡县。与此同时，南方的商人和地主也做出了自己的回应，将木材贸易扩展到遥远的上游和海外，并首次通过广泛培育林木来弥补天然林的不足。

总体而言，这些发展至少为走出宋朝木材危机提供了三条不同的路径。首先，中国可以继续扩大其资源边界，在黄河上游流域建立木材垄断，在长江沿线和东海沿岸建立私人木材市场。沿着这些通道，它可能会像荷兰一样发展起来，一边是河流木材的边界，另一边是海上木材边界。[96]第二，它可以发展一个广泛而强大的森林官僚机构。这将使中国走上后来威尼斯、朝鲜、法国或普鲁士似的道路。[97]我们可能会认为蔡京就是中国的柯尔贝尔（Colbert），或者甚至认为柯尔贝尔就是法国的蔡京。第三，中国可以仿效叶梦得、袁采等南方地主，他们开了商业造林的先河。直到1127年，这些路径中的任何一条都有可能走出木材危机。当异族军队占领北方时，实际上是迫使宋朝沿着南方的路线前进，这一切都改变了。尘埃落定后，朝廷失去了木材稀缺的华北平原和对西北木材的垄断，只剩下以江南杉木种植区为中心的统治版图。因此，推动木材贸易的是民间商人，而不是官方垄断企业；改变中国森林覆盖的是私人种植，而不是国家管理。

注释

1　袁采：《桑木因时种植》，《袁氏世范》卷3。
2　袁采：《事贵预谋后则时失》，《袁氏世范》卷2。
3　袁采：《桑木因时种植》，《袁氏世范》卷3。
4　袁采：《田产界至宜分明》，《袁氏世范》卷3。
5　Bruce D. Smith, "Ultimate Ecosystem Engineers"；Bond and Keeley, "Fire as a Global 'Herbivore.'"
6　例如，中国最早的文字记录——"甲骨文"记载了商朝（约前1700—前1027）的占卜——提供了使用火进行狩猎和清理土地的明确证据。参见马思中（Fiskesjö）："Rising from Blood-Stained Fields"。
7　植被中的变化包括松树和杂草的大量涌现，它们都是以牺牲橡树（陆地林地）和桤木（湿地中）等阔叶物种为代价的，还有突然出现的一层层木炭，这都表明了大范围的燃烧。Sun and Chen, "Palynological Records," 537, 540–541; Liu and Qiu, "Pollen Records of Vegetational Changes," 395; Ren, "Mid-to Late Holocene Forests"; Dodson et al., "Vegetation and Environment History." 大约在同一时间内，甲烷水平偏离了其下降趋势，很可能是因为水稻农业的发展。Xiaoqiang Li et al., "Population and Expansion of Rice Agriculture," 42、48.

8　伊懋可："Three Thousand Years of Unsustainable Growth," 7–10；孟一衡："Forestry and the Politics of Sustainability"；陈力强（Sanft）："Environment and Law"；薛爱华："Hunting Parks and Animal Enclosures."

9　在孢粉、木炭和沉积物记录中有这些清理的实物证据。Sun and Chen, "Palynological Records," 537、540–541；赵艳："Vegetation and Climate Reconstructions," 381；马瑞诗（Mostern）："Sediment and State in Imperial China," 128；Wenying Jiang et al., "Natural and Anthropogenic Forest Fires".

10　关于木材稀缺的担忧和现实之间的区别，参见 Warde, "Fear of Wood Shortage"。

11　参见 Pyne, *Fire*。

12　伊懋可："Three Thousand Years of Unsustainable Growth," 17–19；孟一衡："Forestry and the Politics of Sustainability," 601–605。

13　陈力强："Environment and Law."

14　Compare to Gadgil and Guha, *This Fissured Land*, 20–27; Teplyakov, *Russian Forestry and Its Leaders*, v, 1–2.

15　薛爱华："Hunting Parks and Animal Enclosures," 332–333；陆威仪（Lewis）：*Sanctioned Violence in Early China*, chap.4. 有史料称，上林苑有"三千多种名果奇木"，但文献中只列出 98 种不同的品种。周维权：《中国古典园林史》，第 50—51 页。关于上林苑主导区域木材市场的研究，参见孟一衡："Forestry and the Politics of Sustainability," 607–609。

16　伊懋可："Three Thousand Years of Unsustainable Growth," 18–21；马立博：《中国环境史》，83—86；孟一衡："Forestry in Early China," 605–609。

17　例如，司马迁把这一行为归功于汉文帝。司马迁：《货殖列传》，《史记》卷 129。

18　孟一衡："Forestry and the Politics of Sustainability," 606；陈力强："Environment and Law"；何四维（Hulsewe）：Remnants of Ch'in Law, 15；Lau and Staack, Legal Practice, 27–28；李安敦（Barbieri-Low）：Artisans in Early Imperial China, 132 and chap.6 generally.

19　战国、秦汉文献对这种贸易多有提及，如《尚书·禹贡》；司马迁：《货殖列传》，《史记》卷 129；陆贾：《资质》，《新语》卷 7；桓宽：《本议》，《盐铁论》卷 1；王符：《浮侈》，《潜夫论》卷 3。

20　伊懋可："Three Thousand Years of Unsustainable Growth," 25；马端临：《杂征敛（山泽津渡）》，《文献通考》卷 19。

21　谢和耐（Gernet）：*Buddhism in Chinese Society*, 116–129 and chap.3；马立博：《中国环境史》，138—141；薛爱华："Conservation of Nature," 282–284；Walsh, *Sacred Economies*, chaps.4–5。

22　参见施舟人（Kristofer Schipper）翻译的《太上老君经律》，引自狄培理（De Bary）、布卢姆（Bloom）编著的《中国传统资料选编》第 1 卷，第 395 页；Girardot，Miller，and Liu，Daoism and Ecology；Clark，Sinitic Encounter in Southeast China，33-36。

23　陆威仪：*China between Empires*，216-220。

24　贾思勰：《齐民要术》卷 4。

25　贾思勰：《种桑、柘第四十五》，《齐民要术》卷 5。

26　贾思勰：《种榆、白杨第四十六》，《齐民要术》卷 5。

27　贾思勰：《齐民要术》卷 5 第 47 至 51。

28　关于庄园林的例子可以参看陆威仪：*China's Cosmopolitan Empire*，25-26，126；伊懋可：*Pattern of the Chinese Past*，80-82。关于佛教寺庙园林的例子可以参看谢和耐：Buddhism in Chinese Society，116-129；Walsh，Sacred Economies，chaps.4-5；马立博：《中国环境史》，138—141；孟泽思：《森林与土地管理》（*Forestry and Land Management*），第 4 章；薛爱华："Conservation of Nature," 282-284，288。

29　见杜希德（Twitchett）：《唐代财政》（*Financial Administration under the T'ang*）。

30　贾思勰：《伐木第五十五》，《齐民要术》卷 5。

31　《唐律疏议》第 405 条。这条法律更准确的意思是 "独占山野、海塘、湖泊之利"，参见 Johnson，T'ang Code，2：469。

32　《唐律疏议》第 291 条。

33　伐木作为一种劳务形式在一份契约中得到了间接证明，该契约规定一个人因事外出时找人代替服役的事项。引自韩森：《传统中国日常生活中的协商》（*Negotiating Daily Life in Traditional China*），69。

34　Adolf Berger，*Encyclopedic Dictionary of Roman Law*，s.vv. "fructus," "fructus separati," "separatio fructuum."

35　《宋刑统》第 291 条和第 405 条。

36　柳宗元：《种树郭橐驼传》，《柳州文钞》卷 5。

37　郭橐驼：《种树书》卷 1—3。

38　薛爱华："Conservation of Nature," 299-300。

39　对此的学术回顾，参见万志英："Imagining Pre-modern China"。

40　陈元（Yuan Julian Chen）："Frontier, Fortification, and Forestation."

41　马瑞诗："Sediment and State in Imperial China"。

42　这种存在争议的估算见郝若贝（Hartwell）："Cycle of Economic Change," 104-106。又见郝若贝："Revolution in the Iron and Coal Industries"；郝若贝："Markets, Technology, and the Structure of Enterprise"。郝若贝的估算受到了批评，特别是华道安（Wagner）："Administration of the Iron Industry"。华道安认为，郝若贝的方法是对税收数据过于简单的推断，可能高估了宋朝的生产，而低估了其后的生产。其他关于郝若贝的评价，参见 Golas，Mining，169-170n495；万志英：Economic History of China，245n87；Wright，"Economic Cycle in Imperial China?"。所有学者都接受了郝若贝的定性结论，即铁产量在 11 世纪大幅增加，但对他的定量预测提出了质疑。

43　陈元："Frontier, Fortification, and Forestation"。

44　万志英：Economic History of China，245。

45　中国宋朝对煤炭的经典描述出自沈括的《梦溪笔谈》卷24。有几位学者认为，中国在11世纪越来越多地使用煤炭，尤其是在中原地区。参见郝若贝："Markets, Technology, and the Structure of Enterprise," 160–161; Golas, Mining, 186–196; 周绍明和斯波义信："Economic Change in China," 375。

46　在11世纪，27个城市的商业税收入至少相当于开封的十分之一，这表明这些城市的商业税收入比宋朝都城小了一个数量级。万志英：Economic History of China，249–250。

47　这一引人注目的故事，在张玲《河流、平原与政权》中有讲述。关于西北地区过度砍伐在黄河洪水中的作用，参见马瑞诗："Sediment and State in Imperial China"。

48　万志英：Fountain of Fortune，48–51。

49　《宋会要辑稿·刑法二》，29。（数字为作者引用的版本中的页码。下同。——译者注）

50　李焘：《续资治通鉴长编》卷258，90。

51　《宋会要辑稿·兵四》，9。

52　《宋会要辑稿·刑法二》，124。

53　《高防传》，《宋史》卷270，引自漆侠、乔幼梅《中国经济通史·辽夏金经济卷》，249—250。李焘：《续资治通鉴长编》卷44。

54　宋初在藏区、钦州、龙洲伐木活动：见李焘《续资治通鉴长编》卷21，47、51、61；卷28，11；卷71，95；卷73，83；卷77，17；卷78，55；卷82，90、99—100；卷83，98、114；卷86，56。取消西北地区的伐木计划：见李焘《续资治通鉴长编》卷88，33、39；卷90，57。

55　马瑞诗："Sediment and State in Imperial China," 134。

56　史乐民："Irredentism as Political Capital," 84–87；《王韶传》，《宋史》卷328。

57　李焘：《续资治通鉴长编》卷239，37。

58　马瑞诗："Sediment and State in Imperial China," 134；马瑞诗："Dividing the Realm," 195–202。

59　史乐民："Irredentism as Political Capital," 91–94, and Taxing Heaven's Storehouse，46–47。

60　李焘：《续资治通鉴长编》卷235，41；卷250，26、53。

61　关于李宪和其他宦官的军事督率，见史乐民："Irredentism as Political Capital," 93、119n97、126。也可参看《李宪传》，《宋史》卷467。

62　李焘：《续资治通鉴长编》卷310，57。

63　"贯钱"是一种记账单位，不一定与铜钱的确切数目相符。名义上，一贯钱相当于100铜钱。然而，朝廷经常下令替换为不足100铜钱的"短钱"，其后又替换为纸币。

64　李焘：《续资治通鉴长编》卷311，38。

65　李焘：《续资治通鉴长编》卷345，115。

66　史乐民："Irredentism as Political Capital," 125–126。

67　关于《周官》作为中央集权主义的文本，见普鸣（Puett）："Centering the Realm"。关于《周官》中的森林机构，见孟一衡："Forestry and the Politics of Sustainability," 606–607。王安石非常熟悉《周官》，撰写了自己的注释《周官新义》。见包弼德：《王安石与周礼》(Wang Anshi and the Zhouli)。

68 李焘:《续资治通鉴长编》卷 251,58。

69 李焘:《续资治通鉴长编》卷 237,64。1076 年颁布的一条法令明确指出,在计算每户的替代役时,私人财产中的杂木也被包括在内,但不包括普通林地。李焘:《续资治通鉴长编》卷 277,102。

70 李瑞(Levine):*Divided by a Common Language*,99–103;"Che-tsung's Reign," 521–529。

71 关于茶叶和食盐的垄断,见史乐民:*Taxing Heaven's Storehouse*,195–198;钱立方(Chien):*Salt and State*。关于蔡京政策的更广泛研究,见贾志扬(Chaffee):"Politics of Reform";伊沛霞(Ebrey):《宋徽宗》(*Emperor Huizong*),102–103。

72 1071 年,为了完成行政任务,变法者在超过两万基本住户的县设立了保长。李焘:《续资治通鉴长编》卷 221,19。

73 《宋会要辑稿·职官四八》,53—54。

74 《宋会要辑稿·职官四八》,54。

75 贾志扬:"Politics of Reform," 54–55。

76 《宋会要辑稿·刑法一》,27—28。

77 《宋会要辑稿·职官四八》,55。

78 这些都出自 1201 年的《庆元条法》,其现代编者注中包含许多源自北宋的法规。《庆元条法事类》,2。

79 这一违规行为轻者将被杖八十。《庆元条法事类》,911。

80 《庆元条法事类》,685—686。

81 蔡涵墨(Hartman):"Cai Jing's Biography in the Songshi"。

82 1136 年,宋朝从中国北方撤退十年后,在不需要修复黄河堤坝的理由下,在堤坝上种树的奖励被取消了。我们不清楚是否其他的林业项目也被取消了。《庆元条法事类》,687。虽然证据缺乏并不意味着没有证据,但我们没有发现在 1126—1127 年宋朝退居中国南方后县域森林的具体参考资料。

83 唐慎微:《证类本草》卷 14,81a—b。

84 方勺:《青溪寇轨》。

85 周必大:《省斋文稿》,引自《嘉庆余杭县志》卷 38。

86 见《宋会要辑稿·刑法二》,124;斯波义信(Shiba):《宋代中国的商业和社会》(*Commerce and Society*),83,121—132。

87 从日本进口木材,见万志英:"Ningbo-Hakata Merchant Network," 269–270。从福建和广东输入木材和金属,见斯波义信:"Ningbo and Its Hinterland"。

88 苏轼:《东坡杂记》,引自陈嵘《中国森林史料》,第 34—35 页。

89 《物产》,《嘉庆余杭县志》卷 38,引自《咸淳临安志》;朱熹:《万杉寺》,《晦庵先生朱文公文集》卷 2。天圣年间(1023—1032)的碑文证实它们被禁止砍伐。

90 Li and Ritchie, "Clonal Forestry in China," 123.

91 叶梦得:《避暑录话》卷 2。

92 袁采:《袁氏世范》卷 2《事贵预谋后则时失》、卷 3《桑木因时种植》。见伊沛霞:*Family and Property in Sung China*,referenced 116,translated 266。

93 《物产·果木》，《淳熙新安志》卷 2，引自卞利《明清徽州社会研究》，177—178。

94 《中国历代契约会编考释》532—547 #412—422。

95 《插杉》，《农桑辑要》卷 6，引自更早已佚的农书。

96 Moore，"'Amsterdam Is Standing on Norway,' Part II"；Radkau，Wood，142-144.

97 关于德国，见斯科特：《国家视角》，第 1 章；Lowood，"Calculating Forester"；关于威尼斯，见 Appuhn，*Forest on the Sea*，chaps.4-5；关于法国，见 Matteson，*Forests in Revolutionary France*。

第二章

边界、税收与产权

12 世纪中叶，宋朝户部侍郎李椿年（1096—1164）对土地调
查规定作出了修改。此次修改看似简单，却导致了中国南方行政管
理领域的一场革命。福州 1182 年的《三山志》以平淡的语气描述
了这次改革："绍兴十九年（1149 年），行经界法，田以名色定等，
乡以旧额敷税。"[1] 不过，在这段话的后面，枯燥的文字记录显现出
李椿年政策的重大成果："今垦田若园林、山地等顷亩较之国初殆
增十倍。"[2] 即使考虑到此类描述中典型的诗意夸大，其调查的效果
也是显著的。通过对土地核算看似细微的调整，在官方的税收和监
管下，李椿年的改革极大地增加了土地面积，尤其是森林面积。

李椿年的调查方法本身充满革命性，大幅提升了地籍记录的
质量和内容，但其影响远不止于改善土地及财政状况。自此之后，
林地开始由开放的、公共进入的景观，转变为独占的财产。接下来
几个世纪里，其他官员也对土地调查规定作出了各自看似平淡无
奇的改变。14 世纪初，元朝平章政事章闾命令中国南方的税务官
员规范土地调查类别。从 14 世纪 60 年代开始，到 1391 年地籍编
纂覆盖全国为止，明朝的土地调查员进一步改进了这些规定，并将
其推广至南方的更多地区。总体而言，这些变革使国家在财政方面
对森林有了清晰的认识；在此过程中，国家官员实际上把森林变成
了私有财产。虽然私有化经过几个世纪才彻底实现，但森林私有的

基本前提早已根植于李椿年 1149 年制定的规定之中。这一土地监管的转变，是造林革命制度化的第一个方面。在过去的千年之中，李椿年改革是中国土地政策最大的变革之一。然而不知为何，一直以来，这些改革大都被历史学家所忽略，鲜为人知。

李椿年的土地调查不仅符合 12 世纪中期宋朝的具体政治环境，也符合中国南方长期存在的环境特征。如第一章所说，中国在 11 世纪经历了一场千年未遇的木材危机。如果时间充裕，各种政策都有可能走向成熟，引领宋朝走向森林管理的新时代。然而，外部事件扰乱了这一进程。1127 年，女真人的军队攻占宋朝都城开封，对彻底结束宋朝统治构成了非常现实的威胁。虽然宋朝统治阶层大都逃往长江以南，在杭州新的皇宫拥立了新的皇帝，但北方一失，以国家为中心的森林管理之道便无疾而终。正是在此情形之下，李椿年提议进行边界调查。他认为，南宋已经失去北方的大片税收基础，而南方地主势力不断扩张，此时，需要改进仍可征税的土地所有权凭据，包括刚刚开始投资培育的森林。

这一偶然的历史事件，奠定了接下来八个世纪森林监管的基础。1279 年，南宋向蒙古人投降之时，其官僚已为商业用材林建立起必要的制度框架。12 世纪初，地主开始投资木材种植，其投资并未遭遇法律壁垒。李椿年的制度为他们提供了恰到好处的支持。中国历史上，政府首次像对待农田一般对森林进行了调查、登记，并对其征税。虽然又过了 250 年，国家才正式承认森林作为私有财产的合法地位，但李椿年的政策以税收作为交换，含蓄地承认了森林所有权。

赋予造林者土地所有权，这一简单的行为便足以解决宋朝的木材危机。林地所有者拥有了长期的土地权利，又受到木材价格长期上涨的激励，便在中国南方广泛大面积植树。于是，无论在景观上还是市场上，自然繁育的树木逐渐被人工种植的树木取代。这样一来，国家不必积极参与地方森林管理，便可满足其战略性木材需求。然而，虽然森林所有者务必登记，但森林税收仅是国家财政收入中微不足道的很小部分，在土地税中所占百分比不超过个位数。几乎没有了木材短缺，直接税收又几近于无，于是中国的管理者不再强化森林管理，而是努力进行精简。如此一来，虽然森林制度中的政府记录极少，但所有权却广泛存在。这种基本态势一直延续到20世纪50年代的土地改革。

虽然森林所有权是李椿年有生之年打造出的妥协产物，但它也反映了中国南方长期以来普遍存在的状况。跟大部分地区是极其平坦的沉积平原的华北不同，中国南方群山环抱，河流湖泊纵横，由此形成生物群落的多样性。南方比北方暖湿，拥有多种多样的亚热带树木和竹类，天然水道和人工水道遍布。与北方易于沉积泥沙、洪水泛滥的河流形成鲜明对比，南方河流几乎是木筏漂流的理想之所。这些都是商业造林兴起的理想条件。

中国南方还有着独特的制度遗产，这是其高度多样化的环境与独立政权长期存在的产物。不同于以自耕农社会为主体的北方，南方长期以来都有着一套复杂的土地占有惯例，以及地主与佃户的多层结构。8世纪统治者初次允许耕地私下流转，正是为了解决南方土地占有的不规范行为。12世纪，宋朝南迁，使得南方人工培育的生物群落被圈占，包括森林、果园、池塘、渔场等。在接下来的几个世纪中，后来的统治者对这些政策进行了精心的设计，它们便成了中国南方一个独有的特色。而在长江以北及其著名的三峡以西，国家一般并未用心去登记森林或池塘，也未对其征税。

即使是改革之后，也并非所有林地都是可以纳税的森林，亦并非都用来种植林木。很少有人会去登记那些商业价值低的林地，比如海拔高、距离远，或缺少允许木材漂流的航运水道的林地。因此，只要不涉及纠纷，许多林地便处于官方视野之外。可纳税的森林还有其他用途，包括种植竹子、燃料、纤维作物、油料作物、茶叶、染料及安置坟墓。然而，在南方的核心省份，大部分用材林都被国家登记在册，大多数登记过的森林也都用于木材种植。[3]因此，即使两者并不完全一致，我也将出于便利，以森林登记代表木材种植的扩张。为了追溯森林登记的扩张，我已编辑了地方志中的税收记录；地方志是一种中国特有的文献，介于地方历史和地理著作之间。[4]这些地方志中的数据问题重重，经常一字不差地照搬早先的数据，或者进行了大量简化，抑或全然错误。[5]这些数据也再现了调查本身固有的问题。[6]它们虽有这些缺陷，却展现了森林登记的非凡图景，展示了一种全新的森林管理模式，乃至一种全新的森林生物聚落形式的扩展。从 12 世纪中叶开始，森林登记和植树活动就在中国南方的大部分地区蔓延开来，只有在自然或气候条件不适宜其主要树种生长的地方才停下来。

边界调查

要理解森林调查的重要意义，就必须把握中国财产制度的鲜明特点。我们所理解的土地所有权并非一种单一的权利，而是代表了几种不同权利的组合，包括获得、使用或收获土地产品的权利，以及将土地出售或转让给继承人的权利，还包括交付租金和税款的义务。现代权利束（bundle of daims）将大部分权利和义务都归属于同一个实体。但在历史上，国家承认多种不同的权利束。

直到 8 世纪中期，中国农户对其农田都仅拥有使用权，这些农田被划分为相等的小块。除小片桑田以外，这些农田不得继承或转让。土地的长期所有权归属国家，农民的工作年龄一过，政府便会收回其田地，转让给另一位劳动者。[7]但随着贵族及寺院占领大片免税土地，且南方农民违反政府规定，私立契约买卖土地，该制度逐渐难以维系。为在大规模叛乱发生时巩固财源，唐朝政府承认了这一态势，对权利束作出更改，允许土地在私人市场上流转。官员展开调查，记录土地所有权，征税依据是每户实际所有的土地面积，而非根据衡平法应分得的土地面积。[8]在之后的几百年间，唐朝及其后的朝代逐渐将私定的契约也作为土地所有权的证据。[9]在此妥协下，国家地籍簿被用于集中记录地权，支持私人登记的契约。这种契约使土地所有权和租用权的流转更加灵活，由此创立的制度一直延续到 20 世纪。

虽然农田在私人土地市场上流通了，但林地、湿地等非耕土地最初依然被排除在私有制之外。相反，国家保有对一切"山泽"的优先权利，允许个人使用，但不许占有。既然林地和湿地是开放的，也就不需要对其进行调查；尽管在人口密集区域，林地的确有着非正式的边界。甚至在 11 世纪中期的王安石土地改革中，官方政策还强化了林地作为开放区域，不得圈占、租借、售卖这一原

41

则。[10] 直到 1127 年，宋朝南迁，进入了当时正在经历造林革命的中心地区，这种情形才发生改变。

森林使用者开始为获利而植树，这促使人们彻底重新思考土地、价值及所有权之间的关系。如果仅以砍伐天然林的方式获取木材，则宋朝法律规定的林地使用权便已足够。但该法律只规定了所伐木材的所有权，并不能保护在植树过程中的前期投资。随着江南地主开始种植商品林，他们开始改变这些常规，承认只要前期投入了劳动，伐木权便归植树者所有。这是对于"劳动产生对自然产品的所有权"这一原则的合理延伸。然而，虽然当地实行这种做法，但仍没有官方规定支持用材林的所有权。李椿年的调查初次建立了森林的中央总账，改变了这一状况。

1141 年《绍兴和议》签署，宋金边境稳定，宋朝官府得以由被动遭受内乱转向积极制定政策。不久后，南宋土地调查展开。1142 年，任浙江地方官的李椿年注意到，宋金战争中，许多土地登记簿丢失，逃税现象广泛存在。他提出，任何税法改革都必须进行新的土地调查，以重建国家财政基础，平衡税务负担。李椿年的调查在方法上有几大实质性的进步，首次建立起地块边界的中央记录。这也是第一次包含森林和其他非耕用地占有状况的调查。正如大部分进行税负重新分配的尝试一样，李椿年的政策也遭到强烈反对。一些反对者希望能以地主自行上报的土地面积为准，不必派出官方调查队伍；另一些人则试图彻底阻止改革。但 1142 年的试行调查结果十分成功，李椿年升至工部任职。宋高宗不顾沸沸扬扬的反对声音，于 1149 年下令，在全国实施李椿年的调查。[11]

李椿年的调查为地主提供了一项隐性交易：他们必须纳税，

但如果出现纠纷，他们便会因土地登记而占据相当优势。之前的登记只会记录每块耕地的所有人、等级和面积，根据的是现有的标记和解决边界纠纷时的当地记录。在地势平坦的北方，这种简陋的制度仅仅记录纳税所需的信息，为官府省去了很多麻烦，但是南方山地众多、水道纵横，要标记这些形状并不规则的地块边界，这项制度的效力便大大削弱了。李椿年的调查与这些早先的调查不同，它在典籍簿中记录了四至。这种中央记录制度也沿管理层级逐级延伸：县级保留一套登记簿，随土地出售或出租随时更新；每三年将副本递交州级；另外，负责将税款移交中央的转运使还持有一套登记记录。[12]

因为这套登记制度，政府既有了吸引地主登记其资产的"胡萝卜"，又有了防止他们不进行登记的"大棒"。"胡萝卜"是指中央土地所有权记录激励地主登记其土地，以证明其所有权。13世纪初的诉讼案件证实，税务登记制度在法庭上给了所有人极大的优势。[13] 而"大棒"则是指，政府有权没收未登记的土地，保正负责检查地块，核实典籍簿中图示的准确性。[14] 这样就产生了一套统一、权威的土地所有权记录，兼顾了国家的财政需求和南方地主对所有权证明的需要。

官员对森林所有权进一步制度化，很快便开始对名义上仍将林地视为公地的政策视而不见，而将其视为实际上的私人财产。1160年，江西的一名小吏黄应南企图出租2800多顷（约18000公顷，折合45000英亩）国有土地，大多为"荒田、山林、陂泽"。[15] 这片广袤的土地或是蔡京时代县级森林的遗留，或是征收自未向调查员上报的地主，面积占全州土地的5%以上。[16] 黄应南将这些土地

43

出租，其实就是将"山林陂泽"当作了私有财产。袁采注意到，到12世纪90年代，通过立定契约售卖或租借森林已成常例。[17] 虽然理论上讲，法律规定森林仍属公地，但事实上，官员和地主即使不完全将其视为私有财产，至少也认为它们是拥有边界的。政府对国有森林进行调查、租赁，只不过是在追赶早已存在的私有林市场。

44

虽然数百年来，宗教场所和贵族庄园都在推动所有权向森林扩展，但李椿年的调查才标志着森林所有权的明确扩张。1149—1156 年间，调查在浙西、浙东、江南东部和西部、湖南、广西及四川、广东、福建大部分地区广泛展开。但北部边境附近（淮南、京东、湖北）因靠近敌国，并未展开调查；大部分边远岛屿和部落地区也都获准依照先前的评估结果纳税。[18] 12世纪后期，财政官员继续改进调查，更新边界记录。最终，在 1189—1190 年间，福建南部（汀州、漳州）官员编纂出自己的登记簿，将之前因叛乱而未能进行调查的地区也囊括在内。[19]

在这些地区，对土地所有权进行中央记录的需求显然受到了抑制。现存的 12 世纪末至 13 世纪初的记录虽然零零散散、并不完整，但这些有限的记录都显示，调查后，可征税的土地面积大幅上升，大部分是山、园林、山地等种类。1175 年，据徽州《新安县志》载，记录在案的土地面积比之前增加了 90% 以上，涨幅最大的可能是"山"这一新设类别。[20] 其他地区也报告了圈占林地的类似趋势。福州的调查包括了大量新增土地，主要为"园林、山地、池塘、陂坝"。[21] 在台州，李椿年的调查收获了两卷关于三大类土地——田、地、山的边界记录。[22] 森林登记面积的剧增表明，早在边界调查之前，这些土地事实上就已被据为私有。这些记录未具体说明这些土地是如何得以登记在册的，但其逻辑十分清晰：人们借调查之便，通过向中央登记土地，强化他们对之前种过树的土地的所有权。这标志着林地第一次接受官方调查，被记录为有边界的私人财产。这一转变象征着 11 世纪以来关于林地的一系列复杂变迁达到高潮。虽然之前并非如此，但现在的政府记录旨在保护森林土地所有权。

税务核算

　　12 世纪中晚期制作的边界地图为宋朝统治的下一个百年奠定了坚实的森林所有权基础。1279 年，蒙古人进占中国南方，建立元朝，大体上仍保留了宋朝税制。然而，1290 年，元朝第一次在南方进行户口调查时，整个税制却如一团乱麻。部分问题出在蒙古统治之前的一百年间，中国北方由金朝统治，南方则由宋朝统治，两者之间差别巨大。从两个不同政权征服的领土之间有所差别，这可以理解；但除此之外，地方辖区内部也差异巨大。1149 年起，南方税簿上登记的森林和湿地尚未经编纂，毫无条理。更糟的是，许多地方官员编造、擅改税收类别，藉此牟利。于是便出现了各种各样令人头疼的税种，杂乱不清，依照具体情形千变万化。14 世纪初一位行政官写道："其间赋税窠名，又有昔无今有、昔有今无者，皆未详其故意者。田有坍毁，或有拨隶。赋有因革，或有亏增。姑按今府县所报观之，其制亦烦矣。"[23] 为处理这种混乱局面，元朝官方最终进行了一系列改革，包括彻底整改土地税核算体系。[24]

　　1314 年，平章政事章闾意识到土地占有不公是社会问题的关键源头，于是下令彻底重整土地记录。[25] 他自己前往江浙——元朝时管辖区域江南和浙江部分地区——他曾在此任行书省长官。其他一些官员则被派往江西和河南。章闾要求地主上报其土地，否则将受到惩罚，甚至没收地产，但许多富户向官员行贿，便轻而易举地伪造了记录。朝廷对自行上报的土地实施部分免税，进一步激励地主登记；但即便如此，直到 14 世纪 20 年代末，才有大面积土地被收入记录。[26] 即使这些进展也未能阻止巨富势力膨胀，1314 年的重整土地记录总体是失败的，远未达到章闾公开宣称的目标。[27]

章闾的改革虽未能阻止日益加剧的不平等，但的确成功完成了对地税核算体系的彻底修订，确立了一个江南通用的标准模式。在章闾的领导下，江浙财赋府命令下属辖区在版图中按六个标准分类记录土地面积：田、地、山、荡、塘池和杂产。[28] 镇江和徽州的改革成果立即显现出来，1315 年，两地便根据标准分类上报了土地占有情况。[29] 1315 年徽州上报的总面积比 12 世纪高 15%，说明登记了一些新的地产。[30] 其他地方的改革有所滞后。但不迟于 1344 年，南京和宁波也更新了记录。[31] 各辖区对垦殖湿地的分类依然不同，但至此，耕地、山林、塘池的六大主要类别实现了整个区域一致。[32]

与之前态势惊人一致的是，这场地税核算的彻底改革仅在局部有效。它开始于江南，该地对拒报的惩罚措施与自主上报者税收暂免的政策相结合，促使地主更新其登记信息。但即使在这里，章闾改革也并不代表政策发生了根本性改变。改革当中，总体面积仅有小幅上升，全然不似 1149 年李椿年调查进行之时森林登记面积的剧增。这次改革更重要的作用是实现了土地核算标准化，因此行省官员便可以在整个地区使用六个统一的土地占有类别，合计税收。[33]

　　再往前追溯，章间改革是短暂地有效统治下的产物，这种状态很快就被元朝的内讧和各省的动乱削弱。1351年起，元朝便面临一连串此起彼伏的灾祸，包括红巾军起义爆发。这是一场由提倡"弥勒降生"的信徒发动的大规模起义。虽然最初的应对起了作用，但到1355年，元朝还是失去了对全国大部分地区的控制。[34] 1368年，一位红巾军将领宣布已战胜对手，包括其他起义军领袖和元朝余部。朱元璋及其统治下的明朝进行了激进的社会改革，包括重新整塑乡村的愿望。

　　14世纪六七十年代，明朝政权得到巩固，标志着在经历了数十年动荡之后，恢复了有效的中央集权统治，土地记录也进一步得到加强。甚至在明朝建立之前，朱元璋便采取措施，在其掌控的江南地区展开一轮新的土地调查，希图重建秩序井然的税收基础。1368年，朱元璋称洪武帝，正式开启统治，南京都城附近的一些当地人便开始编纂登记簿，以便收取地税。[35] 两年后，法令要求官员编纂户贴，记录每家每户的成员及资产。到1391年，全国范围内展开调查，这些零星行动逐渐被更加广泛的土地政策取代。

　　洪武调查产生了数百年来最具综合性的土地占有记录，但这些数据也有缺陷。面积数据是行政人员编造出来的，财政官员可以把相去甚远的区域数据直接混在一起。当地居民上报时使用的不是统一的俯视图上的"亩"（1亩约等于1/7英亩），而是财政上的"亩"，财政上的1亩相当于实际的1—10亩不等。[36] 还有一些非常地方化的测算标准，直到16世纪仍在使用。[37] 而且，也并不是所

47

有地方都对调查予以重视。在人口稠密的南方地区，官员可以快速展开调查，记录质量总体较高。[38]但在偏远地区，调查就困难得多，记录收集缓慢，准确性存疑。

　　人口稠密的江南各州县有着财产登记的悠久历史，这加快了本地调查的速度，提升了调查的质量。当时，明朝南直隶地区和江西部分地区都继承了这一传统。14世纪五六十年代的权力空白期间，徽州的地方自卫组织编纂了自己的土地登记簿，以确保土地所有权的持续执行。[39]于是，官员们只需更新现存数据，1369年便完成了这一任务。但在六个县中，有三个县在明朝早期的土地记录面积少于元朝，另外三县的登记面积实质上并无变化。还有两个县的森林记录全部丢失。[40]也就是说，洪武调查虽然名声更大，但在土地登记上的实际效用可能并不及南宋和元朝的调查行动。明朝建立短短几年后，浙江和江西邻近地区也同样通过誊写、更新原本的地籍，完成了新的登记簿。[41]他们还有两大优势，就是熟悉流程，当地资源丰富。例如，1386年，一千多位国子监学生被送往浙江省，协助进行土地调查。[42]其他一些在元朝时期记录良好的地区也可能采用了类似的模式。[43]

　　与此形成鲜明对比的是，早在元朝就已停止记录的地区，官员要花数十年才能完成新的土地调查。在这些区域，洪武地籍是一个多世纪以来首次更新的登记簿，或许也是对土地占有状况的第一次调查。在江西，与城市密集的东北地区相比，较为偏远的南部和西部各州县调查花费的时间多出了两倍以上。[44]直到1391年，江西各州县才公布了土地面积数据。[45]与之类似，浙江东南地区调查花费的时间也远超较为繁荣的北部和西部各州县。[46]东南部的福建省土地记录状况更差，因此新调查更加困难，反而也更有成效。到1381年，福州记录在册的土地面积与元朝地籍簿上有名无实的数字相比，增长了五倍多。[47] 在泉州，官员需要根据 200 年前宋末的记录编纂新的登记簿。[48] 在这些地区，洪武调查似乎收效甚佳，将江西中部、浙江南部及福建沿海地区纳入了更加规范的江南地籍制度。

在更偏远的地区，洪武调查可能是中央政府对土地占有状况的第一份记录，但相应地，这些记录的质量也都较差。宋朝和元朝官员在登记广东土地方面几乎毫无成果。该地的八次调查都未能查明土地占有状况的必要信息，而这些有限的记录也很快便弃之不用了。洪武调查增加了官方地籍簿上的土地面积，但其推进情况仍不均衡。直到1531年，广州和潮州五县的土地占有状况依然鲜有记录。[49] 在长江沿线的内陆，湖广地区的洪武调查几乎就是行政上的虚构产物。明朝早期地籍簿上报录的数据大多是可垦殖土地面积的估算值，而非实际的私有土地面积。[50] 边远的西南地区，广西和贵州的大部分土地都根本不受地籍制度管辖。明朝法典允许这些"其土官用事边远顽野之处"依照自己的办法记录土地，甚至无需记录。[51]

在收效最为显著的江南部分地区，洪武调查确认了元朝中期 49 使用的核算类别，将所有可纳税的山林归入"山"这个标准类别。1397 年的《大明律》将山林划入"田宅"一类，于是这一标准更加正规。第四章会进一步探究这一发展。到 15 世纪末，"田、地、山、塘"成了固定用法，代指这四大类可征税土地（取消了元朝中期使用的另外两个类别）。然而，这些核算类别并不是一项明确政策法案的结果。事实上，洪武年间遗留下的成百上千条律令中，没有一条明确提及土地分类制度或对森林登记、征税的意愿。虽然上层官僚现在已经习惯了在官府文件中使用"山"一词，但森林管理的调查和记录依然仅存于南方。明朝对森林征税，是宋元政策的延续，而非朱元璋的创新。

洪武调查或许没能彻底变革地税核算，但对于朱元璋将税制收归中央的行动，却是至关重要的。1391 年，他下令将这些数据编入一种新的登记簿，这种登记簿将每户的财产归入同一模块。[52] 这种新型户口财产表是对当时按地域整理的登记表的一种补充，解决了那些地产分散于多个辖区的家庭的统计数据问题，更便于县官计算每个家庭的总税负。现在，官府持有两套地籍册，一套是按地域整理的"鱼鳞册"，因地籍图状似鱼鳞得名；另一套是新式的户口财产表，因其黄色封面而名为"黄册"。[53] 这两套记录织就了税收监管的"经纬线"：李椿年发明的鱼鳞册便于财产定位，而洪武黄册则作为家庭财产的总体参考。[54]

黄册是 11 世纪以来第一部完整的税收簿册，较之宋元时代有限而间断的制度，土地的财政监管因此严密了许多。但是由于朱元璋的个人思想和偏好，财政的中央集权彻底失去了可能性。朱元璋对国家和个人财政都持强烈的怀疑态度，希望实现自给自足的极端愿景。他可能有些妄想症，怀疑自己的权力受到威胁，因此取缔了中央官僚体系中几乎所有高级官位，将皇帝提升到独裁之位。这就意味着，虽然明朝的土地占有记录可能比宋元时期先进得多，但是朝廷中并无有权制定新财政政策的行政官员。相反，多数情况下是地方官员根据这些登记，制定地方辖区内的税额，他们都是普通官僚，而非税法专家。[55] 他们利用这些税额不是扩大财政收入，而

50

是根据各种非常具体的产品名目，预算地方的开支。

虽然明朝的税制自相矛盾，但根据黄册制定的地方税额方便了官员查收替代品。1391 年黄册完成，政策几乎立刻便允许部分南方省份纳税者缴纳现金替代粮食。[56] 官员也可以利用标准土地分类，根据不同土地占有类别对税收进行微调。许多县的森林不仅税率与农田税率不同，而且纳税方式也不同，通常使用现金而非粮食或布匹。以户为单位的土地占有记录也便于确定一个村庄或地区中最富裕的家庭，并以此为标准任命中间人，负责确保地税收缴。[57]但是，由于税制本身存在矛盾，且逃税现象普遍，税收核算标准很快失效。正如第三章所述，地方和地区官员最终对税制进行了变革，使得对地主的激励措施更加符合国家要求。但是，财产登记不仅依赖于国家，也同样依赖于财产所有者的主动性。

依照现代标准来看，南宋、元朝、明初的土地调查都有缺陷和局限性，但它们都具有变革性。它们建立了一种南方特有的可征税财产形式，这种类别包括了山林。在徽州等核心木材生产州县，这些地籍册中对林地的一系列记载延续数百年而未曾断绝。而其他地方的森林记录却零落分散，反映出当地对木材生产的投资较少，政府进行调查的兴趣或能力有限。但在官方登记制度运作良好的地区，这一制度是林业经济效益斐然的基石。对地主来说，集中地权记录让他们能够放心投资造林，确信三十年后，自己以及后代仍有权收获木材。对国家来说，通过调查，森林被纳入财政体制，所属的行政级别逐级提升：李椿年革命性的"鱼鳞图"专注当地，地方性极强；章间的标准化簿册适用于省级；而洪武地籍簿则在整个南方适用，名义上覆盖全国。这就使官员越发有理由将森林看作一

51

种普通的财产形式。但因为森林产生的税收极少，所以标准化也导致官员们忽略了基层森林管理的复杂性。

森林登记的普及

1391 年之后，将森林确定为有边界的、排他性的、可转让财产的法规几乎没有进一步改变。但在接下来的两个半世纪里，大量林地被纳入官方制度管辖，这主要是由于地主登记了自己的地块。森林登记以及更大范围的森林种植以两种方式流传开来。第一，随着地主对更高的坡地进行登记并植树，造林向更高的山上转移。第二，造林随着伐林范围的扩展而推进。西部和南部的原始林地被伐后，当地居民逐渐在这些区域内重新种上树木，并进行登记，以确保收获的木材归自己所有。这样，森林登记便从江南西部和浙江的发源地发展至江西和福建，最终流传到广东、广西和湖南。在这两个过程中，森林登记的普及基本全靠个人自发行为，而非国家措施。最终，1581 年，首辅张居正又进行了大型土地调查，这是将近两个世纪以来的第一次。这次调查的效果差别很大：有些地区登记的土地面积增长了 30%—40%，有一个府上涨两倍；但另一些地方的登记面积并没有变化。总体而言，税收账簿上的土地面积大约增加了 25%，大部分是改造后的湖岸和山坡。[58] 但是总税收回报并未上涨，这表明为鼓励地主向国家上报财产，税率有所降低。[59] 这场调查可能登记了一些新区域，尤其是南部和西部的商品林。但由于数据过于粗糙，难以确定。

如果说从总的税收数据中无法得出结论，那么当地提供的森林登记变化记录则更能说明问题。徽州的地籍图显示，在人口密集地区，农田挤占森林进行扩张，而森林则挤占更外围地区的无主土地。在许多人口相对密集、长期定居地区的地图上，梯状的水稻梯田沿山坳向上延伸，以两侧更为陡峭的山坡为边界。然而，虽然伐木和建造梯田使一些产出木材的森林消失了，但地主们仍会在定居区的边缘继续圈占森林。徽州等更加边远地区的地图描绘出大片四至界线并不完整的林地，部分常常以山脊为界。私有森林延伸到地形如此崎岖的地域，说明更容易进入的地域必定已被认领。

除了森林圈占向旧时的木材生产州县外缘延伸，森林登记也传播至帝国其他地区。15 世纪末至 16 世纪，各地的森林登记模式都将林地划归土地管辖范围。在浙江、江西及南直隶地区，森林一概划归地籍管辖范围。其他不同的森林登记模式则记载了木材种植向更南部的区域延伸（见地图 2.1）。在福建沿海地区，明朝中期的土地记录中，除表示森林的标准类别"山"以外，仍保留了一系列独特的土地类别，包括"林"（grove）和"园"（garden/orchard）。[60] 这些非标准的核算类别是 12 世纪 40 年代第一波森林调查潮流的产物，它们能一直存留到明朝，说明福建在元朝对土地类型进行标准化时，并未接受常规管理。从东南沿海南下，第二个区域从福建西部延伸至广东东北部，以及广西的一个府。明朝中期，这些地区并没有固定的森林登记模式，森林登记基本仅存在于每州府中城市化程度最高的县。然而，鉴于明朝之前广东和福建西部的土地登记状况较差，这些寥寥在册的森林，必定是新近登记的财产。

在江西和浙江的部分地区，土地占有数据更加详细，这让我

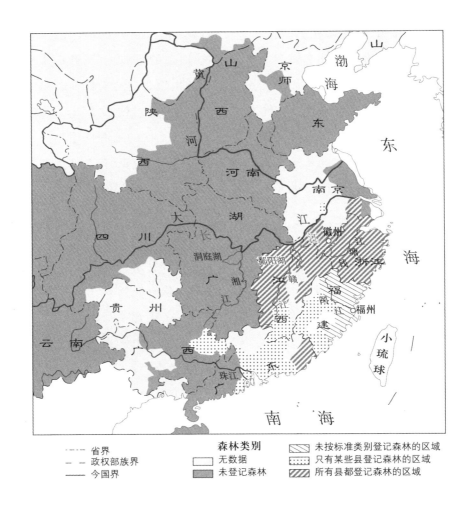

52

地图 2.1　16 世纪早期至中期的森林登记模式

资料来源：州县和省级地方志。图层来自中国历史 GIS 第 6 版。中华地图学社改绘，审图号：GS（2022）3677 号

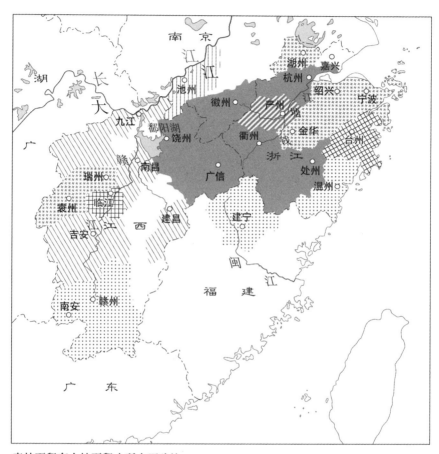

森林面积在土地面积中所占百分比

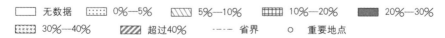

无数据	0%—5%	5%—10%	10%—20%	20%—30%
30%—40%	超过40%	--- 省界	○ 重要地点	

地图2.2 16世纪早期至中期森林面积占应税面积的百分比

资料来源：州县和省级地方志。图层来自中国历史 GIS 第 6 版。中华地图学社改绘，审图号：GS（2022）3677 号

们得以追踪森林之于赋税状况的相对重要性。在长江沿线的高地，也就是饶州、广信到绍兴、宁波一带，森林面积在各县都有上报，至少占纳税面积的20%（见地图2.2）。[61] 该区域不仅包括距江南各城市最近的高地，而且与森林登记历史最长的行政区域一致。这片森林登记盛行的区域，同时也勾勒出了江南林带的行政边界。相似的气候、地形、市场条件，以及同样的制度历史，造就了独特的人工林生物群落。数据也显示，森林登记向西延伸，跨越鄱阳湖，进入江西中部和西部。与江南中心区域相比，此处的森林在土地登记面积中所占比例较小。在江西最南端的州府中，只有几个县区上报了森林占有情况，仅占总面积的很小一部分。

　　行政管理上的数据勾画出的只是一个轮廓，而南方地区的其他轶事则将其描绘得有血有肉，生动地展现了植林活动的进一步延伸。到明朝中期，零星的文献记载了江西西部广泛的木材生产。萍乡县有石潭，伐木者"岁旱，以长木投之辄雨，雨止木浮起"。[62]或许是因为有专门的种植园，袁州的桐和茶油业也十分繁荣。[63] 再向南到泰和县，15世纪，几个家族牵头本地的杉树种植。在此之前，"用作燃料和建筑用材的松树、樟树及三种橡树已有悠久的种植历史。"[64] 到17世纪早期，位于江西最南端的赣州输出的木材，既有来自天然林的，也有来自专门的杉木人工林的。[65]

　　种植技术很快从江西发展到邻近地区。16世纪，广东官员鼓励人工林业发展，扶持当地生计。他们推荐当地人种植松树，特别提及11世纪苏轼的种植技术，并建议签署10—20年的租赁合同。[66]百年间，杉木种植开始跨越南岭，延伸至广东。1678年的《广东新语》描述了杉木种植流行的过程："东粤少杉，杉秧多自豫章而至，鬻者为主人辟地种就，乃如株数受植。粤多材木，用杉者十止四五，故罕种之。"[67]

这段话清楚地表明，这些树只种植在森林已经砍伐殆尽后开辟出的空地上。17世纪晚期，在南岭南部仍有许多天然林，该地区半数以上的木料来自天然林。人工林业通常是非本地生长的杉树，从南岭以北进口杉秧。

植树也从江西向西扩散，18世纪早期可能已到达湖南。到18世纪中期，湖南中部衡阳县的老人称，此地杉树"代为土人植之"，从前间有之，而今广泛种植。[68]再往西到祁阳县，这种转变仍在进行。18世纪初期的地主们种植了一些用材林，但是当地人无视财产边界，砍伐了许多树木，因此地主便不再种植。当地甚至有"偷树木不为盗"的说法，反映人们依然将木材视为一种自然产品，谁砍伐便归谁所有。直到产权执法更加严厉，杉树种植才广泛普及，到18世纪60年代，"凡土性所宜之处即令栽杉种竹"。[69]这些轶事进一步展现了土地产权的重要性。如果没有充足的需求、适宜的树种、种植技术和知识及适当的法律制度，新的松树和杉树群落便不可能传播，会最终消亡，或毁于滥伐。当不具备其他条件而强行推广某种思想或实践时，这种尝试将必然以失败而告终。

中国南方植树革命中的木材树种现在在整个区域内广泛生长。最近中国的一项树种调查显示，从长江到南岭南坡，从海滨到云贵高原，都有中国杉树和马尾松的踪影。[70]把这些点连接起来看，地图2.1和地图2.2中展示的明朝中期森林登记，标志着木材种植扩散的中点。它最初起源于11、12世纪的江南，到18世纪晚期已遍及中国南方的亚热带高地。

56

林业与行政管理

无论以何种标准衡量，中国南方森林体系的制度和生态转变都发生早、范围广。1149 年，李椿年编纂了中国南方第一部系统的土地登记簿，包括森林地图。高丽在此方面也成绩卓著，但其后的朝鲜到 1448 年才首次进行了大型森林调查。[71] 至少到 17 世纪，欧洲大部分地区或日本才编纂了系统性的森林地籍簿。[72] 江南地主在 12、13 世纪便开始投资人工用材林；到 1600 年，这种做法在中国南方已经普及开来。朝鲜的人工林也出现较早，在一定程度上参照中国先例，其朝廷在 15 世纪引入并细化了一种松树种植制度。[73] 日本和欧洲要相对落后。日本的针叶林种植园主要出现于 18 世纪。[74] 纽伦堡早在 14 世纪便开始种植冷杉和松树，但直到 19 世纪初，人工种植园才在欧洲普及。[75]

但对于中国国家而言，森林仅仅是另一个土地占有类别。官员对森林进行调查、登记、征税，与对待农田并无二致。因为人工林带来的税收极少，所以森林监管并非官方的主要关注点。但如果国家没有进行调查、集中记录并正式确立产权法律，地主便不会有动力大规模植树，形成商业。南宋和元明朝廷对私营林业都漠不关心，但他们对法律和程序的细微变更为森林所有权奠定了基础，这是地主有信心植树的关键。随着所有权记录的确立，到 1600 年，地主便逐步将密集的木材种植扩展到了四省份的大部分区域。据粗略估算，1100 年的天然林地中，大约有 2000 万英亩在五个世纪以后种上了杉树和松树。该数字可能在 1600—1800 年间翻了一番。如果没有国家的作用，中国南方地主仍会植树，但无法使生物群落发生如此大规模的转变。

与欧洲或日本、朝鲜等邻国不同，中国南方的森林调查并非由专门的林业机构执行，也并未催生出这样的专业部门。是森林登记制度催生了广泛的私人森林所有者阶层，而不是一个官方的森林官僚机构。这就意味着，造林技术以及促进林木生长发展的近似行为，不是国家的产物，而是来自私人群体。只要土地产权得到保障，森林所有者便没有理由要求更严格的监管；只要木材供应充足，官员也没有理由实行更严密的管理措施。欧洲和东北亚的森林调查强化了中央集权的趋势，而中国却恰恰相反。要更好地理解森林登记的中央集权和森林管理的地方分权之间的差异，我们必须了解对森林管理负有最大责任的基层非政府群体。因此，接下来的两章将从管理森林土地的规则转向管理森林劳动力的规则。

注释

1　《版籍类一》，《淳熙三山志》卷 10。

2　《版籍类一》，《淳熙三山志》卷 10。

3　根据徽州一个家族的详细数据，约三分之二的森林种植的是用材林，剩余三分之一则是其他经济作物和墓地。这些数据是否具有普遍意义，尚不清楚。陈柯云：《从〈李氏山林置产簿〉》，73—75。

4　关于这种关键资料体裁的介绍，见卜正民（Brook）：《明清历史的地理资料》（*Geographical Sources of Ming-Qing History*）；戴思哲：《帝制中国地方志》（*Local Gazetteers in Imperial China*）；何瞻（Hargett）：《宋代地方志》（*Song Dynasty Local Gazetteers*），405—412；包弼德：《地方史的兴起》（*The Rise of Local History*），37—41。

5　关于明朝人口、赋税及土地所有数据，见黄仁宇：《财政与税收》（*Taxation and Governmental Finance*）；何义壮（Heijdra）：《中国农村社会经济发展》（*Socio-economic Development of Rural China*）；何炳棣：《中国人口研究》（*Studies on the Population of China*）。

6　黄仁宇：《财政与税收》，38—43。

7　杜希德：《唐代财政》。

8　杜希德：《唐代财政》，31—40。

9　韩森：《传统中国日常生活中的协商》，75—95 等。韩森略微夸张地说："公元 600 年，官府不承认合同，用政府登记表来记录土地所有权。到 1400 年，这些登记表都废弃不用了，合同反而成了所有权的唯一证明"（1）。

10 李焘：《续资治通鉴长编》卷237，64。1076年的一条法令明确规定，个人地产上的杂木也纳入各家代役税计算范围，但公共林地不计。《续资治通鉴长编》卷277，102。参见第一章。

11 王德毅：《李椿年》。

12 王德毅：《李椿年》。

13 见《名公书判清明集》卷5—6中案件。部分译文见马伯良（Brian E. McKnight）和刘子健（James T. C. Liu）译《名公书判清明集》第4部分。

14 王德毅：《李椿年》。其中描述主要基于《井野杂录》，《宋会要辑稿·食货七〇》。

15 《建炎以来系年要录》卷185，20。

16 有间接证据表明两者均有可能。吉安是1105年标明县中拥有森林的州之一，因此有可能是这些森林的遗存。但该记录时间与李椿年调查仅隔10年，也就是说，这是新调查出的土地，可能是从拒绝接受调查的地主手中没收的，也可能一开始就划归国家掌管的公地，后来因为管理困难、森林市场活跃而被出售。5%是粗略估计。12世纪吉安的数据不可考。作为比对，1582年吉安的登记土地面积接近5万顷（《万历吉安府志》卷10）；1175年，面积较小的徽州登记土地接近3万顷（《淳熙新安志》）。12世纪吉安的数据可能在两个数字之间，也就是说，该记录中的2800顷国有土地约占吉安土地所有量的5%—9%。

17 袁采：《田产界至宜分明》，《袁氏世范》卷3。

18 王德毅：《李椿年》。

19 《孝宗三》，《宋史》卷35；朱熹：《晓示经界差甲头榜》，《晦庵先生朱文公文集》卷100；《版籍志》，《闽书》卷39。

20 《淳熙新安志》卷3—4；《弘治徽州府志》卷2。虽然徽州六县都上报了面积增长，但调查中最显著的新录土地主要位于祁门、黟县、绩溪这三个森林面积最广的外围县。这三县中，森林占1315年上报土地的一半以上。婺源森林覆盖面积也很广，但调查似乎并不充分。参见附录A。

21 《版籍类》，《淳熙三山志》卷10，5b；卷10—14等。

22 《版籍门》，《嘉定赤城志》卷13，a—b。

23 《田赋志》，《至正金陵新志》卷7。

24 元仁宗爱育黎拔力八达全名为"孛儿只斤·爱育黎拔力八达可汗"。其执政期间的改革包括1313年恢复科举制度，并进行几场大型编纂项目。总体介绍见萧启庆：《元朝中期政治》（Mid-Yuan Politics），513—520、530—532。

25 中书平章政事实际是元朝第二高的官位，从一品官。正史将这些在元仁宗第二任期后，即1314—1320年间施行的财政改革，称为"延祐经理"。

26 《经理》，《元史》卷93。

27 参见舒尔曼（H. F. Schurmann）：《元代经济结构》（Economic Structure of the Yuan Dynasty），24—26、31。

28 《田土》，《至顺镇江志》卷5。

29 《至顺镇江志》卷5；《田地》，《弘治徽州府志》卷2。

30 增长4000顷。结合具体情境，在1150—1315年的165年间，增加的土地面积仅相当于 1148 年至 1149 年一年间记录的 40%。12 世纪 40 年代新调查面积的质量与漫长的 13 世纪亦有差别。

31　镇江:《至顺镇江志》卷 5;宁波:《至正四明续志》卷 6;南京:《至正金陵新志》卷 7。这些类别在这些地方志的早期版本中都不出现。镇江可对比《嘉定镇江志》卷 4（1224）。宁波可对比《延祐四明志》卷 12（1320）,《宝庆四明志》卷 5、卷 6（1227）。南京可对比《景定建康志》卷 40（1264）。

32　宁波许多县上报河、溪、漕、湖泊。见《至正四明续志》卷 4。南京许多县上报的是漕道、芦地、芦荡。见《至正金陵新志》卷 7。此三四种类间的区别尚不明确:塘、池、荡、湖泊。据其作修饰词时的词义判断,"塘"多指人工设计的蓄水池或养鱼池,"荡"或指半自然的池塘。宁波用"池"而南京用"塘",说明两者意义相同。"湖泊"指较大的天然湖,可能是湖或湾中的渔场部分。较大的人工水库一般称"陂",此处未提及。

33　我只找到上述四州标准化的直接证据,都位于江南（前宋朝江南东路或浙江西路）。部分官员被派往江西、河南,但除《元史》卷 93 的简短解释及概括数据外,我并未找到关于其登记工作成果的确切证据。该改革似乎在包括福建在内的江浙南部地区并未见效（见本章后续讨论）。

34　窦德士（Dardess）:《元朝统治的终结》（End of Yüan Rule）, 575—584。

35　梁方仲:《明代赋役制度》, 5—8。

36　何炳棣:《中国人口研究》（Studies on the Population of China）, 101—116。

37　黄仁宇:《明代财政管理》（Ming Fiscal Administration）, 127。

38　黄仁宇:《明代财政管理》, 128。

39　祁门县一部匆忙编就的地籍簿上,标有一个龙凤年间的日期,这是韩林儿短暂"复宋"的年号。见《祁门十四都五保鱼鳞册》,《徽州千年契约文书——宋元明编》,第 11 卷。根据同时期契约中的证据,这一登记簿可能是当地自卫团体"保甲"所作（张传玺:《中国历代契约汇编考释》578—579#449—450、585#455）。

40　对比《弘治徽州府志》和《徽州府赋役全书》1315、1369、1392 年的土地登记数据。祁门和婺源没有山林登记数据,是因为 14 世纪 50 年代短暂存在的地方政权允许税赋暂免。见附录 A。

41　浙江参见梁方仲:《明代赋役制度》, 5—8。江西参见金钟博:《明代里甲制》, 11—12。

42　何炳棣:《中国人口研究》, 107—108。

43　黄仁宇:《明代财政管理》。

44　金钟博:《明代里甲制》, 11—12。注:快速调查过的江西东北角,包括饶州和广信两州,在宋朝属江南东路,元朝属江浙。因此,其制度背景更接近江南东部地区,而非江西的中西部地区。

45　几乎所有现存的明朝地方志都显示,江西的登记面积数据始于 1391 年,但抚州除外。1391 年,抚州的总登记面积比 13 世纪中期（或为 1260—1264 年间）高出 24%。元朝至少进行过一次人口数据编纂,但并未进行面积数据汇编。这说明,与福州和泉州类似,抚州的数据可能是借用了元朝名义上的面积数据。

46　梁方仲:《明代赋役制度》, 5—8。

47　《田土》,《正德福州府志》卷 7—10。

48　《田土》,《万历泉州府志》卷 7。

49 《田土》，《嘉靖广东通志初稿》卷 23。

50 黄仁宇：《明代财政管理》，128。

51 《黄册》，《大明会典》卷 20。

52 梁方仲：《明代赋役制度》，18—22；栾成显：《明代黄册研究》。

53 这些术语一般不用于官方文件，即"籍"。但它们在野史和地方志等与政府有关的记载中频繁使用。早在南宋时期便有"鱼鳞图"。

54 《明史》卷 77。

55 黄仁宇：《财政与税收》，11—29。

56 早在 1393 年，浙江、江西、福建便允许使用现金代替粮食或布匹，缴纳夏税。此后不久，江西北部、浙江、松江各府很快便也允许用棉花代替粮食缴纳秋租。金钟博：《明代里甲制》，50、61—62。

57 半官方的征税中间人包括里长，每十年一换，为本村纳税的主要负责人。在特别富庶的地区，还专门设有"粮长"。这一征税长官制度只在南直隶地区、浙江、江西、福建和湖广成为正式体制；在山东、山西、河南部分实行。黄仁宇：《财政与税收》，37；金钟博：《明代里甲制》，72—73。又见梁方仲：《明代粮长制度》。

58 根据江西地方志数据估算。见附录 A。

59 关于 1581 年调查后可能实行的税率下调，见附录 A。

60 《田土》，《八闽通志》卷 21（1505 年）；《田土》，《正德福州府志》卷 7（1520 年）。

61 该面积使用的是财政上的"亩"而非俯视图上的"亩"，因此无法确定这些登记森林的具体面积，但这些数据能大体体现该区域私有森林在经济上的重要性。

62 陈全之：《江西》，《蓬窗日录》卷 1。

63 桐树和茶油对当地经济的重要性，从对榨油机征税上可见一斑。《课程》，《正德袁州府志》卷 2。

64 窦德士：《明代景观》（Ming Landscape），348—349。

65 广州关税对木材等级采取不同的划分方法，昭示了商品林的发展。清水流的木材划为一个等级，不区分树种，这些木材可能来自天然林。而其他木材则具体按照杉木、桐木、松木等分类。见《榷政志》，《天启赣州府志》卷 13。

66 《田赋》，《广东通志初稿》卷 23。关于苏轼的松树种植技术，见第一章。更多关于租赁合同的信息，见第四章。

67 屈大均：《木语·杉》，《广东新语》卷 25。

68 《物产·木之属·杉》，《乾隆衡阳县志》卷 3。

69 《风俗》，《乾隆衡阳县志》卷 30。

70 Fang et al., *Atlas of Woody Plants in China*, 22, 27.

71 Lee, "Forests and the State," 73-74.

72 Kain and Baigent, *Cadastral Survey*, 331-332; Warde, *Invention of Sustainability*, 183-192; Totman, *Green Archipelago*, 98. 甚至威尼斯这个森林管理方面的佼佼者，直到 1569 年才初次进行全面的森林调查。见 Appuhn, *Forest on the Sea*, 159-163 及全书其他部分。

73 Lee, "Forests and the State," 71-75, 88-89.

74 Totman, *Green Archipelago*, chap.6.

75 Radkau, *Wood*, 106-108, 175-176.

第三章

猎户与寄居家族

营林导致产权的转变，也改变了国家和劳动者的基本关系。58中国政府长期通过为国家工程征募劳动力和征集各种各样的非农业产品的方式来直接征税。虽然田赋和商税产生更多的收入，但以户口为单位的税收对政府的运作同样重要。大量的、可替代的粮食、布料和现金的流动，是为宫廷和军队提供资金的关键，为一系列工程提供兼职劳动力的徭役制度则保证了政府运转。其他杂差向政府各机构提供了一系列正税不包括的产品。村民把纸、墨和蜡送到县级税收官那里；把野味、蜂蜜和其他地方美食送到宫廷里；提供鞋子、棉衣以及可以用来造箭的羽毛和鱼胶给当地的驻军。他们还生产了一系列供宫廷采办使用的产品：给龙椅上光的桐油、官帽上的羽饰，以及特许贸易的纺织品染料和药材。最重要的是，乡村税收是政府财政的基本来源。

向户口征税便是对劳动力的支配。在《唐律》及其后续的法59规下，人类通过劳作把自然资源变成了人类财产。例如农民可以通过砍柴来获取柴薪，官员则可以通过役使农民砍柴不劳而获。同样的逻辑也适用于鱼、野味、蜂蜜或药品的获取：国家通过役使人们去捕捞、猎取、采集或收集，从而获取这些野生产品。这一原则在征税用语中表示得很清楚。作为动词，"差"的意思是"征集"或"派遣"；作为名词，"差"的意思是"劳力税"或"物品税"。[1] 如果我们汇总这些基于劳动力的苛捐杂税，就会形成对正税的负面印象。国家通过征收田赋从熟地得到合规的商品；通过征集徭役从各类野生林地、沼泽、山地和湖泊中获取地方特产。

征收杂税不仅将非农业产品带入国家经济循环，而且也将非农业户口置于政府监督之下。在农业生活的边缘，某些户口被指定向国家提供林地、湿地或矿山产品，以代替粮食和布料。其中最重要的（经过充分研究的）是专营茶叶、冶炼厂和盐场的户口。[2] 还有其他几十类零散分布的户口：猎户提供猎物，渔户捕获海产品，甚至还有专门为皇家营造运送大木筏的户口。[3] 这些户口中的许多人没有足够的农田来支付常规的田赋。于是，国家就对他们赖以为生的狩猎、伐木、采矿和捕鱼的生计进行征税。

实物税依赖于对劳动力的支配，然而人类劳作并不是获取所需自然产品的充分条件。当官员通过抽调伐木工来征收木柴税时，他们假定有树可供砍伐；他们同样假定有鱼可供渔户捕捞，有猎物可供猎户狩猎，还有其他一系列野生产品可供采集。在前一千年，禁止垄断荒野确保了非农业产品的供应。但从1149年开始，国家允许土地所有者将森林作为私有财产，实际上废除了保留林地作为开放式公共用地的原则。从法律上讲，森林所有者可以将使用权转授他们的村民，但他们很少给予国家类似的权利。因为这样做就等同于允许他们的财产被征两次税，一次是田赋，另一次是徭役。从生态角度看，人工林的扩张造成了野生动植物栖息地的减少。

地主通过在人工林中种植林产品来应对开放式林地的减少。除了木材和燃料外，他们还种植竹子和棕榈树，纤维、染料和药用作物，油料树种如油桐、乌桕、樟脑和漆树等。但一些生物群体，

60

特别是食肉动物、大型野生动物和许多林地植物对栽培的适应性很差，它们更依赖长期生存的野生环境。这些植物和动物在栖息地被侵占后消亡，猎人和采集者把有限的剩余天然林地作为进一步采捕的目标，导致天然林地再次减少。耕地的扩张——即便是种植林地——也必然导致荒野景观的消退。

随着荒地的减少，国家对动植物的索求难以为继。为了避免加剧地方产品的匮乏，官员逐渐停止了实物税，取而代之的是以银税附加费的形式直接征税，用以购买培育的替代品。最终，他们认识到土地已经取代劳动力成为制约生产的因素，于是将银费纳入田赋，制定出一种基于每一亩耕地进行评估征税的制度，称为"一条鞭法"。正如有人指出的那样，一条鞭法是对 16 世纪白银流入的一种回应，这使得可以对更多的经济领域用货币征税。[4] 但它也是对征募劳动力管理荒地资源危机的一种回应。

户口征税的衰退和白银经济的出现对国家来说是一个复杂的问题，它允许更灵活的会计核算，但使政府部门更容易受到通胀的影响。对于直接被征收荒地税的户口来说，影响更大。随着国家从劳动力监管中抽身，在那些户口征税最严重的领域，尤其是木材领域，留下了一个巨大的真空。由于大片正在生长的林地现在是私有的，林地劳动力的管理权现在落到了地主手里。与此同时，以前专营打猎和伐木的户口也不得不赚取白银来支付新的附加税。为了做到这一点，他们转向市场，出售他们的劳动力以及长期生产的林产品。到 16 世纪末，两个不同阶层的森林专业人员进入这个商业领域。拥有悠久林木种植传统的徽州和其他地区的地主是投资者。他们雇用劳动力培育自己的森林，并到外地进行木材贸易，为刚刚

61

开始投资经济林种植的地区带去专业的管理技能。来自福建、江西和广东的山民充当了劳工。这些猎人、伐木者和刀耕火种者穿越整个南方，在经济林种植园及茶、靛蓝和烟草种植园工作，这些种植园取代了野生林地。大约在同一时期，一些文献开始将这些高地人称为"客家"（Hakkas），这是一个经常被翻译为"客家人"的词，但同时也带有"顾客"和"寄居者"的含义。换言之，这些森林专业人员是根据他们在白银经济中的作用而命名的，他们是中国第一批主要的流动劳动力。

这里要讲述的森林劳动力的故事，与林地的变化有暂时的重叠。在宋朝，国家已经开始通过对茶叶生产商和盐户征税来扩大对非农业贸易的监管。随后，元朝和明初的猎户、渔户和伐木户大量被监管。两三个世纪以来，政府将田赋和徭役都扩展到林地，同时登记林户和林地。但林地税并不能无限扩张。到了15世纪末，人工林的扩张已经大大减少可用的开放式林地，这给依赖荒野生存的户口带来了困难。国家相应地用银税取代实物税，用银税在市场上购买林产品，促进了森林劳动力市场的商品化。这种从劳力税到货币税的转变，出现在第一次林地圈占浪潮之后大约四百年，标志着应对造林革命的第二次重大政策变化。

边缘户口

早在宋朝之前，中国政府就已经建立专卖，对盐和茶等非农业产品征收专税。与允许土地在私人市场上流通的决定一样，这项政策的部分原因是税收不足。在晚唐，这些专营，特别是盐的专营，成为国家财政的重要组成部分之一。[5]宋朝时期，茶户、冶户和灶户都直接向国家供应各自的产品，即便他们的产品种类繁多，且具有高度的地区依赖性。[6]王安石、蔡京等主政大臣还是进一步扩大了茶、盐垄断。在一些地区，这些垄断可能是将国家权力扩展到非农业人口的关键。[7]除了对这些专门的户口征税外，宋朝还对平民征行徭役，包括对砍柴征行定期徭役，以及对采伐大木征收不定税。[8]除了在国家财政中公认的重要性之外，这些户口税收还是宋朝从非农耕环境中获得控制权和收入的一种方式。

在游牧民族的统治下，户籍向非农耕民族的延伸呈现出一种全新的特征。革新始于与北宋同期、由契丹人建立的辽。为了向北方的草原和森林人口以及南方的农业人口征税，契丹人建立了双重管理，对北方群体征收人头税，对南方群体征收田赋，[9]这种双重体制具有很强的影响力。在11世纪初女真人的金朝征服辽时采用了这种体制，蒙古人在征服金时也采用了，之所以如此，部分原因是契丹贵族耶律楚材的主导。[10]在早期阶段，双重体制的重点是将定居的农民纳入游牧民族建立的王朝。然而，当蒙古人将中国北方并入帝国时，他们远远超越了他们的辽金先辈。在定居的人群中，他们监管着越来越多的特定户口类别，包括如匠、军户的单独分类，以及大范围的小规模专业群体，包括儒、医、乐人和阴阳。[11]蒙古人还保留了矿山和盐场周围的冶户和盐户。[12]直到忽必烈统治时期，税收一直是反复无常的。[13]尽管如此，当1279年蒙古人从宋朝手中征服中国南方时，这种复杂的户口制度的基本轮廓已经形成。

当蒙古人吞并了宋朝的领土，其户口制度再次发生了变化，这次合并了中国南方独特的非农耕群体。宋朝领土的重组始于现有类别的实施，大约开始于 1290 年的第一次临时人口普查。[14] 但它也包括建立新的户口群体，以便将狩猎、捕鱼和采矿群体纳入其中。1294 年，宁波附近的一个岛屿辖区为茶户、征收鲨鱼皮税的船户和征收狐狸皮税的捕户创建了新的税收种类。[15] 14 世纪初，金陵（南京）附近的一个县有 800 多户淘金户，其中包括明朝的开创者朱元璋。[16] 这些专门的税种与清朝对北方的猎人、采珠者和采蘑菇者使用的征税系统非常相似，可能是从蒙古人的遗存中发展而来的一种制度。[17]

到了 14 世纪，一些资料显示元朝开始将新的户口群体划分为汉人（North Chinese）和南人（Southerners），许多历史学家认为这是一个种族等级制度，蒙古人居于顶层，他们统治下的定居者处于底层。[18] 尽管蒙古人可能对汉族臣民有隐性和显性的偏见，但这只是松散的管理系统。[19] 在整个 13 世纪末期和 14 世纪初期，户口类别主要是为税收而划分的，并且是以一种不稳定和高度地方化的方式。[20] 它们并不是一种统一的或意识形态上强加的种族等级制度，而是通过对不同的、复杂的和流动的人口征税而产生的。像宋朝的茶户、盐户以及其后清朝的捕户一样，元朝向猎户和渔户征税，是一种试图将新的民族和新的环境纳入国家财政体制的尝试。

乡村及其不满

在 14 世纪 50 年代，蒙古人在中国的统治开始衰落，直到 1368 年被朱元璋和他创建的明朝彻底取代。也许是由于朱元璋本身生长于社会底层，也许是由于对蒙古人过度压榨的不满，他试图建立一个自给自足的乡村社会。明朝编制人口登记和土地清册的工作，其目标不是最大限度地增加收入，而是作为将人口重组为里甲的中间步骤。这项工作开始于 1381 年，十年后以黄册告终。[21] 这个乡村系统代表了朱元璋政策的核心，用于组织税收和社会工程建设。名义上，每个村庄都是由 110 户组成，负责监督税收、徭役、治安和解决纠纷。最富有的十户人家轮流担任里长，每一户都在十年轮换中承担一年的纳税保障责任。100 户普通家庭被分成十个"十分之一"甲，也在十年循环中履行报酬极低的职责。[22] 每个县的村庄进一步被划分为不同级别：图（ward）、都（township）和乡（canton）。[23] 官员利用这些乡村等级制度使政府自给自足。每一个机构都为维持自身所需的物品设置定额，包括官府的燃料、纸张和蜡等各种物品；驻军的箭和制服；甚至官方宴飨用度。[24] 然后，官员将这些定额分配给下属辖区：在每个州和省的县之间，以及在每个县的乡镇和村庄之间。建立在早期相互监管制度的基础上，明初的乡村是政府监管渗透超越正式国家限制的新一轮高峰。[25] 在那些宋、元杂糅的地区，乡村管理也标志着与国家相关的广泛的文牍文化（户籍、田地文件的编制）和固定的社会单元的开始，而非单纯以户口或部落为单位。[26]

　　然而，当朱元璋将元代的许多职业户口重新纳入统一的行政村时，他保留了几个重要群体之间的身份区别，包括民、匠和军之间的主要划分，以及更具地方特色的盐户和茶户。[27] 朱元璋甚至扩大和编制了一些边缘户口类别，这些户口类别包括从事林地和湿地经济的群体。1382 年，也就是村庄登记的第二年，朱元璋还要求船民在全国的河泊所登记为渔户。[28] 除了对他们进行共同监管外，这项登记还要求渔户每年交纳海产品。在元朝"船户"或"渔户"的基础上，明朝的系泊区不仅对流动人口进行集中征税，而且将征税范围扩大到东南沿海地区，这些地区在早期基本不受影响。[29] 在其他地区，明朝保留了元朝建立的猎户（或捕户），并在 15 世纪逐步扩大了这一建制。[30] 明朝甚至为南京附近的 3000 户人家设立了一个单独的类别，他们被特别要求为首都采集芦苇燃料。[31] 在其他地方，明朝致力于征集地方主要物产：福建的猎物、兽皮和羽毛；江西的桐油和漆器；浙江的木材和竹子；其中最重要的是燃料。[32] 虽然朱元璋曾设想建立统一的乡村帝国，但这一愿景让位于一个更务实的政府，其目的是将非农业人口和非耕地景观纳入并征税。最终，这一制度与蒙古人的政策并无太大差异。

乡村制度也带来了一系列新的财政问题，包括许多与商品配额有关的问题，这些配额过于僵化，无法应对当地环境或政府需求的变化。虽然村庄标准化可以简化预算编制，但户籍制度也充斥着地区性的违规行为。税收是根据官方需求征收的，所以税收并没有按照当地的生产力来统一分配。边远地区、交通走廊和首都腹地的税收都特别高，以此满足周边政府部门的需要。自相矛盾的是，这些政策与原先的设想背道而驰，国家对地方经济的更大渗透使国家征税得以大规模扩张。

1398 年，明太祖朱元璋去世，他的一个孙子继位，但新皇帝立足未稳就被他的叔叔废黜并夺取了帝位，是为永乐皇帝。永乐以其父的专制方式进行统治，却没有表现出延续税收配额和乡村制度背后的自给自足原则。相反，他开始大规模地营建宫殿，将他在北京的私人宅邸扩建成一个规模巨大的新首都，疏浚大运河供应北京，并向印度洋、大草原和越南展开探险。永乐的统治实际上标志着明朝的第二次建国。它留下了两个长期的遗产：两个首都，即长江边的南京和北部的北京；以及由于指令经济大规模扩张带来的社会和环境后果。

　　建造船只和营建宫殿的细节留待后面的章节阐述，值得强调的是规模庞大的劳役需求。1406—1420 年之间，整个国家可能征募了 100 万名工人建造北京的皇宫。[33] 据粗略估计，从边远地区砍伐了超过 100 万棵大树来供营建，这需要额外的 100 万或更多的伐木工。[34]1411—1415 年之间，又有 16.5 万名工人应征疏浚大运河和筑堤。[35] 堤坝建造需用松木，这可能需要相当数量的徭役才能砍伐足够的木材。虽然这些工人来自全国各地，但匠户和与工程本身相邻地区的负担尤其沉重。为了支付这些大型项目的费用，永乐印制了大量纸币。到 1425 年，政府发行的纸币通胀率低至其面值的 2%，实际上已被废弃。[36] 总而言之，这些行为使劳役征用和现金经济都达到极限。

　　永乐皇帝于 1424 年去世时，国力枯竭。那时，北京宫殿和京杭大运河已经基本建成。1433 年，在郑和的指挥下，朝廷派遣了最后一支舰队，然后又完全取消了这项任务。这些大型项目的结束极大地减少了对劳动力的需求，但是很明显，帝国政策也从对劳动力和物质的超额需求上转移了。为了减轻永乐皇帝施加的庞大且名目繁多的徭役负担，他的继任者洪熙和宣德皇帝寻求恢复自给自足的政策。他们直接取消了许多项目。1425 年，洪熙皇帝发布诏令，"山场、园林、湖池、坑冶、果树、蜂蜜，官设守禁者，悉

66

予民。"[37]后来宣德皇帝在统治期间，进一步明晰和扩大了这一诏令。[38]国家还面临着永乐时代货币扩张主义意想不到的后果。随着纸币供给的崩溃，富户囤积了白银和铜钱，使市场陷入货币饥荒和萧条。

永乐时代的高额征税也导致了广泛的逃税行为，甚至导致了税收最重地区的人口流失。为了避免政府徭役，有些户口完全躲避了人口登记，要么逃到边远地区，要么沦为大户的附庸。其他人则伪造了他们的登记身份，隐藏了财富和工人，甚至改变了户口类别，以避免繁重的徭役。到 15 世纪中叶，官方人口普查与实际人口几乎没有对应关系，整个村庄到处都是空屋。这只是增加了仍在册户口的负担。[39]由于货币崩溃和大型项目的裁撤，逃税的趋势发生在官僚机构过度扩张和资源匮乏之时。在半个多世纪的时间里，户口登记和土地清册中包含的数字都是虚假的，通常是从前十年的调查中誊抄而来。[40]在 1422—1492 年之间，甚至以后的年份，人口和土地的统计数字几乎完全缺失。[41]

白银经济

15 世纪中叶，官员开始在前任施加的限制下进行创新改革，而不是采用导致明初期近乎崩溃的体系。通过当地的试验，南部内陆的官员逐渐开始解决徭役制度的最严重问题。15 世纪 30 年代，在江西的几个县，柯暹引入了一种"均徭法"，该方法将徭役合并为四个主要项目，即"四差"。四个名目包括行政村职责（"里甲"），主要与税收有关；"均徭"，将大部分杂项税归为一类；"驿传"和"民兵"的分类更是不言而喻。在 15 世纪四五十年代，下一代官员将这项改革带到了更高的行政区：韩雍和夏时带到了江西其他地区，朱英带到了福建、广东和陕西。[42] 就像元中期合并田赋类别的改革一样，柯暹的均徭法对税费没有大的改变；但是通过将这些分类作为标准类别，他使徭役在户口和乡村之间重新分配变得更加容易。这虽为那些因遭受早期压榨而受害最严重的区域提供了暂时的救济，但也未能解决根本上的不公平而导致的逃税问题。

户口税的第二次重大转变是在均徭法改革之后，当时大量白银涌入，使官员可以将户口的征收折算为现金支付。官员重新权衡了徭役评估后，也开始用白银附加费代替一些实物和劳役税。这始于 15 世纪 50 年代，地方官韩雍将一些县级的礼仪用品税转为"工费银"支付。[43] 在接下来的 80 年中，江西和福建西部的其他官员将工费银支付的范围扩大为大多数户口税。便利的是，均徭法已经将这些税费归为整齐划一的类别，从而使替代更容易。在某些地方，它们甚至被称为"均平银"。[44] 无论是直接征收还是折为白银支付，配额随着时间的流逝变得不平衡，不可避免地导致了逃税。[45] 只要对户口征税，家庭就继续逃离或伪造身份以避免被压榨。

到 16 世纪中期，地方官员再次报告，南方征收林产品的地区普遍逃税。在江西南部，地方官海瑞记载："嘉靖三十年（1551年）以前，[此县]犹四十四里，今止三十四里……其间半里一分、二、三分里分尚多。"[46] 附近县的地方官钱琦写道："一里常兼数里之差，一户常兼数户之役。征求繁而财力绌。"[47] 另一位地方官员徐阶总结了江西的情况，他说："[人民]不苦赋而苦役。"[48]

68

在 16 世纪中期，官员终于解决了徭役的悖论：他们没有对流动人口和不断变化的人口采用定额，而是将其施加于不动产。1522 年开始进行的第一代改革，沿袭了以前将银税减免并重新分配的策略。但他们没有按村庄重新分配这项白银配额，而是将每个县的徭役配额除以其税收总额，并将其作为每份税粮的附加费，称此为"里甲均平"。[49]大约在这个时候，著名学者桂萼向税收机构提出了类似的建议，并打算在整个帝国范围内实施，但没有得到回应。[50]在 16 世纪五六十年代，第二代改革者再次采用了这一想法，将每个县的徭役税除以其总面积，而忽略了有问题的人口普查，并创建了一个单项税。他们用更具诗意的同音词代替了"一条边法"，称这种方法为"一条鞭法"。20 年间，王宗沐、蔡克廉和周如斗等省级官员试图在整个江西转换和重新分配徭役。面对在该省拥有财产的皇子的反对，该措施屡屡受挫。最终，在 1572 年，由刘光济率领的第三代官员在全省范围内颁布了该政策。[51]同时，在江西低级岗位上有过一条鞭法经验的王宗沐和海瑞，将新税法推广至山东和南直隶地区，庞尚鹏在浙江也实施了类似的政策。[52]最后，在 1580 年，张居正在整个帝国范围内颁布了一条鞭法。[53]

在 15 世纪末和 16 世纪，向白银会计的转变来自基层，因为地方官员从不断变化的财政状况中了解到严酷的事实。他们意识到，由于土地固定而工人可以迁徙，相较于徭役，田赋更易征收。人们不断生育、死亡和迁徙，使人口数据迅速过时，但土地仍然存在。这意味着一旦土地注册完毕，官员只需要更新有关土地所有权的信息即可。所有者通常也倾向于让国家了解土地交易的最新情况：在产权争夺的情况下，买主愿意注册财产以拥有正式的所有权记录，而卖主也愿意改变注册以减少其税收负担。因此，将白银附加费置于耕种面积上，比起基于户口组成的早期征税更难规避。尽管比以前的改革有优势，但一条鞭法本质上是一种会计技巧，可以重新调配现有的税收配额。为了在1570年改革江西的税制，刘光济没有派遣代理人到农村调查土地所有权或户口数，而是将七名主要官员和一名税务专业人员封闭在棘院以进行汇算。[54]

尽管缺乏行政支持，但一条鞭法的改革彻底改变了明朝的经济，用白银预算代替了直接征收商品和劳力税。在15世纪的池州，村庄轮流负责派出104名伐木工为县、府和南京官府供应燃料；在16世纪，该州雇用了104名工人，为每人在田赋附加费中支付12两银子。[55]许多林产品税也被用银税购买的商品取代。在一条鞭法改革之前，江西仅收集了两千多斤桐油（约一吨），其中大部分被直接送到提供朝廷工事的仓库中；改革后，桐油产区平分60两银子的附加税，并将其转送朝廷以购买桐油。[56]几乎所有林地税都转移到了白银预算中。

将数千个零散收入项目转换为现金等价物，对国家预算的总体影响很小。根据17世纪江西省可获得的最佳数据，非农业、非纺织商品仅占秋季税额的2%，而基本上不占夏季税额，[57]但对劳动者的影响是深远的，有效地改变了劳动者的收入，强迫劳动经济转变为现金经济。在森林茂密的地区，林产品通常是唯一能赚取税收所需现金的商品。浙江西部开化县1632年的地方志指出木材输出对满足这项新费用的重要性："开地田少，民间惟栽杉木为生。三四十年一伐，谓之拼山。邑之土产，杉为上，姜、漆次之，炭又

70

次之。合姜、漆、炭之利，只当杉利五之一。闻诸故老，当杉利盛时，岁不下十万，以故户鲜通赋。"[58] 开化只是数十个县之一，当地的生计绝大多数依靠林产品，现在需要出售这些林产品来筹集现金。甚至在偏远的东北地区辽宁，以前负责为国家砍伐燃料和杉木的户口，现在也用白银支付赋税。[59]

当森林聚落接触到市场时，他们发现每种产品都有各自商业优势和劣势。木材，尤其是杉木，是最有价值的，但需要数十年的高风险投资。其他产品的收获周期较短，但利润较低。其中包括竹子，既有竹材，也有可食的笋；木柴和薪炭；染料，如靛蓝；纤维作物，如大麻、麻、桑皮和棕榈叶；还有药品和像姜这样的香料。树木成材后可以重复收获的其他林副产品，包括树脂，如漆和松脂；含油果实，例如桐、乌桕子和山茶籽；以及各种可食用的水果和坚果。像开化一样，大多数聚落通过种植各种林木来实现多样化选择。这具有明显的区域特点：长江口附近的乌桕，袁州的桐树，吉安的靛蓝，临江的药材，广西和湖南中部的桑树，浙江和福建北部的茶，泉州的荔枝、柑橘。一些林业生产推动了工业的发展，包括铅山造纸者的纸浆和景德镇瓷窑的燃料。在 16 和 17 世纪，这些商业—工业城镇的失控增长阻碍了将其纳入行政城市规范体系的尝试。[60] 但杉木是王者，可能占整个中国南方森林覆盖面积的一半以上。在整个林带中，国家将自身从控制大多数此类产品的生产或运输中解放了出来。取而代之的是，市场由两类主要与森林所有者合作的迁徙者构成：一类是木材商，主要来自江南森林带中心的徽州；另一类是林农，绝大多数来自福建、江西和广东交汇处的武夷山。

71

移植和移民

推广商品林的两类寄居者中，徽商的贸易历史悠久。他们从江南中部的山区州府走出，在明朝中后期主导了整个中国南方市场。[61]这个偏远山区崛起为商业上的翘楚，也直接说明了其在木材市场中的作用。在 12 世纪，徽州是植树革命的中心。徽州还拥有一条直达南宋都城临安的内河航线，并根据 12 世纪的关税法规得到特殊待遇。[62]这使徽州在新兴的商品林市场上具有关键优势。随着越来越多的木材进入现金经济，逐渐在 14 和 15 世纪，以及在 16 和 17 世纪的大潮中，徽商也主导了其他地区的木材销售。上述开化地方志提到了徽商在这个市场中的特殊作用。在注意到木材使开化的地主能够负担其税赋的同时，它又增加了一个告诫："必仰给于徽人之拼本盈而吴下之行货勿滞也。"[63]类似的轶事也证实了徽商在整个长江流域及东南沿海的地位。通过在南宋建立的市场优势，徽商发展了人脉、资本和专长，成为明代的主要木材批发商。

徽州在木材市场上的重要性因附近瓷器生产中心景德镇的发展而进一步巩固。景德镇位于徽州以南，随着其窑炉的开发为 13 世纪的元朝宫廷和 15 世纪的明朝宫廷提供瓷器而发展。[64]在 16 和 17 世纪，国家取消了在瓷器生产方面的大多数垄断性禁令，景德镇成为优质的青花瓷制造地，不仅为宫廷，而且也为世界市场提供产品。[65]在景德镇成长为主要工业中心的过程中，徽州再次成为其主要燃料供应商。徽商通过水路直接将陶瓷运出景德镇。[66]徽州放债人也成为景德镇陶工从生产到销售的主要营运资金来源。[67]他们在市场中的早期地位，使他们能够再一次独领风骚。

72

徽商凭借其在杭州官方监管的木材市场中的优势地位，横向扩张，成为木材贸易中最重要的中间商。同时凭借其在景德镇燃料市场上的位置优势，徽商在垂直方向上扩张，在世界最大的瓷器行业中主导贸易和金融业。到明末，他们是截至当时南方最重要的木材贸易商，不仅在景德镇和开化这样的邻近地区，而且在整个长江水系中也是如此；包括在福建、广东和广西，以及大运河沿线（见地图 3.1）。[68] 当徽商穿越南方，买卖木材、燃料和大量其他商品时，他们也成为传递森林管理、融资以及市场条件方面专业知识的关键载体。

随着徽商在木材贸易中占据领先地位，植树与另一类寄居人群密切相关：他们来自福建武夷山。直到 16 世纪，该地区一直居住着各种各样和不断迁移的避税群体，他们来自低地和非汉人的高地族群。[69] 这些群体与朝廷间接接触，部分以茶叶、木材、矿产或动物产品纳贡。这种情况在 16 世纪随着直接征税的没落而改变，这一政策转变使这些边缘的高地人要选择一方：要么完全融入日益增长的林产品贸易中，要么退出低地社会。一份 16 世纪的描述记录了这种分歧：

> 闽中有流民余种，潘、蓝、吕三姓，旧为一祖，[70] 所分不入编户，凡荒崖弃地居之，耕猎以自食，不供赋役，椎髻跣足，各统于酋长。酋长名为老人，具巾网长服，诸府游处不常。汀州及江西诸府产杉出溢口（长江的支流——译者），徽产杉出饶河（鄱阳湖的支流——译者）河口，漳州产杉木由海达浙东。[71]

73

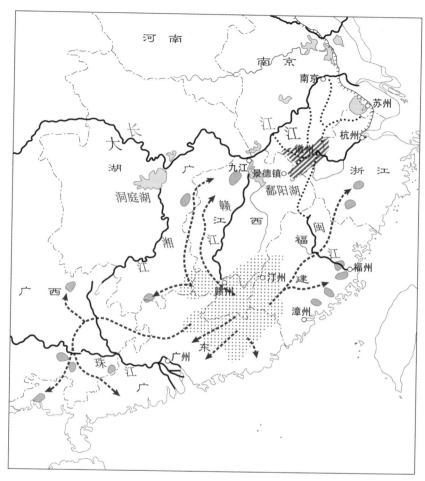

▨ 徽州地区	⋯⋯ 陆路贸易路线	━━ 水路贸易路线	⊤⊤⊤ 大运河 ▦ 客家腹地，公元1550年
◖ 靠近河海港口的客家人定居区	⇢ 晚明时期客家人迁移路线	— — 省界	○ 重要地点

地图 3.1　徽州与客家侨民

资料来源：改编自杜勇涛《地方秩序》图 1.1 和梁肇庭《中国历史上的移民与族群性》图 2.1，由施坚雅原创。中华地图学社改绘，审图号：GS（2022）3677 号

　　这段话很好地总结了闽西南的裂谷山地社会如何分裂成两个不同的群体。第一个群体是没有户籍或未交税的人，保留了其作为非国民的身份。他们以"畲"而闻名，这也许是他们游耕方式的术语。第二个群体离开他们的武夷故乡，以林农的身份进入低地社会。他们被称为客家，通常被翻译为"来客家庭"（guest families），但也许被理解为"寄居者"（sojourners）更贴切。[72]虽然16世纪客家的兴起是由多种因素驱动的，但森林徭役的转变是这个难题中被忽略的部分。以前的学者主要集中在客家移民作为矿工（尤其是广东省）以及在种植大麻、苎麻和烟草等经济作物方面的作用。[73]但正如这个轶事所表明的那样，他们也积极参与森林经济，在从福建沿海到徽州和江西的人工林里植树（地图3.1）。林产品不断增长的市场吸引力，使作为造林和采矿专家的客家人在中国国家边缘有了一席之地。但是与以往不同，他们在森林经济中的作用是通过私人安排而非官方指定的户口类别来决定的。

村民和寄居者

　　数百年来，中国的户口登记制度一直以保持家庭地位为前提。国家希望百姓留在自己的村庄中，以便进行监管，更重要的是，可以对他们征税。宋、元和明初，政府将户口制度从基本的纳税农民扩展到了茶农、盐农、矿工、渔民、猎人和其他数十个非农业人群。在此过程中，政府将这些人群分配成专门的户口，以将他们固定在行政空间中。相反，当政府希望人们流动时，便将他们自愿

74

或强制地分为不同的类别，特别是匠户和军户。可以说，这种偏向于强制本地化的倾向在现代中国的户口制度中仍然存在。然而，对于逃避和伪造了户籍以避免过度徭役负担的农民来说，固定住所的预设也是一种糟糕的行为模式。对于流动的职业群体如渔民、砂矿矿工、猎人、火耕者、伐木工和其他非农业边缘地区的流动族群来说，其准确性甚至更低。

75

艰巨的配额使繁琐工作变得更加困难，收税员不得不应对土地的变化以及人员的流动。地主逐渐将中国南方地区多种多样的天然林地转变为人工林。他们大大增加了少数树种的产量，特别是松、杉和竹子，其代价是大大减少了林地动植物的栖息地。少数森林所有者剥夺了其他多数人的权利，后者失去了在长期开放的区域内狩猎、采集、放牧动物、种庄稼和砍柴的自由。像固定住所的预设一样，在不断变化的财政形势下，静态税收配额也表现不佳。甚至谷物和纤维作物的产量也可能随气候而波动，随着土壤肥力的枯竭而下降。正如谢健在对满洲和蒙古的清朝税收研究中所指出的那样，像毛皮和蘑菇之类的野货，实现固定目标的前提更不可持续。[74]

当官员在努力重新分配定额和重新平衡徭役制度时，商业经济提供了另一种解决方案。几个世纪以来，农村企业家一直在投资种植林木和其他森林作物。从 15 世纪后期开始，这些商品林经济受到白银涌入的影响。通过适当的方式，县官开始通过转换当地税收来增加货币供给的优势，将他们的地方税从指令经济转变为货币经济。并非巧合的是，这些改革来自中南部特别是江西和福建商业造林的有利环境。最终，在革命性的"一条鞭法"改革中，几代人逐渐进行了政策改革，这种会计方法将过多的劳动力和野生物的获取减少为对固定耕地评估的单一附加费。在 16 世纪六七十年代，省级行政人员在其辖区颁布了一条鞭法；1580 年，张居正在整个帝国范围内采用了此法。现在，官员不再直接征收蜡和木材，而是利用白银预算购买，并且不再把向国家提供燃料或野物作为人们注册登记的条件，现在许多户口正在市场上寻找类似的工作。

除了集中核算外，一条鞭法的改革意味着国家对土地和劳动力之间的地方关系的干预要少得多了。随着这些改革消除了徭役的直接压力，它们也创造了新的要紧事情，即赚钱来纳税。森林市场和商品税的变化给农业社会森林覆盖的边缘户口带来了新的压力和机遇。像徽商那样的一些人则极度依赖白银经济，向国家登记他们的财产和商业。有些人，例如畲族，作为流动的耕种者和非国民而留在边缘。有些人，例如客家，发现自己处于一个不容乐观的中间地带。徭役的终结并不意味着胁迫的终结，它只是把土地和劳动力之间的关系留给每个家庭之间去解决。[75] 如果有什么区别的话，那就是官方劳动力征召的结束导致了私人契约从属新形式的激增，包括债券服务权的转移，或与他人户口之间的从属关系以及租佃关系的变化。[76] 在第四章中，我将探讨这种契约市场对商业人工林管理的影响。

注释

1　此释义归功于戴史翠。
2　见钱立方：*Salt and State*；史乐民：*Taxing Heaven's Store house*；万志英：*The Country of Streams and Grottoes*。
3　有关木筏，见第七章。
4　参见梁方仲：《明代赋役制度》；黄仁宇：《财政与税收》。
5　见杜希德：《唐代财政》，尤见第 3 章。

6   冶户见《宋史》卷 133，58；卷 138，53。茶户见《宋史》卷 35，8、54；卷 36，33；
     卷 137，18—40。史乐民：*Taxing Heaven's Store house*；灶户见《宋史》卷 34，59、
     61。钱立方：*Salt and State*，41-45。

7   万志英：*Country of Streams and Grottoes*，尤见第 3 章。

8   《宝祐重修琴川志》卷 6，12b；李焘：《续资治通鉴长编》卷 341，36。

9   魏特夫（Wittfogel）："Public Office in the Liao Dynasty"；魏特夫和冯家昇：《中国社
     会史》(*History of Chinese Society*)；福赫伯（Franke）："Chinese Law in a Multinational
     Society"。

10   最初，蒙古精英中的一派想驱除北方汉人，把北方变成牧场。1229 年或 1230 年，一位
     名叫别迭（Begder）的官员提出了这一建议。耶律楚材，曾在金朝为官的契丹人，刚
     被任命为中国北方最高税务官员。耶律认为，通过正规的税收制度可以获得更多的财
     政收入，1230 年，他向中国北方派遣十路课税使，他们大都是从前金朝的官吏。这使
     得蒙古人除了对北方草原游牧民族和森林民族征收人头税外，还开始向定居的前金臣
     民征收家庭税。见 Allsen，"Rise of the Mongolian Empire，" 375-378。

11   牟复礼（Mote）："Chinese Society under Mongol Rule，" 650-656；《户口》，《至元嘉禾
     志》卷 6；《户口》，《昌国州图志》卷 3；《户口》，《至顺镇江志》卷 3。《元史》中第一
     次提到匠户是在 1252 年（《元史》卷 3）。斯蒂芬·霍（Stephen G. Haw）认为，许多匠
     户来自中亚。见 Haw，"Semu Ren in the Yuan Empire，" 2。军户的产生很难确定，但在
     13 世纪的文献中有所提及。见萧启庆：《元代军事制度》(*Military Establishment of the
     Yuan Dynasty*)，第 1 章。关于儒户，见牟复礼："Chinese Society under Mongol Rule，"
     645-648；韩明士（Hymes）："Marriage，Descent Groups，and the Localist Strategy，"
     107-110。

12   冶炼见《元史》卷 5，1、6、8、16—17。至少某些冶户被归为"工匠"一类，但我不
     相信情况总是如此。盐场见《元史》卷 43，65—71；《四明志》卷 12（1320）。

13   罗茂锐（Rossabi）："Reign of Kublai Khan，" 448-449。

14   《户口》，《南海志》卷 6；《昌国州图志》卷 3。

15   《昌国州图志》卷 3。

16   《至正金陵新志》卷 8。牟复礼："Chinese Society under Mongol Rule，" 655。

17   见贝杜维：《穿过森林、草原与高山》，尤见第 2 章。谢健：《帝国之裘》。

18   所谓的四个阶级主要有两个来源：《士族》，《辍耕录》卷 1，以及《选举志》，《元史》
     卷 81。然而，这种解释在史学界已被广泛接受；如罗茂锐："Muslims in the Early Yüan
     Dynasty，" 65-88；牟复礼："Chinese Society under Mongol Rule，" 627-635。对这一概
     念更详细的历史梳理，见船田善之（Funada）："Genchō chika no shikimoku"。

19   船田善之："Image of the Semu People"；船田善之："Semuren yu Yuandai zhidu，shehui，"
     162-174。船田关于色目人的观点受到了 Stephen G. Haw 的批评（见 Haw，"Semu Ren
     in the Yuan Empire"），但他的总前提是成立的。

20   例如，在南京，主要有两类人：一是"北人"，其中包括蒙古人、"色目人"和汉人；
     二是"南人"，这类人被分为"军户、站户和匠户"（即那些服特定劳役的人）和"无
     名色户"（即那些服一般劳役的人）。在镇江，户口被分为土著、侨寓——包括蒙古人、

维吾尔人、女真人和汉人——以及"客"（tenants）。这远非蒙古人的视角，而显示出一种南人的偏见，把"汉族"农民与蒙古人归为"北方人"或"侨寓"。《至正金陵新志》卷 8；《至顺镇江志》卷 3。

21　《明太祖实录》卷 135，引自金钟博：《明代里甲制》，10。尤见第二章。

22　丁和粮的组合确定了主要的户口数量。有的不到十里户，有的不到十分之一；有的则包含多余的户，一般是没有土地的户。地籍村庄进一步分为图或里和都两个等级。见卜正民：*Chinese State in Ming Society*，19-35；黄仁宇：《明代财政管理》，134—136。

23　这些划分是基于早期的县以下分区进行的，包括宋朝的保甲制度和宋朝在华北地区建立的社制。"乡"的名称直接承自宋和元，但因有利于编号的"都"而失去了官方用途。"都"起源于 11 世纪 70 年代的保甲制度，在元明时期广泛施行。它们是土地调查的主要依据，现存的地籍主要由"都"组成。"Wards"（图）的字面意思是"地图"，很可能起源于 12 世纪边界测量期间首次产生的俯视图的划分。见卜正民：*Chinese State in Ming Society*，17-41。

24　黄仁宇：《财政与税收》，34—36。

25　伊藤（Itō）：《宋元乡村社会》（*Sō Gen gōson shakai shiron*）。

26　科大卫（Faure）：《皇帝和祖宗》（*Emperor and Ancestor*）；刘志伟：《在国家与社会之间》。

27　《户口》和《盐法茶法》，《明史》卷 77、80。

28　贺喜和科大卫主编：《引言：船棚生活》（Introduction：Boat-and-Shed Living），6。

29　杨培娜："Government Registration in the Fishing Industry"。

30　《捕采》，《大明会典》卷 191。一个地方性例子，见《田赋篇》，《嘉靖池州府志》卷 4。

31　梁方仲：《明代赋役制度》，96—97；《柴炭》和《沿江芦课》，《大明会典》卷 205、208。

32　这些例子选自《江西省赋役全书》《雍正浙江通志》和《八闽通志》，尽管名称不同，但贡品和货物税实际上都是徭役的形式。金钟博：《明代里甲制》，73，引自《江西差役事宜》，载于章潢《图书编》卷 90，51。其曰："今诸上供公费，出于田赋之外者，皆目之曰里甲，盖言阖县里甲所当任也。"又见黄仁宇：《明朝财政管理》，134—135。

33　卜正民：《纵乐的困惑》（*Confusions of Pleasure*），47；韩书瑞（Naquin）：《北京》（*Peking*），109—110；范德（Farmer）：《早期明代政府》（*Early Ming Government*），128。

34　1441 年，永乐朝还留有 38 万根大木（蓝勇：《明清时期的皇木采办》，93；姜舜源：《明清朝廷四川采木研究》，244；《明英宗实录》卷 65）。如果我们假设这相当于原来总数的三分之一，那么有超过 100 根木材曾运往北京。一首当时的碑刻诗文记载，800 名工人砍伐了 400 棵树（曹善寿主编，李荣高编注：《云南林业文化碑刻》，20—21）。这意味着劳动力大约有 200 万人。

35　卜正民：《纵乐的困惑》，47。

36　万志英：*Fountain of Fortune*，70—74。

37　《上供采造》，《明史》卷 82，转译伊懋可"Three Thousand Years of Unsustainable Growth"，第 27 页，稍加修改。又见《捕采》，《大明会典》卷 191。

38　伊懋可："Three Thousand Years of Unsustainable Growth，"27。

39 要了解更多关于 15 世纪簿记制度衰落的细节，见何义壮：《中国农村社会经济发展》，459—481；黄仁宇：《财政与税收》；梁方仲：《明代赋役制度》；万志英：*Economic History of China*，286-289。

40 何义壮：《中国农村社会经济发展》，232—234，对日本学者在此问题上的研究做了一个很好的总结。

41 根据对 16 部明代江西地方志的调查，其中记录 15 世纪土地占有情况的数据，在 1421 年和 1431 年仅有一部地方志有新增土地数据（赣州），没有地方志记载 1431 年和 1451 年间的新增土地数据。10 部江西地方志中只有一部记载了 1422—1452 年（赣州）的人口数据。最早记录新数据的调查是 1462 年（瑞州和赣州），第一次上报数据最多的是 1492 年。直到 16 世纪 80 年代，这些数据绝大都是早期数据的翻版。

42 梁方仲：《明代赋役制度》，228—230。邓智华：《明中叶江西地方财政体制的改革》，2。邓智华的论文缺少页码，所以我从论文的第一页开始依次编号。

43 邓智华：《明中叶江西地方财政体制的改革》，1。

44 梁方仲：《明代赋役制度》，279—280。

45 梁方仲：《明代赋役制度》，268—269。

46 海瑞：《兴国八议》，《海瑞集》，206。关于同一时期的类似评估，见刘光济《差役疏》，引自梁方仲《明代赋役制度》，296。

47 钱琦：《恤新县疏》，《同治峡江县志》卷 9。

48 《光绪江西通志》卷 83，引自梁方仲《明代赋役制度》，293。

49 梁方仲：《明代赋役制度》，274—275。

50 梁方仲：《明代赋役制度》，290—291。

51 梁方仲：《明代赋役制度》，290—296。又见邓智华：《明中叶江西地方财政体制的改革》，4—5。

52 梁方仲：《明代赋役制度》，296—298。

53 黄仁宇：《财政与税收》，299—301。正如黄仁宇所强调的，在北方的一些地区，这些调查一直持续到 16 世纪 80 年代后期，结果极不平衡。

54 这一引人注目的逸事引自一份佚名的资料，见邓智华：《明中叶江西地方财政体制的改革》，5。

55 《嘉靖池州府志》卷 4（1546）。

56 《康熙江西通志》卷 12（1683）；《江西赋役全书》卷 1（1622）。丁是干支纪年周期中的第四个"天干"，所以更直观的翻译应该是字母"D"库。更多了解，见《内府库》，《大明会典》卷 30；刘若愚：《内府衙门职掌》，《酌中志》卷 16。

57 基于《江西省赋役全书》卷 1 中的数据。

58 《杉》，《雍正浙江通志》卷 106，引崇祯《开化县志》。又见《风俗》，《乾隆祁阳县志》卷 4。

59 《赋税》，《嘉靖建平县志》卷 2，118。

60 何安娜（Gerritsen）："Fragments of a Global Past,"128-131；宋汉理："Chinese Merchants and Commerce,"75、80-84。

61 关于徽商的研究文献，尤其是中日两国学者相关的研究，极为丰富。其中包括卞利：

《明清徽州社会研究》；杜勇涛：《地方秩序》；傅衣凌：《明清时代商人及商业资本》，第 2 章；周绍明：《新乡村秩序》卷 1；宋汉理：《中国地方史》。

62　关税条例，见第 6 章。

63　《杉》，《雍正浙江通志》卷 106。

64　Medley，"Ching-Tê Chên"；马熙乐（Vainker）：Chinese Pottery and Porcelain，176–178 and more generally。

65　狄龙（Dillon）："Jingdezhen Porcelain Industry," 278–290；狄龙："Jingdezhen as a Ming Industrial Center"；何安娜："Fragments of a Global Past"；袁清："Porcelain Industry at Ching-Te-Chen"；宋汉理："Chinese Merchants and Commerce," 80–84。

66　狄龙："Jingdezhen Porcelain Industry," 278–283；何安娜："Fragments of a Global Past," 143–147。

67　宋汉理："Chinese Merchants and Commerce," 83。

68　周绍明：《新乡村秩序》卷 1，421—429；杜勇涛：《地方秩序》，54—57。有关徽州木商的轶事，见唐力行：《近代中国商人与社会》（Merchants and Society in Modern China），表 2.1。

69　梁肇庭：《中国历史上的移民与族群性》；陈永海（Wing-hoi Chan）："Ethnic Labels in a Moun-tainous Region"；柯金斯：《老虎与穿山甲》，41—45；梁肇庭和陈永海的研究在很大程度上推翻了旧的学术观点，即客家人来自中国北方，他们主要是基于罗香林 1933 年的《客家研究导论》，这本书本身的研究仅基于少数的家谱。

70　潘、蓝、吕以及雷，是与盘瓠神话最密切相关的姓氏，与瑶族有关，可能是客家／畲族身份形成的一部分。陈永海："Ethnic Labels in a Moun-tainous Region," 272–274。

71　陈全之：《福建》，《蓬窗日录》卷 1。

72　这个词的起源是有争议的，直到现代它才普及。梁肇庭：《中国历史上的移民与族群性》，62—68；陈永海："Ethnic Labels in a Mountainous Region"。

73　梁肇庭：《中国历史上的移民与族群性》，43—63。关于他们在烟草种植中的作用，见班凯乐：《中国烟草史》，37—45。关于靛蓝，见陈永海："Ethnic Labels in a Mountainous Region," 275；孟泽思：《森林与土地管理》，97—99；O kǔm-sǒng, Mindai shakai keizaishi kenkyū, 135。

74　谢健：《帝国之裘》。

75　Grove & Esherick, "From Feudalism to Capitalism," 409.

76　正如周绍明在一项关于合同证据和中日语言研究的调查中所确定的那样，债券服务远不是单一的种类。租佃形式也多种多样，两者之间的界限往往是不清晰的。见周绍明："Bondservants in the T'ai-hu Basin"；Tanaka, "Popular Uprisings"；罗友枝（Rawski）：《农业变化与农民经济》（Agricultural Change and the Peasant Economy），第 2 章；Grove and Esherick, "From Feudalism to Capitalism," 407–408。

第四章

契约、股份和讼师

1520 年，谈静将自己一片森林的所有权卖给了他的叔叔谈永
贤。这桩看似微不足道的交易，是徽州保存的数千份森林契约之
一，这一地区处于中国南方森林革命的中心地带。若单独就每份契
约来看，大多数都偏短且刻板，并不能给我们带来太多信息；但若
从整体上来看，徽州文书不但为我们展现了一幅森林经济运作的惊
人图景，更重要的是记录了它是如何变化的。[1] 与此同时，这些文
书也记录了产生森林景观的那些简单而重复的举动：财产登记、劳
动力分工和资本投资、选地和树木种植、管理职责协商和木材估
价。除了财产登记以外，其他的流程对于国家来说大多是模糊的；
但谈静的契约记录了几乎所有的流程。因此，在转向更多的类似契
约文献之前，我先来讨论这份文书的条款。

谈静的契约首先记录了其森林所在的位置和状况，上面记录
着谈静"于先年间同众买受得伍保土名东源胡元清经理名目并山
场"。[2] 依照传统，它给出了该片森林所在村庄的名字——"东
源"——以及该村庄所处的当地行政层级——"伍保"。这使官员
能够很容易在实际环境和该县的土地登记册中定位该地块。地籍的
购买同样也意味着这场交易被县府记录在册，且土地所有权得到保
全，免受对方的索要。

其次，这份契约也说明了土地和树木权益是如何析分为股份

的。由于谈静参与了这块土地的购买，他也持有该地块的一定股份。除此之外，谈静与其叔谈永贤、谈永芳同时（在此地）"买受得谈珙同佺强京栽坌杉木不计块数"。通过"同谈祁门栽坌杉木壹块；又同众栽坌杉苗壹块"，[3]谈静获得了其他股份。这些条款揭示林地实际上被分割成两种股份：由购买土地的人所掌握的"资本股份"和种植杉木的人所掌握的"劳动股份"。这两种股份都可以进行买卖。谈静从最初的土地购买中获得了资本股份，又通过自己种植幼苗和雇用谈珙、谈强京种植杉木的地块，获得了劳动股份。当谈静把这片林地的所有权出售时，就明确地包括了"前项山场并各号本位合得栽买杉苗分籍"。[4]换言之，谈静抛售了自己的资本股份、通过劳动获得的股份，及自己购买的所有劳动股份。

这些条款同样也记录了谈氏在他们的新地块上改造森林的方式。在收购这块土地的几年后，谈家许多人在部分地块上种植了杉木林，这是他们的首选林木。谈氏还通过依次抚育不同的地块来确定其树龄分布。每块地都种有树龄相仿的树木，因此它们将同时长大成材，并能够被同时砍伐和重新种植。通过在不同的时间种植不同的地块，谈氏得以循环砍伐并重新种植，将风险、利润、劳动分散在多年内。

在详述股权分配后，契约也预先陈述了管理森林的后续安排。契约中明确表示，谈静所持的全部股份"尽数立契出卖与叔永贤名下"，并特别指出这一交易将会"凑便管业"。[5]作为大股东，谈永贤可以更容易地决定何时采伐和出售木材。随着时间推移，其他机制的发展，使得所有权即使被许多股东持有，这种类型的管理决策也是可行的。

最后，这份契约明确了价格，指出"面议时价纹银壹两柒钱正"。[6]这块土地的价格应该特别低廉。这也意味着该价格很大程度上反映了谈静过去的劳动报酬、当前立木的估值，或者木材所预计的未来估值。从理论上来说，在一个理想的市场中上述三种因素将会相互影响。实际上，这个价格可能反映了这其中每一个估值的因素，以及诸如谈氏的家族责任等复杂因素。

谈氏将他们的山林登记在册，并在此基础上每年交税，除此之外，他们管理的其他方面都偏离了官方规范。他们将森林所有权和森林生产权分开，并进一步析分成不同的股份。国家曾明令禁止这种地权分拆，但只要记录在案并定期纳税，地方官一般愿意认可这些所有权。由于官方法规没有对森林管理作出多少规定，种植、保护和采伐的规则和程序就发展成了地方规范。契约、合同及诉讼记录了林地、劳动力和产品的估价和析分，以及对盗窃和火灾的预防及应对措施。因此，只要这些合约不过分违反刑律的基本准则，官员也乐意执行。本章将会讲述对于森林经济至关重要但却在国家行政管理范围之外的安排、协商的历史。

税收和产权

只要土地登记并纳税，中国官员基本上不关心土地使用的具体情况。但是如谈氏这样的种树人对于国家的态度远非漠不关心。在20世纪之前，中国没有发展出任何西方国家意义上的民法或契约法。事实上，"合同"（contract）、"财产"（property）和"权利"

（rights）等概念都不完全符合中国古代的法律语境。[7]财产权无法追溯到任何具体的法律先例；不过，由于国家和土地所有者协商同意，基于证明文书的形式和内容，财产权是具有法律效力的。[8]对于各个股东而言，这些文书本身往往没有其所记录的行为重要，尤其是那些面对面的协商及签订合同的仪式。[9]这意味着无论在何种条件下，林契的首要功能是提供所有权的权利证明。因此，基本上每份土地契约都以一个缩略的产权链（abbreviated chain of titile）开始，注明卖家姓名、卖家地权的来源、地产的位置和边界，以及大致的税率。在这些最初的条款中，隐含着土地制度运转背后的实质协议：国家认可土地所有者的权利要求，以换取登记和纳税。

尽管许多留存下来的地契仅是寥寥数语，但有一套丰富的材料能让我们追溯福建泉州一处林产的完整历史。最重要的是，这些文书证明了地主登记造册的重要性。第一套文书记录了1265年一片林园被售卖的过程，当时的泉州还属于南宋。首先，这块地的主人贴出了告示（张目），邀请潜在的买家购买一处大型地产，包括"花园一段，山一段，亭一所，亭屋一间及花果等木在内"。[10]这份告示反映了亲朋邻里在外人之前有机会购买该地产的习俗，通常又被称为优先购买权。其次，在售卖地产后，卖家会撰写一份告官给卖贴，更新登记。这提供了土地所有权最详细的证据，记录了地产的所有权、边界和征税估值的变迁史。同时，村中长者也会详细检查这场售卖，并为土地权的真实性作证，确保这块地产上"别无违碍"。最后一项条款表明买家将会缴纳后续税款。第三份文书是买家留存的售卖契约，内容包含了与报税收据相同的条款。[11]

　　另外一组相同的四份文书记载了再次出售这块土地的过程，这次交易发生在 1366—1367 年，当时泉州虽然仍处于元朝的统治下，但即将迎来明朝的统治。在这个时间点下，原来的森林和果园已经被分成两块地，前者主要种植樟树，后者主要种植荔枝。同样，卖家首先正式发布出售信息，并查验是否有对家。一旦交易完成，他们就会将结果报告给国家，并更新税收登记，通过售卖契约将两块地分别转让给各自的买家。[12] 这些引人注目的记录表明在相距一个世纪的两个不同朝代里所进行的交易实际上按照相同的文书和流程进行。买卖的过程要求宗族、邻里和村中长辈参与，并会记录在案，呈给当地政府和私人所有者。

　　徽州的材料进一步证明，即便是国家缺席，地产所有者仍不遗余力地保存这些地契凭证。当元朝统治在红巾军起义中分崩离析时，徽州被韩林儿控制，他自 1351 年其父韩山童死后，作为北方红巾军起义名义上的首领统治着徽州。1355 年，韩林儿名义上恢复宋朝，正式建国，并在徽州附近建立了中央政府的雏形。[13] 不久之后，徽州的地主开始在自己的契约上使用韩林儿的年号，正式认可了韩林儿的政权，大概是希望韩林儿的朝廷能够强化他们的土地所有权。[14] 一份来自祁门县、匆忙草就的土地登记表上也记有韩林儿政权的年号及日期。[15] 但到 1363 年，韩林儿连连战败。在沦为明朝开国皇帝朱元璋的囚徒后，韩林儿于 1366 年溺亡。[16] 在韩林儿政权灭亡和朱元璋胜利之间的短暂时期，徽州再次陷入无政府的混乱状态。地主们艰难地寻找一切方法来保障自己的交易，支持其所有权。1367 年，尽管该州完全不存在元朝的统治，至少有一份契约使用了元朝的年号。实际上，这份契约表明，是保甲自卫组织负责记录地块并解决纷争，而非元朝政府。[17]当朱元璋在1368年宣告胜利后，徽州契约几乎在同时将年号改为洪武，当地人纷纷将自己的土地上报明朝。也正因此，徽州是最先将土地登记造册的州府之一。[18]正如宋元统治过渡期的泉州地主一样，徽州的地主在元明之间的过渡期也在契约上记录任何一个合理的政权。在国家运作缺失的情况下，地主依靠其他的组织，如保甲，来保持记录并确保合同有效。但当明朝重新恢复了中央集权制度，地主则迅速转向政府官员登记新的交易。

但明朝初期的有效制度并没有持续太久。到了15世纪30年代，为期十年的更新土地及人口登记造册的调查就逐渐失灵。国家疏于监管体现在15世纪20年代至40年代，许多林契上的地块序号、四至和面积都是空白，据推测应是因为没有足够的信息来填写。[19]逃税也导致许多地产无人认领，因此国家就将这些土地派给里长，让其自行分配，只要他们继续纳税。[20]15世纪30年代的交易也反映了永乐以后现金匮乏的经济状况：土地出售通常以布料或谷物而非现金来交易。[21]15世纪40年代，经济复苏后，大多数交易又以银两结算，而非铜钱或纸钞。但是在15世纪中叶的经济萧条中，徽州的森林持有者仍在持续地记录着他们的土地买卖，尽管缺失了许多细节。当经济和官僚体系在15世纪五六十年代开始恢复时，地方百姓帮助登记造册，又重新恢复明朝初期保存完好的状态。契约上通常将土地面积一项留作空白，注明这一信息并非遗失，而是因为能在当地土地登记册上查到，所以才省略了。[22]

但是，随着商业发展，在15世纪末到16世纪又出现了新的问题。根据明朝的法规，每户只能在自己居住的乡镇拥有土地。但一些家庭无视这条规定，跨乡镇甚至是跨县获取土地。[23] 为了能够成功购买这些土地，这些买家用土地前所有者的名义交税，而前所有者的名字作为某种中转的纳税户头仍被保留在土地登记册上。契约记载了这一新奇的税法操作，确保这些土地按照国家规定交税，但同样也能满足新所有者的管理需求。[24] 其他契约特别指出，在未来十年的土地调查期间，买家有责任将税款转移到自己名下。[25] 同样，即使官方记录不能跟上私人土地市场的发展，地主也用尽方法确保产权顺利交接。大约在 1570 年，一条鞭法在徽州实施后，契约便统一明确包括税基和徭役替代附加费用。[26] 在 1581 年张居正的调查之后，许多人注意到它们反映了"清丈新册"。[27] 三个多世纪以来，经过土地监管的多次变迁，地主们终于能够确保自己拥有明确的土地产权了。

股权

在确保对家不要求产权后，许多林主开始通过股权和合伙方式分解其所有权。股份制使林主能够分散木材成长数十年所带来的风险，也提供了在木材采伐前向森林劳动者预付移植幼苗报酬的机制，并且使得林主和种植者能够在木材的不同成长期之间分散投资。然而，上述特征并非刻意设计，而是通过试验和循环种植、继承和出售而实现的。

在 13 和 14 世纪，徽州的大部分森林都是大面积的单一所有者财产。遗产分割、售卖和合伙逐渐导致林权的析分。到 15 世纪，绝大多数森林通过股份制来共同管理。[28] 这种林权析分的趋势在 16 世纪达到顶峰，新的流程也随之出现，通过将可分割的债权重新聚合到多处财产的股份组合中，促进了所有权的合并。最终，所有权合并采取了另一种形式，即宗族经营（lineage corporations）"堂号"的出现，将森林管理合并到单一的体制保护伞下（institutional umbrella）。[29] 到 19 世纪和 20 世纪，绝大多数林地都是堂号的产业。但是在明朝，这些经营实体仍处于起步阶段。[30] 在 15 和 16 世纪，徽州的绝大多数森林既不是单一所有者的土地，也不是信托财产，而是通过股权来分置。

股份制的出现是为了解决对大型、不规则地块的所有权分置问题，因为这些地块的真正价值在于其上生长的树木。按可分割遗产的标准来看，父亲去世后将土地分给每个儿子，但森林要比农田更难公平地分置，早在 12 世纪袁采就指出了这一事实。[31] 到了明朝，很少有继承文书明确林地的实际划分。[32] 但理论上是可以通过计算树木总数来划分地块并在各方之间进行分配。[33] 出售森林所用的样本契约条款使得卖方在交易中能够囊括或排除特定树木。[34] 但在实践中，卖方原则上使用这些条款来列举高价值的果树或油料树种，而非林木。[35] 与实际划分一样，计算树木总数是个例外而非常规。更常见的情况是，每个继承人都能得到整块土地的同等份额。[36] 这些股份也同时包括对任何立木、竹子和薪材以及该地块上其他任何东西的部分权利，包括诸如每年的栗子，甚至是仆从的房屋（延伸开来，以及相关的仆人劳动）。[37]

84

股份制也通过另一种动态形式出现——预先出售木材采伐的股份。不同于农田每年都能生产农作物以满足田主的常规需求，森林每 20 到 30 年或更长时间才能采伐一次木材。若林主在此期间需要现金，则必须出售部分股份。一个活跃的市场是允许林主提前将其所持股份的预期未来价值套现，而非等待树木成材。[38] 有些持股人出售股份是为解燃眉之急，另一些则为方便管理。[39]

除了部分继承和预先出售之外，还有第三种机制将森林分成股份：合伙制。到 15 世纪，林主通常将土地租给佃户种植，或合伙来分摊播种幼苗的费用和劳力。森林佃户承包了森林的长期管理，一般是从种植到砍伐的 25 至 30 年；作为交换，他们拥有获得一小部分木材利润的权利，以及在最初几年中收获与幼树一起套种的任何一年生作物的权利。这一系列权利和责任被称为"山皮"。根据这些租赁合同，林主不仅保留了剩余的利润和作物收成，还保留了土地的长期所有权以及任何附带的税收责任。这一系列权利和义务被称为"山骨"。[40] 也许对森林合伙制最清晰的描述来自 1493 年的一份契约，内容是方邦本和方伯安排种植他们的大型林产。方氏以前从另外两个城镇地主那里购买了一块超过 29 亩（约 5 英亩）的林地。然后，他们与康新祖、王宁宗签约，种植杉木，并同意把未来的利润分成五股：两个租户各自获得一份股份；拥有三分之一"山骨"的方伯获得一份股份；拥有三分之二"山骨"的方邦本获得剩余两股。[41]

"地主"和"佃户"股份的称谓只是不完全地映射到其所有者的社会阶层。从本章开篇的谈氏契约中可以看出，同一个家族群体的成员经常持有两种类型的股份。在 15 世纪和 16 世纪初，大多数木商也是种植者，他们从自己和其他人种植的地块上出售木材。在陈柯云对李氏家族木材业的研究中，在账簿中提到的 39 人中有 9 人既是种植的佃农又是木材的商贩。[42] 正如周绍明所言，这种操作更像是长期投资的合伙企业，而非农业租佃。[43] 事实上，有些合同甚至被冠以"伙山合同"，尽管"租山契"仍然是更为普遍的术语。[44] 到 16 世纪中期，合同紧跟林地权利实际运作机制，甚至开始使用更为准确的术语：主分（ownership shares）和力分（labor shares）。[45]

尽管木材生产被有效转型为股份合作制，但地主和佃农之间的关系仍然不平等。虽然主分和力分在木材收获利润中所占比例大致相等，但地主可以自由买卖其股份，而佃农一般不允许在未经地主许可的情况下转让其股份。[46] 地主还保留了对林地的基本权利，使他们及其继承人能够永久享有一定比例的林地木材产出利润，而佃农仅获得了他们种植树木的股份。随着时间的推移，这些合同地位之间的差别，导致持有任何主分和仅持有力分的两个阶级之间的鸿沟越来越大。而在法庭上，"地主"和"佃户"这两个术语的区别也很重要。根据假定财产为农田的法律，遵守保守的合同形式仍然是最佳手段，它确保了协议在受官方审查的情况下依然成立及对违法行为的处罚与刑律细则相符。在这种情况下，佃户欺骗地主所遭受的惩处，会比地主对佃户的欺诈要来得严厉。因此，主分仍然是"土地契约"，而力分仍然是"租赁合同"。

到 15 世纪末，分籍、预售和合伙制相互交织，导致林地的递归析分。由于每种股份所代表的木材产量比例下降，因此林主通常把不同林地中的股份打包出售。例如，一份 1428 年的契约就涉及出售 20 块林地，其中 5 块林地被分成两股份额，另外 15 块林地被分成 12 股份额，表明了这份契约应是两个大的合伙关系的结果。[47] 1463 年，两兄弟以至少四份不同的股权协议出售了其在六个地块中的股份，包括其继承的三个不同地块，以及从家族外购买的两个地块。[48] 到 1500 年，土地析分达到了极限，个别地块分成了 240 股、696 股、348 股和 540 股。[49] 许多契约只是简单地指出，地主将"其该得分籍尽数"卖掉，而没有进行股份的详细说明。[50] 通过将多种地产中的股份组合在一起，契约的作用就变得越来越小，更像投资组合的一份证明而不是土地所有权的证明。然而，即使分拆股份简化了财务记录保存的程序，这也使共享地块管理产生了新的复杂问题。一旦一个地块有几十个主人，那么所有人都参与其日常管理就变得很困难。

到 16 世纪中期，为解决高度分散的地块所有权所带来的问题，森林管理者创建了新的记录保存方式。一些地主群体编制了林地中每个部分析分的清单。这些股份集中目录的制定能够直接应对越来越多的所有权争议。由于重复的析分导致土地所有权十分不明确，股权清单将股权信息集中于单独一处，以在出售前进行审查。[51] 这些清单的汇总还反映出这样一个事实，即正式的土地产权记录既不详细，也没有经常更新到足以跟上股份变动的速度。

投资组合契约和股份清单的出现反映了少数"地主"的名义责任与多数股东群体更抽象的财务承诺之间的差距越来越大。一开始，每个人所持有的股份更像是一种积极管理林地的承诺，但如今已开始转变为一种独立投资，通常由那些在地产方面几乎没有经验的城市投资者购得。那些缺席的股东经常是在多片林地甚

86

至多个地区的许多不同地块中拥有少量股份，而非在少数林地中拥有大量股份。这种股份持有情况绝非随着时间推移偶然积累的股份，而是反映了为防止因火灾、盗窃或病害而失去整片木材林地的风险所施行的故意套期保值。股份多样化也使所有者能够在不同时期成材的林地之间分散自己的投资，以提供更稳定的收入来源。

从16世纪70年代末和80年代开始，从分数到小数核算的最终转变反映了林地合伙制近乎完全地转变为了抽象投资。小数最初是从未满一股的零星份额创造出来的，以简化一条鞭法改革后银税附加费的计算。[52]1578年的一份契约从头到尾展示了这一过程：首先，契约给出了整个地块的面积（2.3亩），确定分数股份（七分之一），最后计算出与该份额相等的小数面积（0.33亩），以用于税收评估。[53]小数核算还可以更轻松地算出不同地块、不同面积所占份额到总体价值，正如1586年的另一份契约所展示的那样，其中一位所有者并没有为多个不同的分数找到一个公分母，而是将每份股份转换为小数，总计为该地块的0.01995股份，并分割出0.0015股份用于出售。[54]尽管最初是基于税收计算才做出的转化，但小数表示法也使复杂投资组合的估值变得更容易。随着算盘在16世纪变得更加流行，这也可能反映了计算的简化。[55]不管其起源如何，小数表示法成功将林地份额抽象为金融资产，而非土地和劳动力的比例。原来的分数除法是清楚地按照分籍和合伙程序，但十进制计数法消除了这种所有权历史的任何痕迹。我们可能会想到植树中八分之一的作用，但0.0015的份额仅作为抽象的经济利益才有意义，而非树木、时间或劳力这种具体份额。小数股份完成了森林契约从实际土地和树木权利到抽象有价证券的转变，从而完全抹去了它们所代表的物质领域。

土地和劳动关系的转变

随着契约开始发挥投资组合的作用，新的合同形式应运而生，以履行其原始职能：记录所有权和劳动责任。早在 15 世纪 30 年代，一些所有权群体就开始起草分山合同，详细说明如何管理其日益抽象的投资背后的财产。[56] 由于所有权在数十个股东之间分配，因此监督责任早已不再明晰，尤其是在播种和采伐期间。作为"成林"的五岁杉木要长成到可出售的大小，少说要 20 年，有时甚至要 50 年之久。在这几十年里，虽然林地需要的劳动力变少了，但是火灾和盗窃的风险却越来越大。最常见的解决方案是让佃农或仆役负责巡逻和消防。若林地工人盗窃或疏于管理，多数协议会对他们处以最高为木材市场价十倍的罚款。[57] 大多数村庄在内部解决了情节轻微的盗窃木材案件，但在更严重的盗伐木材案件中，整个村庄都要帮助逮捕肇事者，然后将他们移交官府。[58]

所有者内部发生盗窃要比监管外部人员更为复杂。鉴于股东数量众多，因此当某个"所有者"不满足于占有自己那份林地上的木材收成时，便会产生极大的道德危害。股东也可能会不征求其他所有者的意见而擅自采伐木材以满足自己的燃眉之需。因此，自我监督是一个值得注意的问题。许多协会开始对其成员违反规定的行为处以罚款。周绍明指出，有一个协会创造了一种特别聪明的相

88

互监督系统。八个世系的社区都被分以带有编号的扁担，若要砍伐木材或获取燃料，成员必须得到里长的批准，并核实其在该特定林地中的所有权，才能采伐。此外，可以很容易地通过带有编号的扁担来识别非法伐木者，若他们试图在该区域内任何地方出售木材，都将被一眼戳穿。[59]

当佃农成为负责抚育森林的主要负责人时，劳动习惯也发生了变化。大多数租赁合同都按照维持数十年的木材长成期来确定，但在最初的几年中，当种植者烧掉了杂草，种植苗木，间作谷物和纤维作物时，佃农大量、集中地劳动。但是三到五年后，当地主按照惯例检查地块以确保树木成材时，劳动力需求和农作物的副业收入急剧下降。若种植者是仆役或受合同的严格约束，他们将别无选择，只能留守在林地。为了解决其在最初种植后有限的收入，大多数种植者选择在多个地块工作；从理论上讲，短时间内他们可以在多个地块之间轮转，直到第一片地块成材为止。然而，很少有种植者能够承担这么长时间不获得报酬的劳作。因此，许多佃农在初次检查时就将其股份卖给了地主；还有人则非法出售或用作抵押。[60] 有些合同反映了种植的短期性质，只与种植者签约三年。[61]更常见的情况是，地主往往保留了在整个三十年内召回佃农或以相当低的价格从佃农手中购回股份的特权。

在15和16世纪的大部分时间里，"佃农"和"地主"两个群体基本上重叠。然而，土地和劳动力市场的分化却产生了棘轮效应，使得地主更容易获得力分，而劳动者却很难获得所有权。许多租赁合同特别注明，土地仍然是地主的独占财产，但抚育木材的责任完全由佃农承担。在17世纪，希望通过自己的劳动在未来

89

木材利润中获取长期股份的森林劳动者遇到了新的难题。在 1611 年，一些地主要求那些想在木材采伐时获得长期股份的劳动者支付额外的费用。[62] 尽管一些林地仍由地主和种植者共同经营，但现在大多数林地仅归那些从未露过面的股东所有，由那些漂泊不定的农村无产者负责种植。

由于种植者在树木成材期间不再继续现场工作，森林劳动力市场的其他方面也随之发生了变化。在最初的三年抚育阶段之后，森林进入了长达十数年的成材期，几乎不需要人工劳作。除了偶尔进行疏伐和巡逻以防止盗窃和火灾之外，森林在很大程度上不需要投入。森林劳作的第二个主要时期是在成材期结束时的砍伐。在 17 世纪，签订拼约的做法越来越普遍，通常由来自城市的商人安排，他们是林主和伐木队的中间人。[63] 伐木工人通常按照砍伐的数量计费，并负责自己的一切费用，包括祭祀土地神的祭品。除此之外，伐木工人也可能因为砍伐不该砍伐的树木而被罚款。[64] 逐渐地，林业的特殊劳动力需求——种植期间繁重，成材过程中较轻，砍伐期间又繁重——导致了种植者、护林员和伐木工三方之间的分化。护林员不再属于一个自给自足且相互重叠的林地社区，而是沦为仆从身份，依赖地主所给的利益；而种植者和伐木工通常是来自武夷山的客家移民所组成的流动劳工。

木材法律

与早期近代的欧洲、朝鲜或日本不同，中国几乎没有专门的木材法律，林主、佃农和劳工只能自己制定条款。国家对森林的正式监管很少，几乎只有基本的土地调查和税收。虽然官方土地调查将森林划定为独立的财产，但国家对森林的管理几乎没有具体规定。即便是在 1149 年进行首次林地调查之后，接下来的两百年间，基本的所有权仍然是法律的灰色地带。直到 1397 年，《大明律》才将森林归类为不动产（田宅），正式授予林主独占的、可继承、可转让的权利，而大部分财产法也同时适用于林地管理。然而至此，为数不多的专门针对木材权利的法律基本上是一纸空文。除了管理皇家园林的法律外，《大明律》里有关森林的法律在接下来的两个半世纪中都没有产生任何实质性的判例。[65] 在没有有效的木材法律的情况下，为解决林地管理的复杂性而进行的法律创新几乎完全来自民间，即通过合同和诉讼。

尽管其有关森林的法律几乎没有产出任何法律体系，但《大明律》仍反映了木材法律的重大变化，正式将林地作为长期、实际的独占财产。《大明律》名义上以《唐律》为范本。[66] 从理论上讲，这应该回到维持数个世纪的古老原则，即将林地作为开放的公共资源；但在实践中，几个世纪以来介入的先例更为重要。《大明律》确实包含了反对垄断林地的规定，但同时也显著地改变了法律的宗旨。《大明律》并没有像《唐律》那样针对荒地制定法规，而是将其降级为"盗卖田宅"法律中的一小节。虽然唐宋刑法典规定"山野陂湖"是"与众共"，但明朝法律将山场和其他非耕种土地作为"官民"财产。[67] 这与从前保护荒地不受所有权原则约束的条款背道而驰，现在是用来保护国家或私有土地不受非法侵占。

明朝法律编纂者抄袭了《唐律》中关于木材使用的其他规定，

并同样降低了其重要性。《唐律》中明文规定的禁盗木材，成为《大明律》"盗田野谷麦"的一个部分。[68]明朝法律条款"弃毁器物稼穑等"也包括反对销毁木材的规定，几乎直接照抄了《唐律》。[69]不过，在历史上形成鲜明对照的是，朝鲜官员将明朝法律作为林地实际管理的判例。[70]但在中国，这些法律基本上没有形成关于木材权利的任何法律判例。毫不夸张地说，《大明律》中的这些法律条款完善了从宋朝就有的法律程序，使森林变成了土地占有的一个类别，而在法律意义上，它与耕地没有什么不同。

91

然而森林不是农田；合伙制和证券化、数十年的成长期以及火灾、盗窃的重大风险使其管理变得尤为复杂。林主尽可能地通过上述合同的形式来解决这些复杂问题。但当合同被违反或含混不清时，林主只能诉诸诉讼。正是在这类主要保存在私人讼书中的诉讼中，我们才能找到最佳证据来探察森林管理可能遭受的特有危害，以及为减少或克服这些风险所做的法律创新。

根据中国历代法律，第三方的诉讼理论上来说是违法的。但早在11世纪就对私人讼师有所记载，并且这些讼师在南宋时期数量激增。这些讼师俗称"珥笔"，代指他们宣传自己职业的方式。从宋朝到明朝，江西和徽州是臭名昭著的私人诉讼温床，不仅有专门的私人讼书，甚至有私立学堂提供法律培训。[71]尽管政府试图杜绝这些私人诉讼并销毁这些讼书，但它们仍在暗地里主要以手稿形式继续流传。现存最早的讼书是明朝的《珥笔肯綮》（1500—1569），作者使用了令人眼花缭乱的化名"小桃源觉非山人"。[72]

当王朝法律把森林当作土地占有的一种普通形式时，这位"小桃源觉非山人"对森林所有权细节的描述相当具体。他的著作主要集中在与财产和家庭有关的细事（complicated Matters）上。[73] 关于户的部分包含一个专门针对"山田墓地"的小节，是在官方法律中都不存在的森林法指南。《珥笔肯綮》避免了包含相似诉讼的不同版本。[74] 每个案例都展示了如何针对特定类型的纠纷进行辩论，包括几种特定类型的森林冲突。揭示了土地所有者和讼师如何应对森林所有权、股权和非法砍伐等方面提起的诉讼，并因此制定出自己的一套标准，将原本一个仅是具体税务等级上的官方类别转变为基层法律创新实践的主要场所。

　　木材纠纷诉讼标准的首个案例来自一场简单的所有权争端。在有关此案的评论中，《珥笔肯綮》指出了保持森林登记造册以防止木材盗窃的重要性："大凡争山，只二说。所买之山，要契明白，税过实妥。承祖金业之山，无契，须看堡簿字号明白，管业以山邻为证。"[75]

　　成文法没有明确提及购置地产和继承地产之间的明显不同，但土地契约要谨慎注意这一区别。以下评议便将缘由托盘而出：这两种地产会产生不同类型的证据。如果契约存在，其将提供有关所有权的最新信息。但如果没有近期契约，则继承地产需要参考地籍，确认此人（或其祖先）为地产的所有人。

　　《珥笔肯綮》中的第二个案例说明了森林诉讼的另一种复杂性：证明土地和树木的所有权。在此诉讼中，原告为证明他已购买了该地产，细心地出示了契约和税收收据。但是由于该地块已被废弃，他还必须证明树木是自己劳动的产物。为此，这位匿名的原告明确声称他在逃离这片匪徒流窜之地前曾"入山起蓬，拨作种苗"。[76] 通过购买林地和种植树木的证据，原告因此得以拥有这块土地及其曾种下的树木。

《珥笔肯綮》特别指出，林权也可能通过伪证来进行抗辩，而该证据通常是契约副本。在一个案例中，原告购买了一份地产，登记过户，并种植树木。为了争夺对于木材的所有权，另一方贿赂了原始卖方，伪造了第二份契约，将出售日期提前。这种类型的伪证几乎在所有的土地交易中都能看见，但林主在树木成材之前确实特别容易受到所有权争夺的影响。评注指出，在这种情况下，卖方和争夺对家都可能被冠以伪造林权的罪名。[77] 在这些情况下，税收登记是业主证明其产权和弥补损失的最佳方式。

股权的复杂性以及业主、种植者、护林者和伐木工之间日益扩大的分工，为盗窃和纠纷的出现提供了另一条路径。《珥笔肯綮》中就有案例记载，一个邻居买了一片森林的一半股份，并以此为借口砍伐了整片林地。[78] 另一起诉讼则是关于一位卖家被指控强迫股东出售不属于这位卖家的股份。[79] 在另一个案例中，没有股份的各方直接伪造自己持有股份，仅为了索取一部分利润。[80] 正如普通的木材盗窃案一样，这三种冲突都是在木材采伐时或接近采伐时出现的。与普通的土地产权纠纷形式一样，《珥笔肯綮》表明，解决股权冲突的最好方式是通过第三方记录所有权证明，尤其是过将股权安排写入税务登记文书。尽管该处理方式较为复杂，但股权并没有破坏林地诉讼的基本框架。部分业主能够使用契约作为证据，而聪明的讼师则将股权处理情况与地产基本法相联系，将这些案例作为"地产"（业）盗窃的一种。为了教会其他人解决这些日益复杂的纠纷，讼师在诸如《珥笔肯綮》之类的专业手册中传播了各种案例的注解。

　　股权并不是商品林带来的唯一法律问题。随着林地所有者群体不再干预日常管理，他们越来越依赖于守山，通常由仆役担任，被赠予房屋和田地，以承担这份吃力不讨好而危险的工作。然而，明朝法律缺乏专门针对工人与其雇主之间合同的规定，尤其是在这些工人并不能简单地被归类为"佃农"的情况下。《珥笔肯綮》仅在"盗贼"这一更笼统的标题下列出了涉及看守人的案件。在某些情况下，看守人为了捍卫其雇主的财产而受伤或丧生。在《珥笔肯綮》中，作者的评论提供了在这种情况下法庭可能做出的具体处罚，并指出若在抢劫中使用斧头殴打看守人将会加重一级处罚。[81] 但在其他情况下，看守人和业主发现他们之间并非同一阵线。看守人通常贫穷而孤立，他们有很大的机会偷窃所负责看管的树木。有这样一个案例，被招募来看管森林的佃农因为森林偏远，盗窃业主"重费工银，栽种杉松竹木"。当根据普通的盗窃法规进行诉讼时，原告认为"害主甚于外贼"，应"严提重究"。[82] 也因此，较为聪明的讼师能够利用明朝法律的一般训诫重新提起诉讼，以填补正式法律体系中关于盗窃罪的空缺，在本案中则是力求为看守人监守自盗之举制定一个具体的法律标准。

94

种植和森林生态群落

　　到 15 世纪，徽州的森林已经有几百年的种植交替的历史了，但租赁合同几乎是整个过程的唯一记录。这些散落的文书揭示了培育木材的一些程序。种植人锄茅，烧荒，并种下苗或茬。根据森林契约中的数据，一亩地通常可栽种 200—600 棵树（每英亩约 1200—3000 棵树），但一般来说每亩种植 200 棵树较为普遍。[83] 在头几年间，佃户还种植谷类、麻或其他旱地作物，既保护了幼苗，也为佃户提供了生计。[84] 虽然大多数地块在种植前早已规划清楚，但也有例外，有些地块会保留成材的树木，甚至有时候种植着多种树木。[85] 尽管在特定情况下有所不同，但这些合同都清楚地描述了周期性种植和皆伐树龄相同的人工林，而不是砍伐原始林或成材的次生林地，也不是在一片混合树龄的森林中择伐。

这些合同中描述的种植方法基本上是相同的，可追溯到 12 世纪，甚至早到 9 世纪。[86] 徐光启的巨著《农政全书》（1630）也描述了杉木和松树苗的移植，与旱地作物套种，定期疏伐以促进树干挺拔、木材 24 年至 30 年的采伐周期。他认为这种林业在江南西部十分普遍，包括徽州以及邻近的宣城、池州和饶州。[87] 在 20 世纪 60 年代，牛津大学出身的林务员理查森（S. D. Richardson），以及 20 世纪 90 年代的中美林务员团队也相继报道了与书中所载相同的种植方法。[88] 随着个体合伙人的兴起与衰落，许多森林都以相同的树种和方法在近 800 年的时间内循环进行种植。

尽管南方景观仍然是茂密的林木，但绝大部分是人类干预的产物。大部分种植的是杉木、松树和竹子。根据陈柯云的数据，我们可以估算，徽州大约三分之二登记在册的林地种植着木材，其中约有 3% 专用于种植苗木；剩下的三分之一则划分给坟墓、果园、竹林和茶园。[89] 有趣的是，这些大致的比例可能也存在于南方其他森林茂密的地区。[90] 虽然话题本身很复杂，但很明显，社会契约和官方禁令保护其他林区免遭过度开发，特别是那些在坟

95

墓、宗祠和重要分水岭附近的林地。但是到了 1600 年，徽州的大部分林地都是单一林木，这一景观的转变应在 12 世纪到 13 世纪就已大体上完成。虽然徽州处于营林实践连续性的前端，但类似情况可能也在浙江、江西、南直隶以及福建北部和沿海等地普遍存在。

中国南方林地多样性向局部地区单一性的转变带来了新的重大危害。由于简化森林生态系统，种植者所面临的火灾、牲畜和土壤枯竭带来的风险增加了。与大多数亚热带阔叶林相比，松树和杉木更容易遭受森林火灾，而相比之下幼树较之成林更容易引发火灾。[91]一旦森林大火蔓延，通常幼龄针叶林会为火势创造更加有利的蔓延条件，火灾就会蔓延得更远，并且对易燃物也不再挑剔，更容易蔓延到成材的树木、田间作物和阔叶或混交林中。[92]换言之，单一幼龄针叶树种植为野火提供了近乎理想的燃烧环境。放牧对于单一种植幼树的危害也大于对混交林的危害。即使牲畜不以树叶为食，它们也可以在数小时内踩踏整片树苗。[93]快速生长的针叶树还具有显著消耗土壤的倾向，这种不利影响通常早在第二轮种植就会显现。[94]没有混龄、混种群落内在降低风险的多样性，人工林尤其容易遭受这些灾害的影响。通过将每个地块分配给多个业主，并通过给予他们多个地块的股份，股份制所代表的财务机制能够降低这些风险，但并不能阻止生态破坏。

除了显著的环境危害之外，与混交林相比，人工林还造成了更大的道德危害。长期以来，整个社会一直将林地用作燃料、食物和其他物品的公共储备地。树林对穷人而言是特别重要的资源，

96

像是一种生态—社会缓冲带，使资源有限的人们能够通过收集木材和野生食物来维持生计。当森林圈闭后，那些不是林主的人失去了进入权利，被迫离开了这个非正式的安全港。在大多数情况下，社会成员的确保留了收集燃料的权利，即便是私有财产，也有一些林地受保护成为公地。[95] 然而，当森林成为私人财产时，这同时也让其他社会成员付出了代价：无地的穷人别无选择，只能从较富裕的邻居那里偷取木材。股份制在这里也提供了一种机制，从而让人不因失去公用土地而大受影响。通过允许林地工人获得他们所种植木材的股份，股份制鼓励整个社区进行集体管理。但是，尽管有这种财富共享机制，私人用材林却为社区大片土地带来了重大的安全损失。对于富有的地主来说，人工林当然提供了定期的、可预料的利润。但对于贫穷的劳动者来说，期盼远在天边的木材丰收并因此获得股份几乎不能缓解林地安全网所带来的损失。

风险管理和利润共享的合同出现标志着生态—社会支持系统的衰落。混交林在人们定居点的边缘地区顽强生存，并持续为更广泛的社区，特别是最贫穷的底层成员提供燃料、饲料和能够让他们度过饥荒的食物。这些天然林地也更难遭受火灾、洪水和土地侵蚀，并为更多样化的动植物群落提供了更丰富的栖息地。但是到了16世纪，这种景观被杉木和其他商业作物组成的统一林分取而代之。甚至为数不多的剩余原始林地也仅存在于人迹罕至的山坡上，或通过人类干预而存在——将坟墓、庙宇和易受影响的分水岭周围的林地指定为神圣的风水林。[96] 正如农田一样，林地现在几乎完全是人类活动的产物。

注释

1 "徽州文书"实际上是由数十个不同地点收集来的文档构成的，它们主要存于北京的国家级机构和安徽的省级机构；但在其他省，以及美国和日本的档案馆中也存有许多基层文书。 正如周绍明所指出的，这些文书是 20 世纪 40 年代开始的多次收集和保存的成果，且自 90 年代以来，许多文书都被重印了。尽管这些文中的来源多种多样，并且整体规模庞大，但仍有明显趋向表明这些文书的保存偏好。例如，现存的森林契约绝大多数来自徽州六个县中的两个县：休宁和祁门，土地登记册绝大多数来自休宁和邻近的其他县。参见周绍明：《新乡村秩序》，1：16—38 和表 0.1。

2 《中国历代契约会编考释》809 #653。

3 《中国历代契约会编考释》809 #653。

4 《中国历代契约会编考释》809 #653。

5 《中国历代契约会编考释》809 #653

6 《中国历代契约会编考释》809 #653

7 几位学者指出了将西方法律术语和概念应用于中国法律所存在的问题。参见欧中坦（Ocko）："Missing Metaphor"；巩涛（Bourgon）："Uncivil Dialogue"。

8 曾小萍（Zelin）："Rights of Property in Prewar China"；加德拉："Contracting Business Partnerships"。

9 孔迈隆（Cohen）："Writs of Passage"。

10 杨国桢：《闽南契约文书综录》27 #73。

11 杨国桢：《闽南契约文书综录》28 #74—75。

12 杨国桢：《闽南契约文书综录》28—30 #76—79。

13 牟复礼："Rise of the Ming Dynasty,"42-43；《韩林儿传》,《明史》卷 122。

14 《中国历代契约会编考释》578—579 #449—450。

15 《祁门十四都五保鱼鳞册》,《徽州千年契约文书——宋元明编》，卷 11。

16 《韩林儿传》,《明史》卷 122。

17 《中国历代契约会编考释》585#455。

18 栾成显：《明代黄册研究》。

19 《中国历代契约会编考释》754 #599（1426）；759 #603（1430）；760—763 #605—606（1436）。

20 《中国历代契约会编考释》754 #599（1426）；759 #603（1430）；760—763 #605—606（1436）。

21 这样的安排在 1485 年出售此类地产时就已出现，见《中国历代契约会编考释》785 #631。

22 《中国历代契约会编考释》759 #603（1430）；761—762 #606（1436）；762 #607（1437）；766 #611（1441）。

23 卜正民：*Chinese State in Ming Society*，28-29。

24 《中国历代契约会编考释》770 #615（1456）；795 #640（1502）；833 #673（1556）。

25 《中国历代契约会编考释》798—799 #643（1507）；828 #669（1557）。

26　《中国历代契约会编考释》863 #698（1570）；865 #700（1571）；888 #719（1581）；912 #737（1596）；919 #741（1601）；926—927 #748（1607）等。

27　《中国历代契约会编考释》903 #730（1592）；969 #783（1628）。

28　调查《中国历代契约会编考释》中的林契（卖山契或卖山地契）：在 13 世纪，1/8 的地产会进行析分（12.5%）；在 14 世纪，9/26 的地产会被析分（约 35%）；在 15 世纪，20/23 的地产被析分（约 87%）。小样本量表明要谨慎。这些数据是从单个州县得来，并且来自同一契约合集，因此可能存在选择偏差。尽管如此，总体的析分趋势十分明显。

29　想要确定明朝时共有土地的比例是不太可能的。有几部著作很大程度上依赖于有序的宗族记录，因而对学术研究产生了外部影响。不过，在明朝中期，将经营捐赠给宗祠是一种相对新颖的创举，直到明末清初这种方式才广为流传。周绍明：《新乡村秩序》卷 1，第 5 章；孟一衡："Roots and Branches," chaps.3—4。

30　根据 20 世纪 50 年代的土地改革文件，陈柯云估计，当时徽州 60% 以上的森林是宗族共有的土地。在某些地方，这一数据高达 85%—90%。但她指出，明朝的情况并非如此。陈柯云：《从〈李氏山林置产簿〉》，78—80。这种模式不仅限于徽州。在 20 世纪 30 年代江西南昌的土地改革期间，绝大多数森林是宗族所有。20 世纪 50 年代，浙江金华也是如此。《南昌市林业志》，177；钟翀："Sekkō Shō Tōyō Ken Hokkō Bonchi ni okeru sō zoku no chiri"，361。

31　袁采：《桑木因时种植》，《袁氏世范》卷 3；又见本书第一章。

32　部分契约确实划定了实际分区（例如《中国历代契约会编考释》887 #718），但这是例外而非常规。

33　在 16 世纪之后，欧洲发展起来的测量和枚举树木对林业很重要。见斯科特：《国家视角》，第 1 章；Lowood, "Calculating Forester"；Appuhn, Forest on the Sea, chaps. 4—5。

34　《公私必用》，《中国历代契约会编考释》591 #460；陈继儒：《尺牍双鱼》，《中国历代契约会编考释》1006#812。

35　枚举的果树和油料树种：见《中国历代契约会编考释》865 #700、1036 #842。我只看到了两份枚举林木的契约：《中国历代契约会编考释》969 #783（1629）、994 #803（1639）。周绍明认为，树木数量的遗漏可能是因为很难预测有多少棵幼苗不会长大成树。在日本，类似人工林幼苗成功率在 0% 到 73% 之间，通常低于 50%。见周绍明：《新乡村秩序》卷 1，385、388—389。日本的数据来自 Totman, Green Archipelago，139—140。

36　一些契约明确提到股份在兄弟之间分配。《中国历代契约会编考释》532 #412、558—559 #432、574 #444。另请参阅《中国历代契约会编考释》555—556 #429、574—575 #444—445。

37　例如：《中国历代契约会编考释》903 #730（栗子）；908 #734（栗子和仆役房屋）。

38　周绍明：《新乡村秩序》卷 1，377—378、380—381、396—399 各处。

39　例如，《中国历代契约会编考释》809 #653、877—878 #710。

40　这个地主—种植者分工在 14 世纪 60 年代末和 14 世纪 70 年代间接证明了销售"山骨"的行为，其中"租山契"在 15 世纪中期变得很普遍。陈柯云：《从〈李氏山林置

〈产簿〉》，80—81；周绍明：《新乡村秩序》卷1，402—403；杨国桢：《明清土地契约文书研究》，148。可能会对佃农征收附加税，税收采用米、鸡、银、酒、现金或木柴的形式。 陈柯云认为，固定租金的涨跌取决于佃农获取补充粮食作物所需时间、工作量和额外租金。根据杨国桢的观点，佃农／地主最常见的分红是50%—50%，但会在25%到75%之间浮动，在我所调查的合约中也是如此。根据周绍明自己的著作，地主很少低于50%，大部分在70%，这与地主通常分得的稻米份额相同。

41 《中国历代契约会编考释》791 #636。

42 陈柯云：《从〈李氏山林置产簿〉》，82—83。

43 周绍明：《新乡村秩序》卷1，373。

44 《中国历代契约会编考释》1040—1049 #846—855。

45 陈柯云：《明清徽州地区山林经营中的"力分"问题》。又参见《中国历代契约会编考释》1046—49 #853、855。

46 周绍明：《新乡村秩序》卷1，405—406。

47 《中国历代契约会编考释》757—758 #601。

48 《中国历代契约会编考释》775—776 #621。

49 周绍明：《新乡村秩序》卷1，398。

50 如《中国历代契约会编考释》766#611，767 #612。

51 周绍明：《新乡村秩序》卷1，389。周绍明称之为"总表"。

52 使用十进制股份来减少税收统计的影响，隐含在这些变化当中，最终在几份后来的契约中也有明确体现。《中国历代契约会编考释》1210—1211 #984（1728）；1219 #992（1733）；1513 #1238（1786）。关于一条鞭法，请参阅本书第三章。

53 《中国历代契约会编考释》881—882 #713。虽然按面积等量计算，但由于涉及的比例很小，很难想象这些地块实际上是被分割的。

54 这些部分中的小数份额可能最初来自零股。这些比例为0.083（1/12，四舍五入到小数点后三位）；0.109（也许是1/9的误算）；0.125（1/8）；以及0.042（1/24，四舍五入到小数点后三位）。 卖方拥有这四个地块的1/18的份额，因此契约随后计算了十进制比例，总计为0.01995。 他还拥有0.29股股份中的1/18。《中国历代契约会编考释》894—895#724。这些数字是土地面积的等价形式，但初始数字似乎是一个比例。从上下文来看，尚不清楚这是否意味着实际面积，还是反映了相等大小或相等产量地块的比例。

55 李约瑟（Needham）和王铃（Wang）：《中国科学技术史·数学、天学和地学》（*Mathematics and the Sciences*），108—110。

56 《中国历代契约会编考释》1074—1090 #880—889；最初一例发生在1437年。周绍明称之为"协定"（pacts）。

57 《中国历代契约会编考释》#852—854（1507）；周绍明：《新乡村秩序》卷1，393n79。

58 卞利：《明清徽州社会研究》，178—181、378—379、389—390；周绍明：《新乡村秩序》卷1，392—393。

59 周绍明：《新乡村秩序》卷1，393。

60 周绍明观察到，一位种植者可以种植多达11块地，每块地只够种植3年（或每年种植两块地，持续 6 年），30 年后再回到第一块地采伐木材。周绍明：《新乡村秩序》卷 1，410—411。

61　《中国历代契约会编考释》1043 #849（1470）。

62　周绍明：《新乡村秩序》卷 1，401。

63　周绍明：《新乡村秩序》卷 1，427—428。

64　《中国历代契约会编考释》1047—1048 #854。

65　在某种程度上，这是刻意为之。朱元璋力图使《大明律》成为不变的法律条文。尽管如此，新的判例在 15 世纪后期开始积累，并在 16 世纪汇编成越来越正式的法律指引。见蓝德彰（Langlois）："Code and ad hoc Legislation"。尽管如此，我在任何主要的明朝法律汇编中都没有发现这些条款及其分支条款中关于森林和木材的新判例，这些明朝法律汇编包括《皇明条法事类纂》《嘉靖新例》和《嘉隆新例》和万历版《大明会典》，收录在《四库全书》中。

66　姜永琳：*Great Ming Code*，xl–lv。

67　"盗卖田宅"，见《大明律》第 99 条。与《唐律》第 405 条、《宋刑统》第 405 条可以对比。本书从头到尾参考的《大明律》译文是从姜永琳翻译的《大明律》修改而来。

68　"盗田野谷麦"，《大明律》第 294 条。与《唐律》第 291 条、《宋刑统》第 291 条可以对比。

69　"弃毁器物稼穑等"，《大明律》第 104 条。与《唐律》第 442 条、《宋刑统》第 442 条可以对比。

70　Lee, "Forests and the State," 75 and nn. 82–83.

71　Aoki, "Kenshō no chiiki-teki imēji", 又见孟一衡："Roots and Branches," chap. 2。英语世界对讼师的权威研究，当属麦柯丽（Macauley）的《社会力量和法律文化》(*Social Power and Legal Culture*），但麦柯丽侧重于清朝，当时福建已经在很大程度上取代江西成为最臭名昭著的私人诉讼汇集地。

72　杨一凡等：《历代珍稀司法文献》编者序言，第 1—3 页。又见魏丕信（Will）等：*Official Handbooks and Anthologies*, sec. 4.3, "Magistrates Handbooks：Handbooks for Pettifoggers"。

73　中岛乐章（Nakajima）：《明代乡村纠纷与秩序》(*Mindai goson no funso to chitsujo*）。又见戴史翠：《细事》(Complicated Matters），特别是第 3、6 和 7 章。请注意，"细事"通常被翻译为"petty matters"。戴史翠将其翻译为"complicated matters"，看似不合常理。尽管前者是更直接的翻译，但后者确实提供了该词在使用时可能隐含的语义。

74　虽然《珥笔肯綮》中的诉讼已被修改，删除了可识别的信息，但这些案件相当具体，表明它们是根据实际案例改编的。实际上，有几起案件与 14 世纪末和 15 世纪徽州的具体诉讼案件极其相似，表明《珥笔肯綮》准确地反映了明朝中期徽州的法律环境。例如，《珥笔肯綮》第 9—13 页中的几个案例与中岛乐章《明代乡村纠纷与秩序》第 78—79 页中总结的具体案例非常相似。

75　《强夺世业事》，《珥笔肯綮》，9—10。

76　《霸夺世业事》，《珥笔肯綮》，10。

77　《谋夺明业事》，《珥笔肯綮》，10—11。

78 《灭分吞占事》，《珥笔肯綮》，11。

79 《鼓众夺业事》，《珥笔肯綮》，11—12。

80 《捏分起骗事》，《珥笔肯綮》，13。

81 《盗木伤人事》，《珥笔肯綮》，52。

82 《监守自盗事》，《珥笔肯綮》，52—53。

83 《中国历代契约会编考释》1040 #846 给出的距离是三尺；1048—1049 #855 给出的距离是五尺。五尺似乎更常见。徐光启在《农政全书》卷 38.7a，给出 4 到 5 尺的距离。周绍明《新乡村秩序》卷 1，第 389 页给出了每亩 200—300 棵树木的保守估计。与现代人工林相比，即便谓较宽的间距也非常窄。现代人工林中，松树的间距通常在 2 米或 2 米以上（每公顷少于 2000 杆），但是它允许通过有意的疏伐或自然枯死而大幅减少作物。

84 《中国历代契约会编考释》1043 #847、1041 #849、1046—1047 #853。周绍明：《新乡村秩序》卷 1，396，404，416。

85 周绍明：《新乡村秩序》卷 1，395—396。《中国历代契约会编考释》1044—1045 #850—851。

86 请参阅第一章关于 9 世纪的造林实践。

87 《农政全书》卷 38.7a，引自周绍明《新乡村秩序》卷 1 第 384 页中的翻译。

88 Richardson, *Forestry in Communist China*，88. 理查森（Richardson）明确提及在成材的树木中种植杉木的方法（称为"中林作业法"）。Li and Ritchie, "Clonal Forestry in China."

89 陈柯云：《从〈李氏山林置产簿〉》，73—75。

90 如果更全面地了解基于税收数据的森林转型，请参阅第二章和附录 A。

91 Ye et al., "Factor Contribution to Fire Occurrence." 这是为数不多的一篇探讨植被对森林火灾风险影响的文献。它聚焦于浙江南部的一个县，其植被、气候和居住模式与浙江、福建、江西的大部分地区大致相同。在这项研究中，植被虽然位于人类活动、地形之后，仅是第三大重要风险因素，但仍占近 15% 的引发率。最近福建的另一项研究也将植被考虑在内，但发现其重要性不如地形和居住密集度等因素重要。参见 Guo et al., "Wildfire Ignition"。

92 Barros and Pereira, "Wildfire Selectivity."

93 在关于种植和森林诉讼的参考文献中，保护幼树免受牲畜侵害的必要性，被反复提及。参见第一章中提到的苏轼。据克里斯·柯金斯所述，蹄类动物通常不会啃食杉树幼苗，所以主要威胁是对于幼苗的践踏。柯金斯：《老虎与穿山甲》，166—167。

94 Zhong and Hsiung, "Tree Nutritional Status"; Jian Zhang et al., "Soil Organic Carbon Changes"; Wang, Wang, and Huang, "Comparisons of Litterfall."

95 孟泽思：《森林与土地管理》，第 4—5 章。

96 风水是一种思想体系，它包含了气候、地形的各个方面，以及更多关于阴阳作用的形而上学观念。从历史上看，它主要用于确定房屋和坟墓的选址，以及它们在景观中的位置。风水林是一种特殊的干预措施，通过种植或养护成林来保护敏感地点周围的微气候。见柯金斯：《老虎与穿山甲》，第 8 章；柯金斯："When the Land Is Excellent"；孟泽思：《森林与土地管理》，第 5 章。孟一衡："Roots and Branches," chap. 6。

第五章

木与水（一）：关税木材

11 世纪中国木材危机的结束，不是因为官方森林监管的升级，而是因为一种善意的忽视态度，这很大程度上是因为私人地主对森林自发性的保护，大大减少了官方干预的必要性。由于适宜的气候条件、快速生长的树种、成熟的商业实践，中国南方生产了大量的林产品。同时，这里还有密集的航运水道，使得这一地区的木材很容易运到市场。这种森林与河流互相滋养的联系，使得官员们很大程度上没有监管森林中树木的必要。然而，也不能因此认为中国没有专门的木材管理机构。相反，中国用一套复杂而有经验的手段来管理木材供应，弥补在森林监管方面的不足。中国官员通过多种手段控制、保障水路上木材的稳定流通。本章的重点是他们管理木材供应的主要工具：对每一个进入市场的木筏征收部分供官方使用的关税。在第六章中，我将转向木材需求的最重要来源：官方造船厂，其与关税管理机构一起在规范和控制商业木材。

中国南方的木—水联系并不是什么新鲜事。早在人工用材林发展之前，中华帝国就已从盛产木材的南方向木材贫瘠的华北平原运送木材。这些木材运输活动，有些是由官方负责，但大部分是由私人木商进行的。到了 10 世纪 60 年代，或许更早以前，官员就制定了一套利用木材产品流通来获取利益的关税制度。国家专门设立了税关，对竹子和木筏进行征税，而把困难并且危险的伐木和木筏运输工作留给专业人员负责。关税征收是从数量庞大的木材中"抽分"用于造船和建筑等最需要的地方：主要的河流交汇处和大城市附近。在较少政府干预的情况下，木商定期从森林中向城市运送木材，实际上流向管理站点的资源流。只要国家能够从这些木材中"抽分"，就没有必要自己投资生产木材。但是，这些关税的功能依赖于广阔的、水源充足的、林木茂密的内陆地区，如果没有这些地区，就没法提供数量充足的木材来满足官方的需求。

与中国广阔无垠的林地和四通八达的网状河道相比，欧洲和东北亚的森林分布是非常分散的。像西班牙、法国、荷兰和英国这些大西洋强国，为了争夺从波罗的海到北大西洋和加勒比海到印度洋的伐木边界而不断竞争。[1]这些国家知道他们的海外供应可能被封锁切断，所以在努力培育国内木材的同时也在不停地争夺可采伐的殖民地。[2]在中欧，像威尼斯和德意志公国这样的小国海外扩张能力有限，他们更加努力地最大限度利用有限的森林资源。[3]在北欧和东欧，木材出口是各国政府努力垄断的少有的利润核心。[4]在其他地方，奥斯曼帝国、朝鲜和日本控制着统一独立的领土，其河流分散到不同的海域中，不同的情况却导致了类似的木材监管缺口。[5]只有横跨莱茵河和北海的荷兰，控制着像中国东部那样交汇相通的航道。[6]事实上，荷兰统治者也曾寻求类似的基于市场的解决木材供应问题的方案。然而，即使是荷兰这样的木材市场，也只相当于中华帝国控制领土的一小部分。[7]中国幅员辽阔，森林资源丰富，航道广阔，在同时期木材供应管理方面，中国采取了与其他较小国家不同的做法也就不足为奇了。

尽管随着市场周期、王朝更迭和森林监管的长期变化，木材

99

供应的特点也随之反复发生变化，但生产者和消费者之间的接触仍然相对固定在主要转运中心的少数场库中。在这些税关，一小部分官员发放木材流通许可证，计算收益量，并向各自的所属部门发放物资。关税官员与造船厂和建筑部门合作，对木材、原木、燃料和其他材料进行了标准化分级，并逐步发展出了地方官僚机构中同行所不具备的专业知识类型。虽然宋、元和明朝廷仍然偶尔进行伐木作业来补充关税，但关卡与人工林经济之间的相互作用是相当有效的，以至于它们几乎不需要林业部门。国家对不断变化的森林景观的主要干预是基于市场监管，而不是领土控制。

早期发展

虽然关税制度最终与人工林经济形成了深刻的共生关系，但它早在商业性植树发展之前就出现了。它的早期历史有点模糊，但木材关税可能是从 8 世纪末确立的木制品商业税发展而来的。755—763 年的一场大叛乱 * 迫使唐朝政府将大部分农村的控制权拱手让给了半独立的军事统治者。安史之乱后的唐朝政府为了弥补收入的损失，增加了以盐为主的一些新商业税和商业垄断。[8] 780 年，唐朝官员还开始对林产品征税："天下所出竹、木、茶、漆，皆什一税之，充常平本钱。"[9] 目前还不清楚这项税最初是如何征收的，但是到 960 年宋朝建立时，批发货运的竹子和木材中的一

---

*　即安史之乱。

部分被定为实物关税。这种被称为"抽分"或"抽解"的关税，反映了其他几种商业税的名称和功能，包括对某些矿山的评估和通过广州进口的外国奢侈品的关税。[10]

宋朝初期的关税制度，已经是一个相当成熟的运作系统，并且很可能是从早期的政权那里继承下来的。收集和储存竹材和木材的竹木场位于首都开封的西郊，这里同时还有收集其他大宗货物的场库，如两个炭场和一个抽税箔场。[11] 每个场库的供应链都略有不同：竹板来自对商船征收的抽税；炭来自每年劳动力的劳动配额（年额）；竹木场收集军队和民役所砍伐的木材，由特许商人和宦官采买的木材，以及源自整个首都地区所有商业运输的关税。[12] 接收场负责准备供国家使用的木材，事材场负责测量和切割用于建筑的木材，退材场负责将不合格的木材重新利用，剩余废材或用作木杆，或作燃料。事材场与船场也有着密切的联系，一方的官员和劳工偶尔会被派遣去协助另一方工作。[13] 虽然关于开封工场的证据最为广泛，但文献记录表明，类似的工场遍布整个帝国的主要城市。[14]

从 10 世纪后期开始，国家加强了对物料库尤其是开封场库的监督管理。993 年，三司命令首都税关建立木材的标准等级。[15] 随后几十年的报告数据显示，木材和木料的税收很可能是以这种方式收集：997 年有 28 万捆木柴和 50 万担炭；而在 1021 年则有 360 万根木材和竹材，3000 万斤（约为 1500 万公斤）木炭、木柴和芦苇燃料。[16] 后面的报告数据还包括政府支出。[17] 这些综合数据使统治者能够规划和制定政策。1010 年，皇帝下令贮存两年的木材供应用以修复堤坝，其余的用于出售。[18] 两年后，皇帝要求三司对官方木材需求进行全面分析，并取消任何不必要的伐木作业。[19] 从 1023 年开始，建筑工程必须提交三司审批，然后才能供应政府材料（官物）。[20] 清吏司收集的众多信息逐渐使高级官员有更大的回旋余地来规划未来的支出。

尽管竹木场从多个地方获得供应，但它们最持续不断的来源是对木筏登陆交易时的征税。这一税收提供了现成的材料供应，也为国家操纵木材市场提供了途径。通过从现有运输货物中抽解木材，国家无需支付伐木和木筏运输的费用，就可以在城市获得燃料和木材。关税还为国家提供了一个机制来驱动木材市场的价格。为鼓励进口，官员可以通过减少或取消木材税，来激励商人增加进口量和降低价格。这些国家干预措施的例子在北宋时期屡见不鲜。[21]

然而，这种关税并非没有缺陷。当税率过高时——北宋时期最高达 30%——就极大地抑制了货物进口，并提高了木材价格。高关税也为官员贪污提供了机会，因为贿赂往往比国家征用木材的成本要便宜得多。史料表明官员的腐败问题较为严重：在 980 年，众多高级官员和皇亲国戚卷入了从西北地区进口木材而不缴纳关税的贪污大案；1017 年，三司报告说，官方木材进口的免税政策已成为官员普遍贪污的根源；1080 年，地方官员因贪污税收钱款而受到惩罚。[22] 对城市市场的集中监管，也就意味着国家对地方林区状况的了解有限。但是，尽管有这些缺点，大宗商品关税对国家仍是一个积极的存在，作为一个具有强大功能系统的中心，它能带来国家需要的木材，无需中央官僚机构关心各省的木材采运问题。

调节种植经济

正如本书中其他地方所述，1127 年，随着女真族南下中原，宋朝从开封撤退，最终逃到了南方城市杭州。矛盾的是，失去了对中国北方森林的使用权，却使宋朝官员大大简化了国家的木材供应。和开封一样，新首都临安也位于商业枢纽位置，但与之不同的是，临安直接接壤中国南方富饶的林区，可通过钱塘江、大运河、长江和沿海航运路线进口木材。城市的布局反映了林产品的两个来源：通往大运河和长江的北郊以及连接钱塘江的南郊都有竹木场。[23] 大多数其他南宋城市都有直接的水路，至少有一条连接主要的木材贸易路线。[24] 临安朝廷也受益于其他地区的发展。几个世纪以来，当地人在整个长江河口建造了圩垸、海堤和运河，使 12 世纪的江南布满了水路，方便了木材等货物的运输。[25] 一种称为"会子"的纸币扩大了货币供应，进一步促进了资源的广泛流动，这种纸币在 1161 年小规模发行，1170 年大规模发行，在 1205 年至 1208 年和 1211 年财政危机期间持续发行。虽然货币供应的增加受到时人和历史学家的谴责，但它使商品流通更加广泛，包括大量铜币流入日本，以换取木材、硫磺和黄金。[26]

凭借得天独厚的资源优势，临安朝廷得以不用依靠中央指令经济就能增加木材的供应量。在 1127 年宋朝南迁后，几乎没有朝廷直接监督伐木工程的记录。[27] 相反，贸易的良性循环给城市带来了越来越多的木材。更多的木材可以建造更多的运河、仓库和更多的船只，进一步促进了未来的进口。通过操纵木材关税税率，南宋通常能够维持国家所需的木材储备，实现稳定的普通用途收入来源，并刺激木材市场来应对偶尔发生的危机。当需要更多的木材时，国家会派遣官员从城市市场或是木材出口地区的批发商那里购买木材，主要使用的是纸币。这样做，既增加了现金量，又增加了流通中的木材量。

在南宋开始的几十年里，朝廷重建了主要政策，全面提高了关税。随着宋军持续与长江以北的势力作战，1128 年和 1130 年朝廷不断降低木材税，以帮助重建北部城市。[28]虽然这些措施几乎没有扭转北方的破坏，但南宋朝廷继续利用免税措施以推进城市重建。宋金战争后，为帮助难民在南方定居，南宋朝廷暂停征收一年的运输材料税。[29]1133 年和 1140 年，临安部分地区被大火烧毁，国家免除了建筑材料的商业税。[30]据非正式史料记载，有头脑的商人利用免税期将木材进口到都城，缓解了木材的短缺，并赚取了巨额利润。[31]在扬州（1135 年）、镇江（1150 年）、两广（1166 年）、淮南（1207 年和 1209 年）地区遭受火灾或战乱后，国家免除了木材进口税来帮助城市重建，并在 1203 年、1231 年和 1233 年用同样的方式缓解了其他地方的木材短缺。[32]

虽然官员偶尔使用税收减免来鼓励木材进口，但他们还是更倾向于保留关税以供应政府建设。1128 年，长江中游的辖区奉命建造近 3000 艘运粮船来供应首都。当建造工程延期时，朝廷重新调整了木材关税，使之成为造船材料的主要来源。[33]同样的情况还出现于 1153 年在湖北重建堤坝、1162 年在淮南建造避难所和 1161 年在池州和江州为士兵建造营房和马厩。[34]

南宋还解决了关税带来的腐败问题。1129 年的一项调查显示，一些税务官员在常规关税之外征收非法附加费时，所有官员都被要求报告超征的费用，知情不报与收取非法关税者罪责相同。[35] 1156年，知临安府事荣薿发现，税务官员和办事员利用官方的命令，强迫商人低价出售自己的商品。他裁定今后商人应拒绝所有官方采购订单并及时向上级举报。[36] 这些措施并没有消除滥用职权的现象。1178年的另一项调查显示，官员强迫商人将商品以低于市场的价格出售。[37] 尽管如此，当时利用官方特权强迫商人以成本价或低于成本价出售商品总体上是困难的。

在针对税务官员滥用职权后，朝廷改革家转而关注官方木材采购商的腐败问题。在1160年的新规定中，要求以前免税的官方木材采买商必须支付与私家商人相同的商业税；滥用职权以避税的行为将因"违旨"而受到惩处。[38] 1162年，朝廷将1160年的裁决扩展到了军队。1166年，一名骑兵军官被派去购买两万根木材时请求免除木材的税费，而上级官员根据1162年的命令拒绝了他的请求。[39] 两年后，另一支驻防部队要求对购入用来扩大其兵营和马厩的木材免税，而朝廷引用1166年的先例，也拒绝了此次木材免税的请求。[40]

104

在关税制度改革的过程中，国家试图平衡税收需求和防治贪污的需求，以及防止高交易成本阻碍木材流通。到了12世纪50年代初，为了加快从森林资源丰富地区的木材进口，政府出台了一项向商人颁发执照的新政策。在徽州和严州的杉木种植区，税务官员向木材批发商签发了公据，允许他们在运输途中无需缴纳任何的税款，但在到达临安都城时要一次性支付30%关税。[41] 对于首都商人来说，取消重复征收的关税是一笔重大节省。1173年，一位监察员报告说，在徽州以 100 铜钱购买的木材，在临安地区能卖到 2000 铜钱的价格。[42] 虽然这有夸大其词的成分，但 30% 一次性关税的制定，使商人能够以较小的加价，仍然赚取可观的利润。到了 13 世纪，木材经营执照甚至被用来调节紧急免税。1204 年，当临安又一次因火灾导致迫切需要建筑材料时，两浙转运使授予木材商临时许可证，免除了运输途中三分之一的商业税和在临安需要缴纳的全部税款。[43] 在 1220 年向临安运送建筑材料时也发放了类似的临时许可证。[44] 这些有针对性的发放木材经营执照的减税措施，取代了宋朝早期使用的大规模的免税政策。

一个世纪以来，渐进的定向改革使官员很难从税收和关税制度的漏洞中获利。虽然关税增加了个别官方木材采购的费用，但法规以有利于生产者和消费者的方式稳定了整个木材市场。到 1200 年，大多数竹木场由原来的以实物收取关税转变成以现金收取。[45] 这表明木材的价格足够稳定，以至于国家倾向于用通用收入取代有保证的建筑材料供应。在某些方面，南宋受益于其帝国规模的缩小。关税改革主要是由临安和上游省份的地方政府倡议推动的。连接徽州和临安的钱塘江发展成为特许经营的木材交易市场。

虽然记录不太完整，但有迹象表明，关税制度改革在钱塘江流域以外地区也在进行。1158 年对所有木材征收单一类别商业税的法规，简化了福建建州木材市场。[46]1196 年，一项法令规定禁止汉人进入川南地区森林；取而代之的是，他们被指示"须候蛮人赍带板木出江，方得就叙州溉下交易"。[47] 因需对过度征税进行调查，边远地区官府被要求必须公布包括木材在内的各类应缴税货物的税率。[48]

105

同临安一样，这些改革基本上是在地方基础上进行的，但由于背后没有朝廷的权力，无法达到与临安同样的水平。与之前北宋开封朝廷必须平衡多种多样的木材运输方式的监管不同，临安朝廷则专注于单一河流运输的监管，从而形成了一个更加协调一致的木材市场体系。

统一帝国，合并市场

如果说宋朝在失去北方之后能够更好地管理其较小的国土，那么元朝就面临着恰恰相反的挑战：重新整合北方和南方的木材市场。一个多世纪以来，中国北方一直饱受战争和移民的冲击，第一次是在 12 世纪初的金入侵，第二次是在 13 世纪初的蒙古入侵。在这些动荡时期，官员依靠中央指令经济来取代以前通过商业关税获得的物资。然而，随着 1234 年蒙古人彻底征服中国北方并逐渐恢复了地区和平，他们逐渐恢复到一个更为间接的税收和监管制度。虽然《元史》中关于木材税的部分已经丢失，但蒙古北方地区木材经济的管理模式至少可以参照竹课进行部分重建。这些竹课以各种方式运作：有时国家直接控制生产；在其他情况下，国家具有从私人生产者购买竹子的专有权。然后，国家按照三个类别以固定价格向公众出售竹子。在 1267—1268 年间，垄断形式被重组为向私家商人出售经营许可的制度；1285 年中国南方被征服后，它就被完全废除了。此前国家垄断的租户现在不再供应竹子，而是缴纳现金租金；而私人生产商也缴纳现金税，代替了原来被迫将其产品出售给国家的纳税方式。[49]

　　在中国南方地区，元朝受益于南宋关税监管体系的延续。在缺少中央报告的情况下，可以通过一些本地记录重建这个延续过程。在徽州，元朝官员在一个主要的州级税关继承和修改税率：首先在 1278 年将关税类型转换为现金税，然后在 1284 年修定为定额税。1311 年，随着徽州沿钱塘江主要木材市场地位的不断下降，当地官员关闭了该站。然而，他们继续经营规模较小的场库，向徽州的二级木材市场征税：南向流动河流运输的货物需给景德镇窑提供燃料。[50]镇江税场是宋、元过渡时期的又一个延续案例。在战火连绵的 13 世纪 70 年代，征收关税的政策似乎已经停止，但在 1287—1324 年期间，几乎立即恢复了关税，并进行了多次调整。镇江的收入在元朝初期下降了大约 10%，随后反弹到南宋税收峰值的两倍以上。[51]元朝官员还在苏州经营了一个长期的税场，但具体细节问题还不清楚。[52]在整个江南，地方官员在根据当地市场情况转换关税的管理方式上相当灵活，并且中央政府的政策变化对地方木场的运营影响不大。

　　到了 14 世纪初，元朝将北方和南方截然不同的木材税整合为整个帝国的收入来源。[53]1328 年是唯一一个有中央记录的年份，北方、南方的部分地区都征收了木材和竹材税，但这些数字显示出了不同地区的不同政策（表 5.1）。[54]北方征税的收入是以森林租金为基础的定额，而南方和北京征收的是没有定额，根据贸易量而变化的关税。将经济繁荣地区木材市场重新纳入整个王朝的税收体系范围内，是元朝留给后人的遗产。

106

表 5.1　1328 年竹木税额

	木材定额	竹材定额	非定额木材和竹材
都城地区	676 根	2 根	9428（73 根木材；9355 根竹材）
河南	58600 根木板	269695 根	1748 根
江浙			9355 根
江西			590 根

资料来源：舒尔曼，《元代经济结构》，第 160—162 页

在 14 世纪五六十年代，随着反抗元朝统治的红巾起义爆发，中国的大部分地区再次陷入混乱。当 1368 年朱元璋获胜时，他所初建的明朝依赖于元朝关税的延续。直到 1380 年，明朝通过复兴、保留、扩大江南的木场群，发展区域经济并从中获益。1367 年至 14 世纪 70 年代初期，明朝政府在苏州增加了 5 个新的税关。一个地区有 6 个税关，这显然是木材贸易的中心。1377 年，6 个税关报告的收入总额超过 6.2 万根木材、92.2 万根竹材、21.5 万斤大柴（约 100 吨）、15.8 万斤木炭（约 80 吨）和近 8000 捆小型燃柴、芦苇和干草。[55] 包括徽州和杭州在内的许多其他地方的区域税关，在战争破坏逐渐平息后都开始继续运行。

从专制到通货膨胀

如果说明朝统治的第一个十年就见证了木材贸易和木材关税的复苏，那么明朝的帝王们很快就会在这个体系上盖上自己独特的印记。14 世纪 70 年代，明朝在南京建立，朱元璋明确表示了实现

地方自给自足的理想，并结束了元朝关税制度的短暂延续。朱元璋的愿景不仅仅是地方政府的自给自足，他希望可以直接由地方资源供应更大的工程项目。他要求南京的燃料由当地供应，并向附近的两个县征收 3000 名劳役，以提供从长江的小岛上收割芦苇并运输回都城做燃料所需之劳动力。[56] 朱元璋从沿河的百姓家中征召运输船只，或通过不定期的方式征募木材和劳工建造船只。[57] 即使是大量集中的需求，朱元璋也更倾向于在当地和通过直接征税获取补给。

朱元璋为自己的政府确立了自给自足的政策后，甚至试图完全取消关税制度。1380 年，他颁布法令关闭了帝国所有的税关。[58] 非常值得怀疑的是，这一法令是否如所规定那样普遍执行过。不过朱元璋的其他政策极大地阻碍了长江下游地区市场的蓬勃发展，因此没有什么商业贸易可以征税。[59] 尽管朱元璋尽了最大努力使他的都城在资源上自给自足，但事实证明在不断强化的专制独裁下经营一个国家是不切实际的。可能是因为过去 20 年建立的过于简化的供应链没能提供足够的材料，1393 年朱元璋再次改变了关税制度。也许是认为有必要或是意识到向长江沿岸木材贸易征税是一个新的机遇，他随之在南京附近的两个地点设立了税关，一个在龙江（见书前插页图 1），一个在大胜港。[60] 然而，即使朱元璋重新建立了税关，他也把税关视为继续走向自给自足的重要一部分。同年，朱元璋指定龙江作为建造长江运输船的主要地点。[61] 条例规定，龙江建造运输船的材料需全数依靠关税获得。[62] 杭州还设立了一个税关，专门为建造大运河下游的运输船收集木材。[63] 为了进一步表明设立的目的，这些新税关不受税收官员、建筑或运输机关监管，而

108

是由屯田清吏司监管，该部门的职责是让军队自给自足。[64]

　　与北宋和元朝的专门税关相似，但与南宋的专门税关不同的是，明朝关税部门从各种来源征集物资，包括直接货物税以及竹木税。关税是木材和其他建筑材料的最重要来源，除此之外，长江沿岸居民专门的芦课还补充了燃料收入。[65] 像宋朝一样，劣质的建筑木料也会被重新利用作为燃料。这些燃料按照固定等级和比例分配给皇室、官府和国营作坊。[66] 1391 年，明朝朝廷在南京腹地建立了官方种植园，直接供应桐油、棕榈纤维和漆料等辅助造船材料。[67] 这些货物也会被运往两个主要的关税场库，每十天将发布一次关于流入量和库存的报告，朝廷根据这些报告量向各个政府作坊发放材料。[68] 账目进行每月汇总，并且每年会提交给屯田清吏司。[69] 只有在关税材料短缺的情况下，才能通过购买或由国家监督下的采办申请额外的供应。[70]

　　尽管这些税关表面上促进了自给自足的指令经济，但它们又横跨极其活跃的木材市场。南京关税条例共列出了 32 种不同类别的货物，包括 6 种原木、2 种切板、5 种竹子和 4 种燃料。与当时北方市场不同的是，南京木材市场仅由杉木和少部分的松树两种类型的树种主导。沿河税关还会给杉木优惠部分关税。大多数木材和木材半成品的税率为 20%，但价值最高的杉木材和几种藤竹材的税率最低，为大多数商品所采用的现行税率 3.3%。[71] 3.3% 的杉木税大约只是 12 世纪临安税率的十分之一，但南京似乎仍能够通过这一税率来满足其大部分的木材需求。这表明江南木材市场自宋朝以来有了很大的发展。[72] 尽管朱元璋积极促进计划性自给自足的小农经济，但木材市场仍然蓬勃发展。依赖于宋朝建立的基础，人工种植的针叶树成为市场上的主导树种。

正如前文所述，朱元璋选择的继任者很快就被他的第四子朱棣废黜，他统治时期年号为"永乐"。永乐皇帝迁都北京，并建立了木材场来供应木材。1407 年，他围绕都城一周建立了 5 个竹木场，每一个征收一条运输路线的关税。这些税关中最重要的是通州，因为这里卸载的货物是从南方通过大运河运输来的。[73]1413年，国家设定了北京场库的税率，命名了 51 种不同类别的大宗货物，包括 8 种木材、4 种切板和 12 种燃料。就像南京时一样，包括大多数木材和燃料在内的绝大多数货物的税率是 20%。石灰、石炭、杉木和其他几种货物的税率低至 6.7%。[74]北京的市场中汇集了比南京更广泛的木材品种：从北部和西北部进口的松柏和雪松等针叶树；中原地区砍伐的硬木（特别是果木）；以及像杉木这样从南方运输过来的树种。北京的燃料市场则更加复杂，包括一些农作物废料、两种矿物煤（石炭和煤渣，后者指煤屑）、几种等级的薪材和木炭。[75]即使杉木主导着南方木材市场，北方的燃料和木材供应仍然很复杂，由多个生物群落、物种和机构提供。

虽然朱元璋没能在 14 世纪 80 年代通过法令来终止关税制度，但该制度在 15 世纪 20 年代至 30 年代因国家政策的影响而明显衰弱。1424 年，永乐皇帝去世后，他的继任者终止了明朝初期的许多掠夺性政策，其他机构也随着经济衰退被取缔了。仅在绍兴，1425 年就关闭了 14 个税关，其中至少有 4 个是专门用于收集木材和竹材的。[76]在宣德统治年间（1426—1435）到 15 世纪 60 年代期间，湖广、江西和浙江地区建造了自己的运输船，以减少向南京船厂运送原料的成本。[77]这表明这些省份的税关被关闭或独立于中央监管。这一总体趋势下的一个例外是1436年在真定建立了一个直接从西山向北京供应原木的新关税场库。[78]另外，在接下来的二三十年里，几乎没有税关记录，这与15世纪中叶全面停止关税政策的情况类似。[79]1497年，一名工部官员不能辨认任何在1466年之前派往杭州税关的工作人员。[80]另一个拥有丰富史料的九江关记载中，却找不到1429—1449年的记录。[81]虽然必须认真对待证据不足的问题，但有充分的理由相信，在1425—1450年期间，长江以南的市场监管几乎完全下放。由于贸易市场的极度萧条，几乎没有木材贸易要征税，国家也没有理由让税关继续运作。税关的关停实际上是对自给自足的承认。

15世纪50年代和60年代，随着市场的逐步恢复，税关开始重新出现。1449年，一位宦官被派去监管九江关，却试图从蓬勃发展的长江中部贸易中为自己牟取私利。[82]1457年，一名监察御史被派往湖南处理一场部落叛乱，同时也恢复了那里的关税征收，在皇亲领地建立了一个税关，作为筹集建造军舰木材的权宜之计。[83]1466年，在一段时间没有中央监管后，工部恢复了对杭州关的监督。[84]1471年，国家在包括芜湖、湖州、荆州和太平在内的南方主要转运点重新建立了税关，并在杭州和九江正式启动监督管理。[85]第二年，一名叫汪礼的驻军指挥官，可能是南京军事造船厂的官员，建议将这些税关的竹子和木材划定新等级，并且工部派出官员进行监督。[86]

15世纪末，随着白银大量涌入市场，经济形势发生了明显变化，木材价格迅速上涨。以前，有些关站转向征收白银，后来又重新转而征收木材，以抵消木材成本的上涨。[87]在杭州，官员征收木材和竹子供当地建设使用，但也开始高价出售过剩的木材以盈利，为其他项目提供资金。[88] 通过征收实物木材，关税的价值随着通货膨胀和木材贸易规模的扩大而增加。到 16 世纪中期，杭州关征收的木材市值是 15 世纪的 2.5 倍。[89] 关税增加的部分原因是木材价格的上涨。南京官方造船厂的数据显示，在 15 世纪 90 年代到 1545 年间，木材价格上涨了 70% 以上。[90] 但即便考虑通货膨胀，关税部门也囤积了更多的物资。据粗略估计，杭州木材交易量在 16 世纪前半叶翻了一番。[91]

　　然而，实物关税的恢复可能只是局部而短暂的。到了 16 世纪，政府的开支不断增加，而通用的白银数却入不敷出。九江是长江中游地区的一个主要税关，它的记录能让我们大致了解明朝中期大宗税关的运作模式。对于大型木筏，官员通过测量其长度、宽度和深度来计算其尺寸。[92] 商人需支付每丈（大约三米或十英尺）4.862 两银子的税银。[93] 较小的运货按原木征税：周长不超过 1 尺（约三分之一米或一英尺）的每根征税 0.003 两银子；周长超过 1 尺但不大于 2 尺的每根征税 0.007 两银子；周长超过 2 尺的每根征税 0.04 两银子。针对竹筏，官员专门制定了 3 根竹竿为 1 尺的标准深度和长 2 丈的标准长度。然后，他们测量竿的宽度，并根据标准长度和深度估计竹材的总根数。其后，对每一根竹材征收 0.002 两白银的关税。对较小捆的竹子，税关也按相同的税率收取。[94] 这一征税模式可以快速计算大型批发商的应缴银税，同时也能更精确地对较小商家小批量货物征税。

　　朝廷在南部和西部新兴的木材市场也建立了新的钞关。许多新钞关的设立最初是为了加强监督盐课，由于向上游运盐的船只返回时经常载运林产品，政府就扩大到对木材征税，作为一种附加的收入来源。这种盐与木材纽带关系的典型地点是明朝在主要的木材边境赣南建立的两个钞关。1510年，低级军官王秩提议在赣南地区设立钞关，以资助该地区的驻军。朝廷随之设立了两个钞关，一个设在南安军事区，另一个设在赣州市内。当王秩的事迹被历史遗忘时，一位更为著名的人物出现了。王阳明（又名王守仁）后来成为明朝最重要的新儒家哲学家。但在1516年，他作为巡抚被派往赣州地区处理不良治理和平定叛乱。王阳明巡查发现，这些钞关存在管理不善的问题：个别货物经常在南安和赣州被重复征税两次，并且官员还经常受贿。王阳明加强了监管，并考虑永久关闭南安钞关，进而引发了后世几十年的争论。最终，由于关税收入对于这个原本贫穷和不安定的地区实为重要，所以这两个钞关在明朝一直被保留了下来。[95] 到1620年，当地经济发展到了甚至赣州关也以白银代替实物征收木材税的程度。当地官员用这些木材税加上其他的商业税来满足包括购买用于建筑和造船的木材在内的全部政府支出。[96]

赣州关的记录也充斥着木材市场不断扩大的景象。到了17世纪，即使是赣州也培育出小规模的、周长在两英尺内的人工林杉木。此时，赣州木材生产商已经有了将杉木原木加工成方木和板材的设备，但该州也对比人工杉木尺寸大很多的清水流木征税。这些较大的原木与从林场用木筏运来的木材不同，可能是原始林中砍下来的，然后零散地运输到下游去。在售的其他种类的树木周长也达到4英尺。与第二章和第三章中的证据一起，这也进一步证明了植树的扩大和加工工艺的精细化在中国南方内陆持续进行。到1620年，一个世纪前蛮荒的边远城市赣州，正日益融入长江木材市场。

虽然伐木工人仍在砍伐自然生长的杉木，但人工种植的杉木在木材出口中的比例越来越大。

千年的市场监管

大宗商品关税是宋、元、明朝时期木材市场干预的重点，但即使是这 6 个世纪的跨度，也没有中断木材市场监管的连续性。基本关税制度早在公元 780 年就出现在了中国，并在清朝统治的另外两个半世纪延续了类似做法。[97] 虽然每个时期的具体情况各不相同，但这一制度能延续千年以上确实令人震惊。关税使国家机关能够确保自己的木材供应，并可以为私人消费者调控木材的价格，而不需要直接监督帝国内多样化且不断变化的森林。通过对木材和燃料贸易征税，关税场库既满足了现有条件，又创造了新的市场。贮木场始终被置于主要航运路线的天然交汇处，最重要的办公场地位于像开封、杭州、南京和北京这些都城的郊区。国家对木材和燃料的高度需求使这些城市成为各个朝代和朝廷监管中心中最重要的木材市场。

关税政策因政治和市场条件而改变。在市场运作良好的时期，关税被用来收集木材和燃料供国家使用。当经济富足特别是现金充裕时，如宋朝末期、元朝中期和明朝中后期，关税官员通常以现金或白银的形式对木筏征税，而不是直接征收木材。这使朝廷能够利用关税收入来填补一般的预算需求，但偶尔失控的通货膨胀也会导致管理者重新征收实物木材。在战争冲突或专制时期，包括 13 世

114

纪 70 年代的宋元战争、14 世纪 50 到 60 年代的元末战争，以及 15 世纪 20 到 30 年代永乐盛世过后的萧条时期，木材市场崩溃，关税被暂停。统治者和管理者也可以利用木材关税来改变经济状况。宋朝官员利用免税期和木材经营许可证以鼓励木材进口，从而为城市消费者降低价格。元朝的地方官员不断调整税收标准，以反映市场状况，实现收入的最大化。明朝初期，朱元璋出于想实现自给自足的理想主义因素，实行关闭税关的政策。明朝中期，官员重新恢复了合同和许可证，将其作为在一个充满活力和飞速变化的市场中管理供应商的实用手段。

大宗货物场库的功能还取决于向国家提供木材、燃料和其他物资的机构的区域布局。北宋时期，开封的木材场库储备是由西北地区的军队编外人员砍伐的木材、北方的役民采伐的木材、南方的商人采伐队采伐的木材和西南藩属国进贡的木材堆积而来。相比之下，南宋时期临安的两个主要场库大多数依靠商人提供木材。这种北方靠指令经济和南方靠商人资本的市场模式在明朝重演。南京作为中国南方的政府所在地，其木材储备主要（但不完全）是靠对商人木材的征税。与此同时，位于北方的北京，聚集了各种各样的徭役、商人和军用的木材物资，其五个大宗场库中的每个都对应着不同的区域供应方式。

总而言之，木材关税改变了区域森林的利用，对供应方式的变化也产生了影响。在宋朝初期，开封竹木场汇集了大量种类繁多的树种，包括来自西北的松和柏，以及来自南方的杉和种类惊人的亚热带阔叶树种。到了明朝初期，南京的龙江关主要集中在对杉木和松树两种南方针叶树的分级和征税上。通过将杉木标记为优质

115

木材品种，关税条例中认可它既有可用价值又可广泛获得；通过给予税收优惠地位，官员不断鼓励杉木人工林的进一步发展。然而，虽然国家对木材市场的监管帮助改变了中国的区域森林状态，但这种影响在很大程度上是间接的，主要通过为他方提供的木材和燃料制定尺寸、种类和等级标准起作用。

虽然关税机构不是木材市场增长的最主要原因，但当木材价格和木材供应量增加时，它们显著受益。更重要的是，关税数据为这一市场提供了一些最好的观察。虽然没有连续的关税数据（至少到清朝中期之前没有），但零散的轶事和数据使我们能够对其增长进行较为粗略的估计。根据南宋关税征收的浮动性，木材供应量可能在 12 世纪至 13 世纪翻了一番。元朝较为有限的数据表明，14 世纪初江南木材产量又增长了 50%。而明朝南京的木材市场可能是南宋临安的 5 到 10 倍。在 15 世纪中叶经历了一次严重的衰退之后，木材市场在 15 世纪末达到或者超过了以前的峰值，并在 16 世纪初再次大幅增长。虽然是粗略计算，但这些估算值与第二章中记载的关于木材生产面积大幅扩大的情况相吻合。正是由于中国森林经济这种前所未有的扩张，徽商才得以从 12 世纪 50 年代的地区木材生产商发展到 17 世纪横跨帝国的金融家。事实上，16 世纪中国木材贸易的蓬勃发展不禁让人联想到大西洋列国 19 世纪的商品市场——在这一经济模式下产生的许多欧洲和北美国家的现代商业惯例。

随着木材市场的扩大，关税制度对国家收入越来越重要，几乎是官方木材监管的唯一核心。国家继续派遣伐木队，主要是为水军造船厂和工部提供木材保障。战船的战略重要性和宫殿的象征性意义，意味着由高级官员长期监督这些项目，久而久之也就忽略了其他用途不重要的木材监管。但是，随着中国南方的杉木种植者在生产高档木材方面变得越加有影响力，商人开始与造船厂和建筑官员合作制定标准，加之在边远地区的老林树木逐渐减少消失，国家也逐渐放弃了这些官方的伐木项目。到了 16 世纪末，即使是水军造船厂和营缮清吏司的木材也主要由森林采伐转为市场采买。

注释

1　Albion，*Forests and Sea Power*，chap.6 and passim；Moore，"'Amsterdam Is Standing on Norway,'Part I" and "Part II"；Funes Monzote，*From Rainforest to Cane Field*，chaps.2–3；Wing，*Roots of Empire*，chap. 2；Grove，*Green Imperialism*.

2　Albion，*Forests and Sea Power*；Matteson，*Forests in Revolutionary France*；Wing，*Roots of Empire*.

3　Appuhn，*Forest on the Sea*；Radkau，*Wood*，chaps. 2–3；Warde，*Ecology，Economy，and State Formation*.

4　Albion，*Forests and Sea Power*，141–142；Fritzbøger，*Windfall for the Magnates*；Falkowski，"Fear and Abundance"；Teplyakov，*Russian Forestry and Its Leaders*，3–5.

5　Imber，*Ottoman Empire*，294–295；Lee，"Forests and the State"；Mikhail，*Nature and Empire*，chap. 3；Mikhail，*Under Osman's Tree*，chap. 8；Totman，*Green Archipelago*；Totman，*Lumber Industry*.

6　Moore，"'Amsterdam Is Standing on Norway,'Part II"；Radkau，*Wood*，112–118.

7　长江流域面积 180 万平方公里，比整个波罗的海流域（160 万平方公里）还要大。莱茵河流域面积约为 18.5 万平方公里，而黄河流域则有 75 万平方公里。此前没有哪个中国王朝能同时控制黄河和长江的全部流域，但元、明、清三个王朝几乎做到了。相比之下，荷兰从未接近控制整个莱茵河或波罗的海的木材市场，更不要说整个流域了。再加上中国南方森林生产力比北欧高，强大的中华帝国，如元朝和明朝，其鼎盛时期木材贸易很可能至少是荷兰的十倍，尽管没有全面的统计数据来评估这一说法。

8　参见杜希德：《唐代财政》，第 3 章。

9　杂税，《唐会要》卷 84。另见《新唐书》卷 52。

10　至少对一些矿山征收了一定比例的实物税，但更多的矿产品是通过生产配额或政府购买来征税。《宋会要辑稿·食货三四》，20b。《续资治通鉴长编》卷 375，63；卷 389，64。关于广州关税，见《续资治通鉴长编》卷 275，11；卷 331，56；卷 341，27；卷 483，13。

11　尽管 1011 年后取消了京东竹木场，竹木税征收集中于京西竹木场，但竹木场最初在京东和京西（通往首都东面和西面的环线）两区域都有建立。《宋会要辑稿·食货五五》，120。煤:《宋会要辑稿·食货五四》，11a。竹板:《宋会要辑稿·食货》卷 54，98。

12 《宋会要辑稿·食货五五》，3a。

13 《宋会要辑稿·食货五四》，15a—b。

14 官员被派到京西竹木场:《续资治通鉴长编》卷 258，65；卷 282，3。1098 年，一个官员被派到京东竹木场，这表明该场曾在某个时间重新开放。《续资治通鉴长编》卷 501，61。本文其他地方引用的许多文献记载间接证实了关税征收。

15 三司字面意思是 "三个局"。三司出现于唐朝安禄山叛乱后，官员被任命同时在度支、户部、盐铁三个部门任职，三个部门各自都控制着很大一部分国家财政收入。宋代，它们被合并成一个保留原有名称的统一部门。

16 《续资治通鉴长编》卷 42，48；卷 97，113。

17 《续资治通鉴长编》卷 97，113。

18 《宋会要辑稿·食货五五》，3a。其他类似的诏命在整个王朝偶尔也会发布。

19 《续资治通鉴长编》卷 78，66。

20 《续资治通鉴长编》卷 100，29。

21 《宋会要辑稿·食货一七》，10b、14a—b、17b、24b、25b、30a—b；《续资治通鉴长编》卷 62，145；卷 173，83；卷 252，6；卷 291，62。

22 980 年的腐败，参见《续资治通鉴长编》卷 21，47、51、61。1017 年的参见《宋会要辑稿·食货一七》，17a；《续资治通鉴长编》卷 71，166。1080 年的参见《续资治通鉴长编》卷 304，47。

23 斯波义信："Business Nucleus,"110—116。

24 斯波义信：Commerce and Society，6—14，93。

25 Mihelich，"Polders and the Politics of Land Reclamation"（ figure is at 193 ）；斯波义信："Environment versus Water Control"。

26 万志英："宁波—博多商业网络"，251—262、269—270。另见万志英《剑桥中国经济史》，262—265、270—273。

27 我所发现的少量官方伐木的例子，主要服务于即时的战略目的，而不是作为普通建筑木材的来源。

28 《宋会要辑稿·食货一七》，33b；卷 17，34b。

29 《宋会要辑稿·食货一七》，35b；卷 18，1b、30a；《建炎以来系年要录》卷 199，9。

30 《宋会要辑稿·食货一七》，34b。

31 赵与时《宾退录》卷 9，引用了对这些事件的两种描述，一种来自洪迈的《夷坚戊志》（听者的记录），另外一个来自《浮休阁目集》。

32 《宋会要辑稿·食货一七》，35a；《宋会要辑稿·食货一八》，2b；3b、24a—b；《建炎以来系年要录》卷 181，49；陈嵘《中国森林史料》，34。

33 《宋会要辑稿·食货五〇》，10a—12b。《建炎以来系年要录》卷 101，15。

34 《建炎以来系年要录》卷 164，59；卷 199，9；《宋会要辑稿·兵六》，18a—b。

35 《宋会要辑稿·食货一七》，34b。

36 《建炎以来系年要录》卷 174，40。

37 《宋会要辑稿·食货一八》，9a。

38 《宋会要辑稿·食货一八》，9a。

39 《宋会要辑稿·兵六》，19a；《宋会要辑稿·食货一八》，4a。

40 《宋会要辑稿·兵六》，20a。

41 《宋会要辑稿·食货一七》，41a—b。

42 范成大《骖鸾录》，1173 年（癸巳［干支纪年法］）1.3。

43 《宋会要辑稿·食货一八》，23b。

44 《宋会要辑稿·食货一九》，29b—30a。

45 陈嵘《中国森林史料》，34。

46 《宋会要辑稿·食货一七》，44b。

47 《宋会要辑稿·刑法二》，127。

48 《宋会要辑稿·食货一八》，27b—28a。

49 舒尔曼：《元代经济结构》，160—162。

50 《弘治徽州府志》卷 3，318；《弘治徽州府志》卷 7，616。

51 11 世纪晚期，税收总收入约为 3 万贯铜钱，13 世纪早期约为 2.7 万贯，其中大部分来自商业税而非散货关税。1320 年，税务部门获得大约 6.5 万贯，其中只有不到 3000 贯来自关税，基于 1320 年的数据，总收入中有 5% 来自对木材和竹材的关税。《至顺镇江志》卷 6，390。

52 《洪武苏州府志》卷 8，365；《弘治太仓州志》100；《嘉靖太仓州志》卷 9，667；《姑苏志》卷 15，996。

53 虽然细节尚未公布，我怀疑这些整合是"延祐经理"的产物（1314—1320）。见萧启庆：《元朝中期政治》；舒尔曼：《元代经济结构》，24—26、31；《经理》，《元史》卷 93。关于重组的讨论另见第二章。

54 舒尔曼：《元代经济结构》，160—162。

55 《洪武苏州府志》卷 8，365；卷 8，368；卷 9，381；卷 9，428。《弘治太仓州志》卷 4，100。《嘉靖太仓州志》卷 9，667。《抽分》，《姑苏志》卷 15。

56 梁方仲：《明代赋役制度》96—97；《柴炭》，《大明会典》卷 205。

57 席书：《叙》，《漕船志》卷首。

58 《抽分》，《大明会典》卷 204；《食货》，《明史》卷 81。

59 施姗姗（Sarah Schneewind）对洪武年间法令在农村的执行度提出质疑。另一方面，万志英认为洪武皇帝的法令对长江下游地区的贸易造成了极大的破坏。他们长期争论的问题是洪武皇帝的权力范围，见施珊珊《明太祖的机器》（Ming Taizu Ex Machina）和万志英《明太祖无中生有？》（Ming Taizu Ex Nihalo?）。

60 《抽分》，《大明会典》卷 204；《明史》卷 81。

61 《漕船志》卷 1。

62 《船只》，《大明会典》卷 200。

63 李旻：《工部分司题名记》，《嘉靖仁和县志》卷 14。

64 《屯田清吏司》，《大明会典》卷 208。

65 《凡沿江芦课》，《大明会典》卷 208。

66　《计该支柴炭》，《大明会典》卷 208。

67　《屯田清吏司》，《大明会典》卷 208；《明太祖实录》卷 207，5866。

68　《抽分》，《大明会典》卷 204；《船只》，《大明会典》卷 200。

69　《屯田清吏司》，《大明会典》卷 208。

70　《抽分》，《大明会典》卷 204；《船只》，《大明会典》卷 200。

71　杉木是唯一征收最低税率三十分之一的木材。其他按照 20% 征税的木材品种包括松木、檀木、黄杨木、梨木和杂木。松木和杉木是仅有的两种列在税单上的采运木材。燃料包括芦柴、木炭、煤炭、木柴。《抽分》，《大明会典》卷 204。请注意，这些税率并没有确定地关联具体日期，尽管它们遵循着 1393 年南京抽分局建立时的记录。文献来源——《大明会典》——最早汇编于 15 世纪后期，完成于 1507 年。我依据的是完成于 1587 年的流传更广的第二版。因此，这些税率很可能反映了 14 世纪末或 15 世纪初的关税（北京参考的税率当然也是这种情况），但它们也可能反映了 15 世纪末或 16 世纪的规定。商品的一般税率按照三十分之一计算，可见于《食货五》，《明史》卷 81。

72　明朝很可能得益于更高的建筑效率和自我实行的节约而需要更少的材料。尽管如此，反差是足够大的，14 世纪晚期的南京木材市场实质上已经大于 12 世纪晚期的临安市场。

73　《明史》卷 81；《抽分》，《大明会典》卷 204。

74　《抽分》，《大明会典》卷 204。与南京非常高的税率相比，北京的柴草税率很低，这很可能反映了陆路运输的高成本。

75　《抽分》，《大明会典》卷 204。

76　《关》，《万历绍兴府志》卷 109。

77　《料额》，《漕船志》卷 4。

78　《抽分》，《大明会典》卷 204。

79　关于 15 世纪中期的行政精简，见第二章和第三章。

80　《嘉靖浙江通志》卷 13。

81　《九江关》，《光绪江西通志》卷 87。

82　《九江关》，《光绪江西通志》卷 87。

83　《嘉靖南宫县志》卷 4，107。

84　《嘉靖浙江通志》卷 13。

85　《九江关》，《嘉靖浙江通志》卷 13。

86　《建制沿革》，《嘉靖湖广图经志书》卷 6。

87　《料额》，《漕船志》卷 4。文献中没有记载最后一项请求的日期，但很可能是在 1501 年之前不久，也就是文本第一版的日期。有关造船配额的更多信息，见第 6 章。

88　李旻：《工部分司题名记》，《嘉靖仁和县志》卷 14。

89　15 世纪晚期，杭州每年征收价值 4000 两的木材和竹材。到 16 世纪中期，收入增长到 1.4 万两。《嘉靖浙江通志》卷 13。

90　有关造船厂木材价格上涨的详情，见第六章。

91　考虑到木材价格 70% 的通货膨胀，总收入增加了 3.5 倍，这表明木材的数量增加了将近 106%。这些数据必须谨慎使用。通胀数据是根据南京附近两家不同机构的估算得出的。这些几乎肯定是不准确的。来自杭州的抽分收入数据更为可靠，那里发展出一个截然不同的木材市场。

92　线尺看起来很原始，但这种测量方法仍然用于计算航空公司的包裹运费和行李大小。

93　文中还说明了每 3.6 丈 17.55 两税银，而根据算法应该是 17.503 两。这个微小的差异表明了算法上的错误，而不是更大的木筏有不同的税率。

94　《九江关》,《光绪江西通志》卷 87。

95　《赣关》,《光绪江西通志》卷 87。

96　《天启赣州府志》卷 13。

97　见张萌《长江沿岸的木材贸易》第 1 章。张萌的专著就是基于这一研究。

第六章

木与水（二）：造船木材

历史学家经常注意到海军所用木材对帝国缔造的重要性，特别是对早期近代日益增长的竞争。大约从 1500 年开始，火药武器、新造船技术和海外殖民助长了地中海和大西洋列强之间的海军竞赛。在接下来的两个世纪里，海军从为人们所颂扬的陆军运输转变成海上作战的特种部队。[1] 正如罗伯特·格林哈尔希·阿尔比恩（Robert Greenhalgh Albion）在对英国海军的经典研究中所显示，木材是建造一支专门舰队的关键制约因素。造船木材的供应一直是早期近代欧洲治国之道的焦点，这点应不足为奇。[2] 虽然关于亚洲的文献研究尚处于起步阶段，但很明显，类似的考虑影响了从红海到黄海的各个帝国。[3] 造船木材是帝国的基本成本，但它也是一种战略性的投资，是日常物资流通与权力投射的关键。

某种程度上，中国在 1100—1430 年间的水军发展，是对几个世纪后的欧洲列国海军竞赛的惊人预演。在 12 世纪到 13 世纪，宋朝、女真族金朝和蒙古族元朝之间的激烈战争刺激了包括使用火药武器、大规模建造专门战船以及发展独立的水军机构的快速创新。随着元朝再次统一中国，蒙古舰队进一步向海外扩大国家版图，确保藩属国的忠诚，并垄断从日本到爪哇的贸易。元朝在 14 世纪 50 年代到 60 年代的覆灭，引来了另一波水军战争，其中包括历史上最大的内陆水上战争之一的鄱阳湖之战。明朝统一中国后，也开始向海外派出水军船队。1405年至1433年间，明朝著名的"郑和下西洋"一直航行到印度和东非。像水手的罗盘和火药武器这样的技术在宋朝海上扩张期间逐渐发展并传播至欧洲，影响了大西洋上的海上军事竞争。19世纪，当欧洲人挑战中国的海上统治地位时，使用大炮和导航等工具，其实都是来源于中国的发明。[4]然而，在其他方面，欧洲和中国的经历是不可比较的，因为与同时代的欧洲人相比，中国人面临着非常不同的资源地理条件、战略考虑和政治局限性。例如，将"郑和下西洋"——美国世界历史教科书中唯一提到的明朝中国事件——与欧洲的"地理大发现时代"进行比较是非常有误导性的。

本章没有进行抽象的比较，而是试图回归物质条件和制度的限制性背景，来建立对中国海事行为更深入的了解。虽然船只可以被抽象为一个宏大的战略布局棋盘中的一枚棋子，或是官僚手中分类账上的一行，但它们归根结底是由木材建造的。木本植物的结构特征不可磨灭地塑造了由其材料建造的船只的形状。造船者为水下船体选用了比桅杆或甲板种类更多的不同特性的木材，长江杉木展现出与红松或福建樟木的不同之处，更不用说欧洲橡木了。船只的建造也为不同水域的不同目的服务。特制的"海鹰号"与谷物驳船或三板的渔船截然不同。总之，造船需要大规模的木材供应。帝王可以想要多少船就下令建造多少船，但造船厂只有在木材原料充足时才能满足帝王的要求。在中国，木材、水域和机构组织这三个制约因素在很大程度上是重合的，强化了将海事领域划分为三个主要区域。

在中国水军的三个战线中，长江是迄今为止最重要的。如果

没有对这条大河的控制，南方政权就无法保证自己不受攻击，北方
政权也无法指望控制南方。[5]几个世纪以来，长江一直是水军作战
的主要地点，围绕快速划桨发展了一种独特的军事文化，这一传
统一直延续到现在，即端午节。[6]长江上的舰队还使用车船逆流航
行，以及楼船来包围河边的要塞。长江船坞在杉木的中心地带建造
船只，从桅杆到木板几乎每个部件都使用这种单一的、生长迅速
的、耐用且笔直的木材。[7]长江也是木材贸易的中心，拥有可观的
木材关税收入和成千上万的木筏可供交易。这使长江地区成为一个
建造船舶花费相对较少的理想地方。正是在长江，宋朝建立了东亚
第一支强大的水军；蒙古人为攻占日本也建造了大量的战船；明朝
还建造了驶往印度洋的宝船。

　　水军行动的第二个主要区域是南中国海，虽然它的战略重要
性低于长江，但至少在商业上同样重要。南中国海将中国与向西延
伸至阿拉伯和东非国家的"季风贸易"网络联系在一起。直至11
世纪，这些长途线路一直由旅居的阿拉伯人、波斯人和印度人控
制。但在1070年贸易限制大幅度放宽之后，来自福建和广东的商
人开始在南海贸易中取代外国人。[8]在接下来的几个世纪里，中国
国家一直致力于控制南中国海以主导这些贸易。与长江船舶相比，
南海船舶的建造用途不同，通常采用跨越海洋时较为稳定的V形
船体，而不是穿越浅水滩涂所需的U形船体。由于东南沿海独特
的环境条件及其与东南亚的密切联系，福建的船坞融合了来自印度
洋国家和马来半岛的技术，用樟木、柚木和杉木等木材来建制船
舶。[9]在东南沿海地区，造船厂和政府之间的关系也截然不同，那
里的官员喜欢强迫商船服役，就如同喜欢自己建造商船一样。

第三个独特的区域是黄海，位于朝鲜和华北之间。从长江到北京和辽东的海上航线穿过黄海，到朝鲜的海上航线也是如此。在北方和南方受不同帝王统治的时期，黄海战事频繁；当大运河无法通航的时候，这里也是重要的运输路线。与南中国海相比，黄海的潮汐和风向是非常不可预测的。为了充实黄海水军数量，中国和朝鲜都从附近群岛和半岛的渔业从事者和走私团体中招募了"海盗"水军。黄海船舶的设计既不同于长江的航船也不同于南海的大型贸易货船。在朝鲜和辽东地区，主要是用松木建造船只。[10] 与中国南方不同的是，中国和朝鲜的黄海造船厂都倾向于征召徭役伐木工来供应木材，而不是向商人征税。

为了统一中国，一个有雄心壮志的帝国必须统一这三个海事领域，并获得这些领域在东海交叠区域的控制主权。这需要从战略上掌握不同风向和潮汐规律及应对模式；还需要掌控多种森林生态条件和将木材运送到所需水域的机构组织。在帝国建立的初期，宋朝、金朝、元朝以及明朝都集结了由渔船、商船组成的不正规船队，甚至匆忙建造了不适合航海的船只；如果可能的话，他们还会从他们的前朝和对手那里缴获战船。

这种掠夺式建设水军的方法，有时能在短期内奏效，但并不是长期维持海上力量的基础。更为成熟的帝国面临着截然不同的挑战：如何使其水军力量可持续地发展。南方内陆的森林已然使水军顺畅运作。理论上讲，水军官员只需将运来的杉树原木转变为以杉木建造的船队即可。然而在实践中，把树木变成木材再转变成船只的物质和体制的转变绝非易事。

宋金战争和宋朝水军的转型

宋朝在建立之初的几十年里，尤其在 960 年至 979 年征服南方的战争中发展了一支强大的船队。在此过程中，船队建立在前两个世纪造船业、港口建设和运河疏浚发展浪潮的基础上。[11] 但一旦宋朝统一全国，就大大减少了水军的建设。在很大程度上，水军只不过是附属于厢军的小型分队。[12] 这些小船队在巡逻、剿匪和水军训练方面发挥了重要作用。[13] 尽管如此，宋朝统一南方后，水军的重要性大大减低。在 11 世纪的大部分时间里，唯一的专业军事船队是皇家卫队的精锐"虎翼"和广东的东南海巡逻船队。虽然它们都掌握早期包括火箭、火炮以及新型远洋船只在内的诸多发明，但水军发展并不是北宋时期的优先事项。[14]

在下一个世纪甚至更长的时间里，宋朝一般会在有大量可用劳工的地方或有广阔的林地的地方，抑或是两者兼而有之的理想之地建造船只。长江驻军为防卫内河建造战船，而远洋船舶则在广州建造。[15] 驻军在森林茂密的浙江采伐与经营山场，以供应船坞造船。[16] 转运司建立了自己的驳船来运输所得的税粮。[17] 他们的造船厂集中在长江和大运河沿岸，特别是在树木丰茂的江西和湖南地区。[18] 在北宋统治的第一个世纪，造船业在很大程度上被看作是掌握大量劳动力的必然结果。[19]

从 12 世纪初开始，政府的政策开始转向更明智地使用木材。1114 年，国家命令宁波船厂在得到明确的书面许可前停止砍伐正在生长的木材，并使用关税材料代替所需。[20] 还对船厂规定了新的期限和预算限制。[21] 为了节省材料，朝廷甚至下令将运输船的尺寸从 300 料减少到 250 料。[22] 随着船队数量的增长，也许对森林资源需求的压力越来越大，我们看到了第一次节约资源的尝试。

这一切都在 1127 年发生了变化，女真族军队南下华北，宋朝横渡长江。在试图收复北方的短暂尝试未果之后，宋朝定都临安，发现自己防守的北方边境主要以淮河与长江为界。[23] 宋朝政府几乎立即开始了史无前例的水军建设，以保卫这条护城河。在撤退期间，中书侍郎李纲恢复了所有水军，并将其改组为两支主要水军军队，一支布置在长江，另一支布置在沿海。[24] 这些新生的船队由几十支不同的驻军组成，形态迥异，包括车船、桨帆船、侦察船和平底沙船。[25] 为了建立一支更统一的船队，李纲命令造船厂专注于建造一种单一风格的战船，即江南商人使用的大容量、低成本的"鲂鱼船"。[26] 朝廷还命令苏州（平江路）船厂建造另外两种类型的船只：八橹战船和较小的四橹海鹘船。[27] 为了支付这笔巨额费用，朝廷开始对所有远洋船只征收海船税用于补贴军用。在中央和地方官员以及运输成本之间，这一关税相当于抽取了商人贸易额的 7/15（46.67%），这一高得惊人的税率导致了相应的高逃税率。[28]

1129 年末和 1130 年初，金军给了宋朝船队第一次真正的挑战，他们渡过长江，占领了建康府（南京）和临安府，并将宋朝皇帝逼到海上。随后到达的更大规模的宋朝水军击败了金军，迫使金人退回长江以北。[29] 尽管如此，金军再次入侵的危险导致宋军的第二波水军发展。1131 年，浙江造船厂拆解渡船重组为大型战船。[30] 1132 年，朝廷命令在五条线路上建造 980 艘战船。[31] 1132 年沿海制置使司的成立标志着水军建设达到高潮，它将水军置于帝国管辖之下。专门的水军官员现在被授予与户部对等的级别。[32] 宋金战争又持续了十年之久，强大的宋朝水军阻止了任何进一步南下长江以南地区的可能。[33]

在宋朝南迁之后，南方的大部分地区盗匪横行。[34] 1130 年，洞庭湖上的一位地方宗派领袖发动了洞庭湖起义，并建立了楚国。这位首领很快被俘并被处决，但他的副手杨幺继续在洞庭湖地区进行着抵抗，洞庭湖是一个在湖南地区汇入长江的大湖泊。杨幺率领约 40 万起义军，从宋朝水军中夺取战船，并在该地建立自己的车楼大船。[35] 为了对抗楚国的威胁，宋朝建造了数百艘自己的战船。在 1133 年，四条河道建造了共约 480 艘战船，其中绝大部分很可能是小型船舰。[36] 在 1132 年到 1135 年间，当杨幺最终被击败时，官员们向朝廷提交了多个车船的设计方案，包括小型的四轮拦截船和五轮、九轮甚至十三轮的大型战船。[37] 皇帝命令该地区的造船厂总共建造 56 艘车船。[38] 并且造船的大部分费用由木材关税中支出。[39] 就像金人入侵导致宋朝沿海船队的建设一样，楚国的叛乱迫使宋朝扩大在长江中部的水军势力。

经过 20 年的相对和平时期，在 12 世纪 50 年代末，伴随着金海陵王的崛起，宋金冲突再次发生。1150 年，金朝皇帝被暗杀，海陵王被推上了王位。他很快下令提高苛捐杂税和杂役力度，以满足他扩张船队、建立帝国的野心。[40] 1159 年，海陵王从中国南方招募了造船师，在通州建立了造船厂，并雇用了三万名水手。[41] 通州船厂严重依赖苦役劳动，派遣了约 40 万劳役在造船厂附近伐木，另有数千人疏浚运河，使战船能够行驶至大海。[42] 随着金人的再次入侵，宋军长期停滞的造船计划也开始重新启动。宋朝朝廷下令福建建造十艘鲥鱼船和六艘更大的远洋船，还命令江南造船厂建造 200 艘战船和 100

123

艘运输船。[43] 正如李纲在 1127 年所做的那样，官员们试图为他们的战船制定统一的标准，以确保战船可以作为船队统一作战。[44]

如果说宋朝水军在 1131 年保卫长江时发挥了至关重要的作用，那么在 1161 年宋金战争期间就显得更为关键了。11 月，宋朝船队在山东沿海击败了金军主力的 600 艘船只。除了建造结构过硬、航行得更可靠外，宋朝船只还使用了新的军事技术，包括弹射式火炮和燃烧弹。[45] 当金军攻占和州时，金军主力水军在长江北岸被击溃，使得他们只能使用粮食驳船作为运兵船，并且用从百姓房屋上拆卸下的木料来继续造船。敌众我寡的宋朝守军抵挡住了金军的侵犯，争取到足够时间让一支庞大的由车船和远洋"海鳅"船组成的船队到达战斗地点，并多次挫败了金军试图渡河的企图。[46] 最终，第二次宋金战争并不是由战场决定的。1161 年，海陵王被自己的随从在帐篷里暗杀。[47] 尽管如此，宋朝在山东和长江的两次胜利，显示出了其数量庞大、建造优良、航行更稳定的专业化船队的明显优势。

宋朝在 1164 年短暂取消了船舶的建造，但又很快恢复了，并达到了新的水平。[48] 在 1165 年到 1189 年之间，宋朝扩大了现有的五个水军分队，并建立了十个新分队。据不完整数据保守估计，1190 年宋朝水军的规模是 1160 年的三到五倍。[49] 宋朝水军在 13 世纪初继续扩张，又建立了另外五个新分队，并持续扩大现有的分队。守卫长江口的最大分队，人数多达 11500 人。根据部队规模的估计，它可能拥有至少 50 艘大型战船和数百艘较小的船只。[50] 大多数其他分队的规模大约是这个规模的三分之一到一半。与此同时，新设施仍在继续增加，战船的规模也越来越大，包括拥有 42

个桨的战船和型号是早期船只四倍的海鹘战船。[51]

　　除了在水军造船厂建造的船只外，南宋还依赖于购买、借用或委托使用的商船。1127 年宋朝都城南迁后，政府立即从福建和广东的商人那里征用了 600 多艘船只，并对船只实行三个分别为六个月的征用期。[52]在 1132 年，所有梁宽超过 1.2 丈（大约 4 米宽）的船只都被登记为巡逻船。[53]在 1161 年战争之前，海外商人共向宋朝水军贡献了 436 艘船只。[54]商船巡逻和对水军的贡献都延续至宋朝覆灭。[55]考虑到私人贸易的规模，这是一种有效充实水军的方式。截至 1259 年，仅宁波、温州和台州三个港口就有近4000 艘船梁宽于 1 丈（3 米）的船舶登记在案。[56]宋朝还依靠私人造船厂建造官方水军船只。在整个 12 世纪，泉州并没有官方的造船厂，但接受委托建造水军船只。[57]朝廷还授权另一个造船中心——宁波国营甚至私营的造船厂。[58]利用从宁波到广州的繁荣贸易往来，宋朝将大部分沿海防御工作外包给私人商人，并将大部分造船工作承包给私人造船厂。

　　从 1127 年至 12 世纪末，南宋的水军建设，其优势在于贸易实力。与北宋造船厂依靠军事伐木者供应木材不同，南宋几乎没有使用强迫劳动。在官方文献记载中，只有 1161 年的一项战争紧急措施中明确提及了劳役的出现，但在 1164 年宋朝政府专门下达法令取消了这一措施。[59]在 1160 年前，朝廷只是花钱用于购买木材，并且假设是可以在当地市场上买到的。但在 1161 年后，由于水军战略基地建在缺乏木材的地区，朝廷派遣官员对于在哪里和如何购买供应品作了具体指示。[60]在长江沿线，造船业主要通过木材关税来融资和供应木材。在沿海地区，船队是被迫服役的商船和靠海外贸易关税获得资金的战船组成的混合体。但在整个南宋，水军的力量是商业财富特别是木材市场的延伸。

蒙古人出海

蒙古帝国通常被认为是一个内陆帝国，其军事优势来源于其高度机动的骑兵和使用得当的围城武器。然而，在 13 世纪 80 年代中叶的鼎盛时期，蒙古人统治的元朝也拥有东亚历史上最大的水军。像大多数帝国一样，元朝的水军是通过将其征服的金、朝鲜和宋朝的船队汇入到蒙古帝国的主力军中而建立的。在忽必烈统治下长达 30 多年（1260—1294）的水军扩张高峰期，揭示了一个庞大而多样化的帝国调配多种劳役并利用整个大陆的森林迅速建立一支庞大船队的能力。但它也显示出，在没有一个连贯或可持续的系统来整合它们的情况下，区域木材经济粗略组合的局限性。

在蒙古人最初的征战中，他们几乎不需要水军。直至 1259 年蒙古军在攻打南宋长江要塞城市襄阳失败后，才开始建立正式的水上部队。忽必烈意识到他需要一支水军渡过长江打败宋朝，并从此开始为水陆夹击做了大量的准备。1265 年，忽必烈下令在元大都（北京）、开封、山东半岛的登州和襄阳上游光华建造船只。他任命在山东沿海水军中长期为官的名将张禧为水军总管。虽然它对襄阳的第一次进攻失败了，但这支小船队分别在 1269 年和 1270 年中两次击退了宋朝水军的突袭。这足以让蒙古可汗相信水军的重要性，他下令将舰队规模扩大至惊人的 5000 艘战舰和 7 万人。襄阳又坚持了三年，直到 1273 年 3 月，最终败给了元军。与此同时，元朝水军规模已经发展到了以前的四倍。[61]

　　在攻占襄阳后，元朝继续扩建水军，试图建立起其压倒性的水军优势。1273 年，他们又建造了 2000 艘战船，一半建造在刚占领的襄阳，另一半在开封。第二年，开封又造了 800 艘船，使其舰船数量达到 6000 艘左右。[62] 1274—1275 年间的冬天，扩充后的元朝水军沿着长江的支流汉水前行，两次击败宋朝船队，并烧了 3000 多艘船只，最终控制了武汉附近的长江南岸地域。[63] 1275 年 3 月，元军在大运河与长江的交汇处附近击败了另一支约 5000 艘战船的宋军，俘获了 2000 艘宋船，并与开封船队会合。[64] 7 月，元朝联合水军对战宋军海防船队，击败了几艘大型的"黄鹄"级和"白鹞"级战船。这些不断地交锋使宋朝的河防船队溃不成军。到了夏末，元朝船队向长江三角洲前进，全面控制了长江流域。[65]

　　通过模仿宋军船只设计并将其击败后，元朝水军开始使用同样的模式建造一支深海海军（blue-ocean navy）。他们控制了近 800 艘来自宋朝海防船队的海船，并使用一艘完好无损的"白鹞"级大型战船作为模型，来建造相同的 100 艘船，并给每艘船都配备了来自中国北方和宋朝的资深水手。元朝使节还招募了海盗首领朱清和张瑄，他们带来了 500 艘大船和数千名经验丰富的水手。当舰队在 1275 年底启航时，它拥有 41 支分队，其规模可能是 1268 年蒙古水军的 10 倍。[66] 宋朝在 1276 年投降，而元朝船队继续在东南沿海围追残余的宋朝力量，最终 1279 年在广东击败了宋朝的残党。[67]

　　当忽必烈的第一支船队在长江作战时，他强迫高丽国王在朝鲜替他建造第二支船队。1258 年，忽必烈的哥哥蒙哥汗征服了朝鲜，将高丽王族成员作为人质，以确保他们的忠诚。1259 年蒙哥

126

汗和高丽国王去世后，忽必烈派了之前的一位高丽王族人质王禃去统治朝鲜，史称高丽元宗。几乎一登上王位，元宗就开始建造船只来支持元朝对南宋的入侵。虽然造船工程最初因未遂的政变而被推迟，但后期仍在继续。[68]1266 年，元朝可汗命令元宗建造1000 艘船只，用于征服宋朝和日本。反抗蒙古的斗争再次推迟了造船协议的执行，这次抵抗是在朝鲜半岛西南海岸的济州岛。[69]然而，入侵日本的准备工作已在朝鲜的其他地方开始了。在 1273—1274 年间的冬天，为向朝鲜首相金方庆指挥的三万多造船工人供应木材，伐木工人几近砍光了西南部全罗道山丘上的树。蒙古可汗的主要造船师綦公直在山东、全罗道和襄阳之间航行，以监督多个船队建造的进程。[70]高丽元宗死后， 1274 年 11 月，元朝对日本发动了战争，约有两万至三万蒙古人、汉人和朝鲜人士兵组成的军队，7000 名朝鲜水手，700 至 900 艘船只。[71]在成功登陆日本马岛和九州西南部的岛屿后，船队在 11 月底因恶劣天气被迫返回海上。[72]

尽管第一次出征只取得了有限的成功，忽必烈还是对第二次出征日本充满热情。在完成对中国南方和济州岛的征服后，他暂时停止了造船工程。但在 1279 年，宋军最后的反抗被击败后，忽必烈下令恢复造船工作。他下令在宋朝辖区的扬州、长沙和泉州等地建造 600 艘船，将沿江部队转移到海岸，并将沿海水军队伍部署到日本；他还指派最后的残存宋军监督沿海造船，并将宋军船队的剩余船只转移修理和重新部署。忽必烈还派了一名蒙古军官到高丽朝廷去监督 900 艘船的建造进度，另外还有 3000 艘船是用最近被征服的济州岛的木材在高丽造船厂建造的。[73]而伐木工作一般是由该地区新成立的万户府监督的。[74] 到年底，南部船队已经有 10 万士兵做好了入侵日本的准备，其中大部分是以前宋朝臣民、逃兵和海盗。高丽国王亲自率领东部船队。[75] 两支船队合起来大约有4000 艘船只。[76]

1281 年 5 月，东部船队驶向日本并与日本军队交战，却发现日本船队比 1274 年时准备得更好。南部船队直到 7 月初才抵达战场，同时也遭到日本军队的袭击。这两支船队在 8 月中旬才汇合，但汇合之初便迅速受到了台风的冲击，这就是日本人所谓的著名的"神风"，它拯救了日本。许多船只沉没，特别是南部船队，因为他们的船只和水手在不熟悉的水域中应对能力变差。相比之下，大多数东部船队船只都设法撤回了朝鲜。[77]

这还远不是元朝造船业的终结。1282 年，忽必烈下令在辽东、河北、济州岛、全罗道、扬州、南昌和泉州等地建造 4000 艘船只。高丽国王承诺在修复 3000 艘受台风损坏船只的基础之上再增加 150 艘船。1283 年，可汗派遣造船专家綦公直前往中国南方地区，并下令再建造 1000 多艘船。与此同时，黄海船厂附近的森林承受着提供充足木材的巨大压力。河北平滦船厂派出两支由 9000 名士兵组成的队伍分别在都山和乾山山脉进行伐木，另有 8000 名士兵和百姓将原木由水路运至造船厂。据文献记载，在一个季度的时间内，他们砍伐了 186000 根原木。在其他地方，忽必烈的士兵强行没收私人木材储备，甚至不惜拆毁房屋，沿海和沿河两岸的居民承受着巨大的劳役压力。民众在中国南方地区爆发了起义，忽必烈被迫准许伐木士兵和工人休息，并且暂缓了造船工作。但不久，可汗派往占婆（今越南中部）的使臣遭到拘留，引发了局面的改变。忽必烈没有把船队东派至日本，而是派往南方。就像在日本一样，元朝水军陷入了困境。[78] 1285 年，忽必烈再次制定了东征日本的具体计划，然而再次将队伍派遣向南方而非东面，这次是安南（今越南北部）。直至 1286 年，忽必烈才正式结束了远征日本的计划，据记载，当时浙江民众喜出望外，欢声震天。[79] 然而，水军的远征仍在继续。1293 年，忽必烈向南派遣船队前往爪哇，直到他于 1294 年去世，还计划着第三次出征日本。[80]

忽必烈的水军不仅仅是一支庞大的船队，更多是靠从不同船队缴获或改装船只逐渐汇集而成的，还有成千上万的其他船只是在全罗道和泉州的造船厂建造的。元朝水军的壮大过程表明，尽管在三十年的历史中船队建造过程不断发生变化，但其军事工业能力一直处于当时的高峰。在最初的十年里，船队基本上是元朝军队的一个侧翼。可汗的主要造船工匠几乎都是之前在金朝军队中服役的军官。在 13 世纪 60 年代，高丽国王也开始从本国的财政预算中向元朝进贡船只和人员。从 13 世纪 70 年代开始，元朝在从宋朝夺取过来的南方港口建造了数千艘船只，又在朝鲜西南部建造了数百艘船只。在整个朝鲜和中国北方，蒙古人监督进行了大规模的强制劳役。相比之下，虽然南人的造船厂被征收重税，但没有关于在长江南部伐木劳役的记载。相反，南方船队很可能是用购买或征用的木材建造的。尽管这支船队取得了迅速的成功，但在入侵日本和东南亚的过程中，暴露了它不正规的局限性，匆忙建造的船只和强征的水手在外乡水域表现不佳。

神仙与宝船

到了 14 世纪中叶，元朝水军已经今不如昔。由于大运河的淤塞，元朝被迫通过海运输送粮食到北京，而在运输过程中屡遭海盗头领方国珍的打劫。在无计可施的情况下，元朝政府在 1349 年、1353 年和 1356 年多次向方国珍提出了劝降的丰厚条件。方国珍最终归降时，元朝授予他海道漕运千户官职，使水军的弱点暴露无遗。到 1356 年，控制浙江大部分沿海地区的是方国珍的千船舰队，而不是正规的元朝水军。[81] 元朝军队的腐败很快就蔓延到了全国各地。1351 年，朝廷派了一支军队来对付分散在中国北部和中部的起义军。起义军随之合并成两支主要队伍，被称为红巾军，因为他们都佩戴了红色的头巾，用来识别自己的队伍和阵营。1352 年，红巾军占领了长江流域许多地方和华北大部分地区，但在 1353 年被元军击退。就像在海上一样，朝廷授权一群由当地土匪、自卫队和脱逃的军官组成的队伍去击退起义军。[82] 经过几年的战争，这些群龙无首的军队进一步合并成几个自封为王的政权，包括江南张士诚的"大周"、长江中部陈友谅的"大汉"、皖南韩林儿的"宋"，其中韩林儿政权被他名义上的属下朱元璋所控制。[83]

当这些敌对的政权试图扩大其控制范围时，长江成为水军战事的主要所在。张士诚、陈友谅、朱元璋三人分别组建了由混杂的渔船、商船和专门的战船组成的船队，为此他们很可能在周边地区进行伐木。[84] 前十年的积累在 1363 年江西鄱阳湖战役达到了顶峰，陈友谅和朱元璋的军队都试图控制长江的关键口岸。在战斗最激烈的时候，据说朱元璋的舰队有 1000 艘船和至少 10 万士兵，而陈友谅的兵力可能是其两倍，还包括大型的楼船。[85] 朱元璋军队在南昌的河堤沿岸被长期围困后，用几十艘船装了火药，用它们来突破陈友谅军队的防线，这场战斗由此爆发。由于担心会有更多的火力攻击，陈友谅的剩余水军将领将他们的各自船队分开，使得朱元璋更具机动性的水军能够各个击破。陈友谅在最后一次试图冲出

130

湖区防线时被击中眼睛，战斗由此结束。[86] 正如陈学霖（Hok-lam Chan）所揭示，这场战斗的记录充满了令人难以置信的事件，包括道教神仙警告朱元璋要提防海妖，并且预言了陈友谅的死亡。[87] 尽管如此，鄱阳湖战役无疑是历史上最大的内陆水战之一，也可能是第一次在船只甲板上使用大炮。[88] 一旦朱元璋打败了陈友谅的水军，他就可以控制长江，并轻易击败了他在该地区的最后一个对手张士诚。1367 年，方国珍接受对其有利的条款而归降朱元璋，并带来了能使朱元璋征服东南沿海的远洋船队。[89]

朱元璋凭借水军力量击败对手后，认识到造船的重要性，但面临着如何使其可持续发展的新挑战。明朝宣布建立后不久，朱元璋在南京龙江建立了一个造船厂，用以建造军用和运输船。[90] 首都的各个军营（京所）也被指派负责建造自己的船只。[91] 1391 年，南京官员种植了超过 50 万棵桐树、漆树和棕榈树，为这些造船厂提供所需材料。[92] 从 1393 年龙江关成立开始，为利用关税木材的便利，许多以前在各省进行的造船都被转移到了龙江船厂。法规要求这些船厂尽可能使用关税中收取的木材。[93] 这些规定确定了一个持久的先例，尽管这很可能不是明朝创立者所期望的。

朱元璋死后，经历短暂的继位斗争，永乐皇帝掌握了政权，将造船业调整北迁到首都北京，并扩大明朝水军的整体规模。为了

向北运送物资，永乐皇帝建造了两个新的造船厂，一个在长江支流清江上建造河流运输船，另一个在山东卫河建造海上运输船。[94] 各省税关则向这些造船厂提供造船材料：木材多来自江西、湖广和四川；资金多来自浙江和南直隶；铁和桐油来自福建。[95] 劳动力是由附近居民征集而来，70% 是平民，30% 是军户。[96] 但永乐更大的贡献，是为他的各种探险制造了大量的远洋航船，包括著名的纵横印度洋的船队和一支用于入侵安南的船队。1403 年，永乐皇帝登基的第一年，他下令建造了 561 艘船，它们几乎都是在长江或东南沿海建造的。[97] 1404 年，南京的驻军又建造了 50 艘船，并且福建建造了第一批专门为远征印度洋而建造的 5 艘船。[98] 1405 年，单单一个诏命就建造了惊人的 1180 艘船，还是主要建造于中国南方。[99]《明实录》中记载，1407 年底共订购 2339 艘船，到 1424 年永乐末年，共订购 2868 艘船舶。[100] 在这 30 年里，明朝远洋水军船只可能已经超过了 3000 艘。[101]

131

　　为了建造皇帝所要求的所有船只，龙江船厂的规模翻了一番，主要是增加专门的船厂用来建造"宝船"，并在郑和的带领下远航南亚、东南亚和非洲东部。[102] 根据《明史·郑和传》的记载，这些宝船的长度为 44 丈，横梁为 18 丈。[103] 对于如何解释这些数据存在一定争议，一些学者认为，它们的长度可能在 385 英尺到 440 英尺（117—134 米）之间，这使它们成为有史以来建造的最大的木船。[104] 相比之下，克里斯托弗·哥伦布的旗舰是 86 英尺长（26.2 米），而欧洲的船只直到拿破仑战争期间也才达到 200 英尺（61 米）长。[105] 郑和的无敌舰队最终在永乐年间进行了六次远征，在宣德年间进行了第七次远征，每次都有大约 250 艘船，其中 40

艘是巨大的宝船。[106] 至少有 150 艘宝船的建造命令有历史记录记载。[107]

　　永乐年间造船业的繁荣，尤其是郑和船队的建造是史无前例的。一幅广为流传的图片显示，一艘宝船模型矗立在哥伦布的旗舰船圣玛丽亚号上。[108] 杰克·A. 戈德斯通（Jack A. Goldstone）将郑和远征的规模比作阿波罗号登月计划。[109] 然而，对于这些相关解释还有许多争议。一方面，关于使团乘坐的船只大小和数量存在着很大疑问。关于船只数量和大小的细节来自相当可疑的来源，包括虚构小说和几个世纪后的历史文献记述。[110] 来自 15 世纪 30 年代左右的石碑记载，郑和下西洋的船只数量和尺寸大小可能要比之前历史记载的小很多。[111] 学者们还通过对水军建筑的分析和对造船厂的考古质疑建造 400 英尺长的船只的合理性。[112] 另一方面，关于大型船队有一个很明显的先例。正如我们在之前提到的，忽必烈的船队有多达 4000 艘船，他那个时代最大的船也才达到 20 丈（200 英尺）。宝船沿着过去三个世纪水军发展的轨迹向越来越大的船队发展。

　　无论郑和船队的实际规模如何，它们显然都是非常巨大的工程。但它们是否会对经济或环境造成破坏？爱德华·德雷尔认为，明朝国库并不会承担太大比例的郑和下西洋费用。[113] 我要补充的是，木材和劳动力的需求都在江南造船厂的承受范围之内。如前文所述，长江地区的船坞在 12 世纪和 13 世纪每年都多次承担数百甚至数千艘船的建造命令。虽然伐木者被派往长江上游的四川和福建的闽江，可能是为了砍伐桅杆所需木材，但当时的文献没有提到远征伐木活动。[114] 这表明，当时造船对木材的需求是一个数量巨大但尚可应付的负担。虽然船队是一项重大开支，但可能并没有严重消耗森林资源。[115] 如果定要说有什么影响的话，永乐年间最主要的影响可能就是将中国南方的大部分森林生产从私人营造转移到国家工程项目。

虽然永乐年间的工程可能没有砍伐帝国的森林，但却造成了严重的财政和政治危机。在永乐皇帝 1424 年去世后的十年里，几乎所有的国家机构都出现了财政紧缩，造船业也不例外。1428 年，朝廷大幅削减了龙江船厂的配额。[116]1435 年，南京驻军和工部达成一项共识，试图通过分摊材料 40%—60% 的成本来稳定龙江船厂的业务。[117] 为了支付这笔费用，工部出租了龙江船厂附近的官田，并收取了水军储存的桐油和黄麻等商品的租金。[118] 朝廷也出台了类似的政策，以节省清江船厂的成本。宣德年间（1426—1435）至 15 世纪 60 年代，长江沿岸各省都建造了自己的运输船，以避免向南京转运材料的开支。三十年间，清江船厂只为南直隶地区建造粮船。[119] 在正统年间（1436—1450），朝廷将卫河的海运年度配额减少了 70%。[120] 总体而言，15 世纪中叶，造船规模大幅缩减到原来的一半甚至更少。[121] 到 16 世纪初，明朝水军就像以前的元朝水军一样，甚至与海盗舰队交战都很困难。[122]

16 世纪的造船厂

虽然明朝水军在永乐之后是明显衰落的，但明朝造船厂最终完成了南宋以来从未做到的事情——他们使造船业可持续发展。造船厂的复兴始于 15 世纪 60 年代，随着白银的流入，经济开始复苏，官方得以再次扩大生产。税关在 15 世纪六七十年代重新开放，大多是为造船提供资金。[123] 从 1462 年开始，朝廷再次指定清江船厂为南方建造所需的运粮船。南方各省不再建造自己的运输工具，而是把收取的税银转交给清江船厂，让其在市场上购买建造材料。朝廷还恢复了卫河船厂作为建造远洋运输船的主要船厂。[124] 白银的供应使向造船厂提供货币比提供历经艰难运输的材料更为容易。然而，虽然不断增长的货币供应简化了材料运输物流，但它也使造船厂面临一个新的问题——通货膨胀，尤其是木材价格。

通货膨胀是造船厂面临的一个根本性的新问题，由于依赖固定的税收配额比例，明朝财政体系的局限性决定了无法根本解决这个矛盾。从 1462—1480 年间，在清江建造的每艘船的成本翻了一番，主要是由于木材价格上涨。为了弥补差额，国家从杭州、芜湖和淮安的税关调拨了额外资金，并向南京驻军的军户征收附加税。官方甚至重新开始征收木材实物关税，以此增加船厂木材储备，避免木材价格上涨带来的日益沉重的负担。[125] 到了 16 世纪初，龙江船厂也陷入了通货膨胀的境遇。1503 年，龙江船厂不得不向南直隶地区各县申请额外资金援助。到了 1516 年，龙江船厂的快船造价，由以前的 100 两涨到了 130 两，这其中造船厂还通过对废弃船只材料的回收利用，降低了 10 两的成本。到 1521 年，快船每艘要花费 150 两，并且之后的成本还在继续增加。在此期间，工人的工资保持不变，因此费用上升完全是由于木材价格上涨。[126]

从商人陈旭向清江船厂提交的账簿中，我们可以了解到木材价格在 16 世纪三四十年代的通货膨胀情况。其中，运粮船的材料成本从 1524 年的每艘船 52.5 两增加到了 1545 年的每艘船 60 两。[127]
依附于卫所的小型造船厂也感受到了材料成本的增加。到了 16 世
纪 40 年代，南京驻军的造船成本入不敷出，以至于帮甲被迫卖妻
鬻子筹钱来支付他们的附加税。自杀事件屡有发生。[128] 虽然我们
不能悉数了解这些残缺不全的数据，但它们表明，在 15 世纪末，
木材价格的通货膨胀平均每年增长约 3.5%，在 16 世纪初每年增
长约 2.5%。而在 16 世纪 30 年代和 40 年代间，增长比例控制在
1% 以下。[129] 以现代标准来看，这是相当温和的通货膨胀，但即使
是这样小幅度的木材成本增加，也给固定预算的明朝财政机构造成
重创。

尽管出现了通货膨胀带来的问题，但改用白银交易使船厂官员
能够编制更清晰的记录，并对价格进行标准化。1501 年，清江船
厂的官员编纂了《漕船志》，载有造船厂的制度历史和材料的标准
价格清单。[130]1503 年，龙江船厂公布了一份明晰的造船厂工人工
资清单。[131]1518 年，龙江条例更好地利用市场信息，将材料价格
与木材的市场价格挂钩。[132]1523 年，卫河船厂关闭，将全部运输
船建造集中在清江船厂、龙江附近的其他主要船厂以及首都驻
军处。[133] 最后，在 1529 年，国家给龙江船厂任命了专门的管理
者——此前该部门是由监督龙江关的同一官员管理。[134] 南京地区的
造船厂，尤其是龙江船厂的集中管理，迅速让官方巩固了过去 20
年的改革。

从 1529 年开始，龙江船厂新的管理者制定了报告材料请购单
的条例。船厂现在提交材料请购单一式两份，一份送南京工部，一
份抄送至龙江关。造船厂与关税官员共同评估木材库存，确定建

造日期，从关税库支出所需材料，并购买其余额外木材。建造完成后，船厂出具一式两份报告，一份交工部，一份交提举司。[135]

在 16 世纪 40 年代，三个造船厂都进行了进一步的改革。1541 年，南京工部要求龙江关记录每根木材的确切长度和周长，而不是根据大致的尺寸对它们进行分级。在将材料运往造船厂之前，税关官员对照他们的记录检查每一件物品，以确保工人在运输过程中不会替换劣质的材料。[136]1542 年，南京兵部的官员基于清江船厂制定的价格标准，编制了南京卫所建造的船只价格清单。当时，两家造船厂都以周长"尺"为单位，以相同的固定价格购买楠木和杉木原木。[137]1543 年，官员以一丈、一尺、一寸制定了木板材的标准尺寸等级。[138]

1545 年和 1546 年，造船厂和木材商代表之间的谈判导致第二轮系统改革。朝廷设立了皇木厅，以监管长江的航运路线，防止运木船无论是偶然的还是被商人故意拦截所造成的木材市场垄断。[139]驻军船厂还与龙江船厂沟通，制定"一尺"的标准量度单位，用于两个关税场库、所有三个造船厂和工部衙门。[140]使用这些标准量度单位，关税场库的官员现在给每根原木打上标记，以表明其尺寸，一个字表示周长一尺。造船厂现在把木材称为四字木、五字木和六字木。军方甚至与商人代表谈判达成一项协议：为每艘船供应一系列必需的标准的木材，包括一根六字木、三根五字木和三根四字杉木或楠木。[141]从 1546 年开始，龙江船厂使用了与兵部相同的价格标准，而兵部的标准是基于 1500 年左右清江首次出台的价目表。[142]造船厂还制定了包括空心、腐烂、弯曲或扭曲等瑕疵木材的标准折扣。他们明文规定了对欺骗国家的造船厂工人或商人的惩

罚。最后，他们还出版了描述每种类型船舶构成部件的平面示意图
（见插页图 2）和一份供采购官员列出每种木材的尺寸、等级和生
产地点，供应商、检验员和出纳人员的姓名，以及在标准价格下核
算完所有瑕疵折扣后的价格清单（见插页图 3）。他们将这份表格
转交给户部和监管锯木厂的官员，以确保采购的木材完好无损。[143]
造船厂的官员还为未来接手工作的管理人员编纂了几套文书档案，
包括一本新版的《漕船志》（1545）、《船政》（1546）和《龙江船
厂志》（1552）。

在 16 世纪 40 年代船政改革的半个世纪后，另一位船政官员
倪涷在《船政新书》（1590）中记录了船厂经营的进一步改善。加
上 50 年的经验，可以进一步改进造船厂的日程安排、预算编制和
监督机制。现在高级官员负责制定建造新船，大、中、小型船只的
修理，以及废弃船只拆解的时间表。他们每年秋季都检查自己的木
材库存，为来年春天的木材采购做计划，同时根据实际市场条件变
化来估计预算。为了防止盗窃或处理不当，下级官员现在保存每月
记录的档案，并在每一份档案上标明负责其储存和处理的工人和监
督员的姓名。[144]

在 15 世纪木材采购价格不稳定的情况下，明朝逐渐将大部分
劳动力外包给商人。造船厂通过指定尺寸、类型和价格标准的形式
将木材商品化，同时通过标记木材购买、储存和整理加工的负责人
名字的方式，来体现单一原木的主观性质。同样的标准可以让户部
官员从国库中拨款用于造船，造船工匠可以建造船舶而不必担心如
何征用这些材料。到 16 世纪 90 年代，超过 70 年的档案汇编使官
员能够摸清和预测木材价格的变化动态，避免了 16 世纪初经历的

预算困难问题。这无疑是明朝木材管理的顶峰时期，这是一个建立在市场、税关和造船厂之上，将原木加工成木材，再将木材加工成船舶的木材管理系统。

森林与中国海权

与后来的欧洲列强不同，中国的海权建立在不同的原则之上，也面临着不同的竞争。宋朝的水军主要是防御性的，不仅在海上作战，也在江河湖泊作战。元朝跨海远征日本时选用的是两栖攻击战略，而不是持久的海战。元朝和明朝远征东南亚很大程度上是为了开辟商业和外交的海路，而不是为了探索和征服。就像罗伯特·格林哈尔希·阿尔比恩（Robert Greenhalgh Albion）在《森林与海权》（*Forests and Sea Power*）中对欧洲海军开创性的论述一样，12 世纪到 16 世纪的中国水军需要大批量高质量的木材供应。但与欧洲不同的是，中国的船队是由船厂建造的，没有相应的森林官僚机构。财政和劳动力是宋朝、元朝和明朝造船高峰期的主要问题，但官员很少担心寻找到足够的木材来源。北宋、金、元通过强迫徭役来建造船队，但在南宋和明朝，绝大多数的建船木材是由商人通过缴纳关税或特许销售来供应的。宋朝的杭州竹木场和明朝的南京竹木场发展了围绕木材的标准尺寸、分级和定价建立的复杂的木材业务；记录了从收集到使用的点对点木材供应路线；确定了对违反市场准则行为的明确处罚措施。除了有限的（但很重要的）的例外，中国国家将木材监管重心工作集中在税关，而不是森林。

相反，水军在很大程度上反映了支撑其发展的森林和市场。在北宋，这意味着由各省驻军和转运司建造的一系列分散而多样化的船只。在南宋时期，水军与它的两个主要木材来源相似：一支由官方造船厂用江南杉木建造的长江船队和一支由东南海岸贸易区建造的远洋船队。元朝水军船队是由更大、更多元的朝鲜松木船、江南杉木河船以及福建的樟木船混杂组成。明朝初期，郑和下西洋的众多船只大多是用杉木在南京建造的，体现了江南植树造林的优势地位。船队规模的不断扩大，反映出木材市场供应船厂的能力不断增强。然而，尽管造船厂的官员在专门文献中记录了他们的改革，但商业运营的发展却难以探究。同样，我们对商品链另一端的造船工人和木匠也知之甚少。尽管如此，从商人和木工的有限记录来看，很明显他们为价格动态和标准措施投入了巨大的精力。与森林作为财产的发展非常相似，木材作为一种商品的出现，取决于一系列参与者的行为意愿，而不是国家专属的法规政策。

注释

1 Glete, *Warfare at Sea*.

2 Albion, *Forests and Sea Power*；Appuhn, *Forest on the Sea*；Bamford, *Forests and French Sea Power*；Grove, *Green Imperialism*；Moore, "'Amsterdam Is Standing on Norway,' Part I" and "Part II"；Wing, *Roots of Empire*.

3 关于奥斯曼帝国海权，见 Brummett, *Ottoman Sea power and Levantine Diplomacy*；Casale, *Ottoman Age of Exploration*。造船用木材，见 Imber, *Ottoman Empire*, 294–295；Mikhail, *Under Osman's Tree*, 153–155, 270–271nn4–5, 272n9。关于韩国海权，见 Lee, "*Forests and the State*"；Lee,"*Postwar Pines*"。

4 欧阳泰（Andrade）：*Gunpowder Age*；李约瑟、王铃、罗宾逊（Robinson）：《中国科学技术史·物理学》（*Physics*），279—288；李约瑟等：《中国科学技术史·军事技术》（*Military Technology*）。

5 在中国历史上，征服几乎都是来自北方；两个主要的例外是 14 世纪 60 年代末的明朝和 20 世纪 20 年代末的国民党。直到 1949 年，国民党选择使用他们的军舰撤退到台湾，而不是防卫长江抵御共产党，长江边界对于南方防御（以及北方进攻）的重要性才得以体现。在几乎没有自己海军的情况下，共产党能够从国民党投诚者那里组成一支海军，渡过长江，完成中国大陆的统一，就像 700 年前蒙古人所做的那样。

6　戚安道："Dragon Boats and Serpent Prows"；戚安道："Song Navy"。

7　Sasaki, *Lost Fleet*, 42–46 and passim.

8　贾志扬：*Muslim Merchants of Premodern China*；沈丹森（Sen）：*Buddhism, Diplomacy, and Trade*；Billy K. L. So, *Prosperity, Region, and Institutions*。

9　Billy K. L. So, *Prosperity, Region, and Institutions*, 335–336n199；斯波义信：*Commerce and Society*, 9–14；斯波义信："Ningbo and Its Hinterland," 129–135；Sasaki, *Lost Fleet*, 46–49。

10　Sasaki, *Lost Fleet*, 37–41；Lee, "Forests and the State," 68–77 and passim.

11　闽国、南唐是分裂时期（五代十国）独特的水军力量。第一次对战船的详细描述可以追溯到 759 年。李约瑟、王铃、鲁桂珍：《中国科学技术史·土木工程和航海技术》，439—477；萧婷（Schottenhammer）："China's Emergence as a Maritime Power," 455–456 and 455n62。

12　罗荣邦：*China as a Sea Power*, 131–132。

13　戚安道："Song Navy," 12–17。

14　《器甲之制》，《宋史》卷 197；罗荣邦：*China as a Sea Power*, 129–130。

15　罗荣邦：*China as a Sea Power*, 130–132；《乡兵》，《宋史》卷 190。

16　《乡兵》，《宋史》卷 190。

17　由于转运司和转运使在宋朝财政的中心地位，有时也被翻译为"财政局"（finance bureau）和"财政委员"（fiscal commissioner）。

18　斯波义信：*Commerce and Society*, 6–14；《宋会要辑稿·食货五〇》，2b、3b—4b。

19　例如，1082 年负责监督熙河采买木植司的太监李宪，也负责建造战船供应熙河驻军。《宋会要辑稿·食货五〇》，4b。

20　《宋会要辑稿·食货五〇》，5b—6a。杭州和平江的上级管理部门也被勒令停止发放伐木许可证，除非得到朝廷的批准。

21　《宋会要辑稿·食货五〇》，6a—b。

22　《宋会要辑稿·食货五〇》，6b。按照最初的设定，100 艘耗材 100 根木材的客船和 1200 艘耗材 300 根木材的船将使用 37 万根木材。随着大型船只的木材耗费减少到 250 根，这将节省 60000 根木材。

23　了解更多南宋撤退内容，见陶晋生："Move to the South," 644–653。

24　罗荣邦：*China as a Sea Power*, 133, 137–138；《禁军上》，《宋史》卷 187。

25　《禁军上》，《宋史》卷 187。名称译自罗荣邦：*China as a Sea Power*, 133。

26　估计需要耗费 24 万贯铜钱。《宋会要辑稿·食货五〇》，8a—9a；罗荣邦：*China as a Sea Power*, 133–134。

27　《宋会要辑稿·食货五〇》，11a。

28　萧婷："China's Emergence as a Maritime Power," 467。

29　罗荣邦：*China as a Sea Power*, 138–143；陶晋生："Move to the South," 653–655；福赫

伯（Franke）："Chin Dynasty," 230–231。

30 《宋会要辑稿·食货五〇》，12a。

31 《宋会要辑稿·食货五〇》，14a—15a。

32 罗荣邦：*China as a Sea Power*, 143–145。

33 关于绍兴年间的和平，见福赫伯："Chin Dynasty," 233–235；陶晋生："Move to the South," 677–684。

34 陶晋生："Move to the South," 662–666。

35 陶晋生："Move to the South," 665。

36 《宋会要辑稿·食货五〇》，14a—15a."舢板"这一名字来源于三板，指的是主要用于捕鱼的小船。

37 罗荣邦：*China as a Sea Power*, 147–148；《宋会要辑稿·食货五〇》，16a—17b。

38 《宋会要辑稿·食货五〇》，17a—b.这些数字与罗荣邦 *China asa Sea Power*, 148 中引用的数字略有不同。

39 《宋会要辑稿·食货五〇》，15a。

40 福赫伯："Chin Dynasty," 539–540。

41 罗荣邦：*China as a Sea Power*, 154–155；福赫伯："Chin Dynasty," 241。

42 《续资治通鉴长编》卷96；陈学霖："Organization and Utilization of Labor Service," 657–658。

43 《宋会要辑稿·食货五〇》，18a—b；罗荣邦：*China as a Sea Power*, 157。

44 《宋会要辑稿·食货五〇》，18b—20a。

45 罗荣邦：*China as a Sea Power*, 159–163。

46 罗荣邦：*China as a Sea Power*, 163–168；福赫伯："Chin Dynasty," 242–243。

47 福赫伯："Chin Dynasty," 243。

48 《宋会要辑稿·食货五〇》，20a—b。

49 根据罗荣邦的重建，水军总力量在1190年增加到3万多人。虽然12世纪30年代的数字还不完整，但普通水手和水军作战人员可能不超过5000人。在1130—1170年间，福州和池州的驻军分别从150人增加到5000和1000人。这些数字表明，保守估计，在1160—1170年间，宋朝水军的兵力至少增加了5倍。罗荣邦：China as a Sea Power, 173–174。

50 我的估计，基于罗荣邦 China as a Sea Power, 173–174 中人力数据。

51 《宋会要辑稿·食货五〇》，31b、33b—34b。

52 罗荣邦：China as a Sea Power, 138。

53 《宋会要辑稿·食货五〇》，9b—10b。

54 罗荣邦：*China as a Sea Power*, 158。

55 罗荣邦：*China as a Sea Power*, 179–180。

56 斯波义信：*Commerce and Society*, 6–14, 93。

57 Billy K. L. So, *Prosperity*, *Region*, *and Institutions*, 84–85.

58 斯波义信："Ningbo and Its Hinterland," 129–135。

59 《宋会要辑稿·食货五〇》，10a—b。

60 《宋会要辑稿·食货五〇》，22a—23b。

61 罗荣邦：*China as a Sea Power*，213–217；罗茂锐："Reign of Khubilai Khan，"431–433；戴仁柱（Davis）："Reign of Tu-tsung，"920–923。元朝水军的确切规模尚不清楚，但是在 1272 年末，它被重组为四支军队，每支军队的规模与张禧最初担任水军总管时的规模相当。每支军队分为四翼，每翼约 500 艘船。这表明水军很可能有 4000 艘船，其中大部分是小型河船。

62 罗荣邦：*China as a Sea Power*，218。

63 罗荣邦：*China as a Sea Power*，218–220；《伯颜传》，《元史》卷 127。

64 罗荣邦：*China as a Sea Power*，221–222；《伯颜传》，《元史》卷 127。

65 罗荣邦：*China as a Sea Power*，223–225。为了从宋朝的角度更完整地叙述这些事件，见戴仁柱："Reign of Tu-tsung，"932–945。

66 罗荣邦：*China as a Sea Power*，225–226。

67 罗荣邦：*China as a Sea Power*，236–245；罗茂锐："Reign of Khubilai Khan，"434–435；戴仁柱："Reign of Tu-tsung，"946–961。

68 Henthorn，*Korea*，154–160，208.

69 罗荣邦：*China as a Sea Power*，248–252。

70 罗荣邦：*China as a Sea Power*，253–254；Henthorn，*Korea*，208–209。

71 罗荣邦：*China as a Sea Power*，253–254；Henthorn，Korea，208–209；Sasaki，Lost Fleet，25—26，引用罗茂锐：Khubilai Khan；Ōta，Mōko shūrai。船只的数量估计在 700（罗茂锐）到 900（Ōta，Lo）。士兵总数从 23000（罗茂锐）到 30000（罗荣邦）。文献来源一致认为水手人数为 6700—7000 人。

72 罗荣邦：*China as a Sea Power*，255–258；Sasaki，*Lost Fleet*，26–28；罗茂锐："Reign of Khubilai Khan，"437–442。

73 罗荣邦：*China as a Sea Power*，260–263。

74 鲁大维（Robinson）：*Empire's Twilight*，58。

75 罗荣邦：*China as a Sea Power*，264。13 世纪 70 年代后，高丽国王通过普遍联姻的方式建立与蒙古帝国的联系，将自己定位为可汗的附庸。根据与王思翔的个人交流。

76 Sasaki，*Lost Fleet*，32；罗荣邦：*China as a Sea Power*，266–267。

77 罗荣邦：*China as a Sea Power*，268–273；Sasaki，*Lost Fleet*，27–30。

78 罗荣邦：*China as a Sea Power*，277–279。

79 《刘宣传》，《元史》卷 168。译自罗荣邦：*China as a Sea Power*，281–282。

80 罗荣邦：*China as a Sea Power*，279–282。

81 Dreyer，"Military Origins of Ming China，"59–60，64；牟复礼："Rise of the Ming Dynasty，"36。

82 Dreyer，"Military Origins of Ming China，"60–63.

83 牟复礼："Rise of the Ming Dynasty"。

84 尽管爱德华·德雷尔（Edward Dreyer）指出，朱元璋和陈友谅最初的船队人员大部分来自巢湖的渔民，但关于其发展的直接描述很少。Dreyer，"Military Origins of Ming China，"65–66，69–70；Dreyer，"Poyang Campaign，"204–205。

85 Dreyer，"Poyang Campaign，"217。

86 Dreyer, "Poyang Campaign".

87 陈学霖："Rise of Ming T'ai-tsu,"701–705。

88 欧阳泰：*Gunpowder Age*, 58–64。

89 牟复礼："Rise of the Ming Dynasty,"37。

90 欧阳衢：《龙江船厂志·序》。

91 姜宝：《船政新书·序》2—3。《船只》,《大明会典》卷200。

92 《明太祖实录》卷207，5b。陈嵘：《中国森林史料》，41。谢和耐错误地将这一数字解读为5000万棵树（而不是50万棵），可能是基于原文本不同版本间的错误。这个庞大的数字导致谢和耐错误地将这个人工林与郑和舰队联系起来。见谢和耐：《中国文明史》（*History of Chinese Civilization*），399。

93 《船只》,《大明会典》卷200。

94 《漕船志》卷1。

95 《抽分税办》,《漕船志》卷4。

96 《料额》,《漕船志》卷4。

97 Dreyer, *Zheng He*, 117–118;《明太宗实录》20A. 2b，卷22，4a—b，卷23，6b，卷24，6b。

98 《明太宗实录》卷27，4b—5a。

99 《明太宗实录》卷43，3b。

100 Dreyer, *Zheng He*, 117–118.

101 Wilson, "Maritime Transformations of Ming China,"249–250。这个数字可能有些夸张。罗荣邦指出许多沿海驻军人员不足。见罗荣邦：China as a Sea Power, 331。

102 李露晔（Levathes）：*When China Ruled the Seas*, 75。

103 《郑和传》,《明史》卷304。

104 Dreyer, *Zheng He*, 102.

105 Delgado, *Khubilai Khan's Lost Fleet*, 24–25.

106 Dreyer, *Zheng He*, 99.

107 Dreyer, *Zheng He*, 121.

108 最早发表于李露晔：*When China Ruled the Seas*, 21。

109 Goldstone, "Rise of the West—or Not?,"177.

110 Church, "Zheng He,"3–9; Dreyer, *Zheng He*, 104, 217–222.

111 1431年的刘家港和长乐的铭文只提到了100多艘船。这些翻译见Dreyer, *Zheng He*, 191–199。又以早期J. J. L. Duyvenda的翻译为基础。数字分别是192和195，又见Church, "Zheng He,"10–11。

112 大致的共识似乎是440英尺的船是可能的，但宝船可能实际上没有达到这一尺寸，可能只有记录尺寸的一半。见Dreyer, *Zheng He*, 102–116; Church, "Zheng He"; Church, Gebhardt, and Little, "Naval Architectural Analysis"; 李露晔：*When China Ruled the Seas*, 80–82。

113 Dreyer, *Zheng He*, 121–122.

114 Dreyer, *Zheng He*, 50; 李露晔：*When China Ruled the Seas*, 76。

115 也见于Church, "Zheng He,"32–34。

116 在 15 世纪 20 年代末和 30 年代初，长江巡逻舰队的规模扩大了一倍多，龙江船厂继续建造大量的远洋运粮船，直至 15 世纪 50 年代。《龙江船厂志》卷 1，引用自《大明会典》和 1428 年《宣德三年敕》。

117《龙江船厂志》卷 1，引用自南京工部《职掌条例》。

118《地课》，《龙江船厂志》卷 5。

119《料额》，《漕船志》卷 4。

120《龙江船厂志》卷 1，引自《大明会典》。

121 关于舰队规模的缩减，见李露晔：*When China Ruled the Seas*，174-175。

122 Kwan-wai So，*Japanese Piracy in Ming China*，52，55，61.

123《九江关》，《光绪江西通志》卷 87。

124《料额》，《漕船志》卷 4。

125《料额》，《漕船志》卷 4。文献中没有提供最后一项请求的日期，但很可能是在 1501 年之前不久，也就是文本第一版的日期。

126《龙江船厂志》卷 1，引自《大明会典》。

127《船政》67。

128《船政》11—15。

129 根据《龙江船厂志》卷 1 和《船政》67 里的数字计算。

130《料额》，《漕船志》卷 4。该书最早的序言是 1501 年。

131《龙江船厂志》卷 1，引自《大明会典》。

132《龙江船厂志》卷 1，引自《大明会典》。

133《漕船志》卷 1。

134《抽分座船》,《龙江船厂志》卷 1。

135《成规》，《龙江船厂志》卷 1。

136《成规》，《龙江船厂志》卷 1。

137《船政》66。

138《成规》，《龙江船厂志》卷 1。《单板》，《龙江船厂志》卷 5。

139《船政》67。"垄断"这个词的字面意思是封锁部分区域，可能源于封锁一条陆路或水路以控制商品价格的做法。

140《成规》，《龙江船厂志》卷 1；《船政》68。

141《船政》68—69。

142《木价》，《龙江船厂志》卷 5。

143《船政》70—73。

144《船政新书》168—171。

第七章

北京的宫殿与帝国的终结

1533 年，一位名叫龚辉的中层官员，基于他在明朝西南边疆督木的经历，出版了《西槎汇草》。在这本引人注目的书里，龚辉描绘了明朝伐木工在艰难的地形中砍伐和运输大木的创举，包括使用滑道、"飞桥"和大型绞盘将原木拖上斜坡。他同时揭示了山区的巨大危险，包括瘴气、普遍的饥饿以及遭遇部落和野兽的袭击。但是为什么明朝官员会首选在如此遥远而危险的边疆地区采木呢？正如本章所探讨的，西南边疆是明朝官员督木的仅有地点之一。在其他地方，私有人工林和木材市场是更有效的木材来源。但是西南部的深谷生长着当时仅存的足以用来进行皇宫营建的大木。

如果说造船业是引领欧洲帝国扩大森林资源的主要推动力，那么在中国，采木前沿最大的压力来自宏大的建筑。造成这种差异的原因，很大程度上取决于两种背景之间物质和文化的不同。中 国南方的人工林生产的木材足以供应水军。但是不像欧洲宏大的建筑通常取材于石头，中国的皇家建筑几乎完全依赖于大木。在东亚的古典建筑中，建筑的全部上层都是建立在梁和柱的架构上，这种建筑风格实际上非常倚重它的结构木材。因为木材构件决定了每座建筑的基本尺寸，巨大的建筑需要巨大的柱子，而巨大的柱子需要巨大的木材。[1] 为造船厂提供木材的人工林扩张是以原始林的减少为代价的，原始林生长着大到足以建造宫殿的树木。矛盾的是，这意味着同样的趋势，一方面对通用林业采取自由放任的方式，另一方面要求国家采用更直接的手段为皇宫获取木材。正是北京宫殿的营建和反复的重建，导致在中国南方最后也是最大规模的皇木采办，这些工程最终导致长江流域原始林的衰减。

中国西南地区长期以来一直是皇家建筑的木材来源地，但明初在该地区的采木工程是前所未有的，这是历史上最大规模的强制劳动之一。在 1406—1421 年间，永乐皇帝将北京建成了一个规模非凡的帝国首都。据估计，工部从全国各地招募了 100 万名劳力来修建宫殿。[2] 同样，在长江上游的三峡地区，官员命令几十万伐木工砍伐巨大的树木并把它们拖曳到水路。[3] 国家征用了成千上万的其他劳动力，让他们沿着艰难的路线随长江顺流而下，沿着大运河上行至北京。[4] 这 15 年的努力代表了明朝指令经济的顶峰。

明朝的皇帝除了从汉族内部派遣伐木队外，还向西南的土司们索要木材。在征服这个地区的过程中，元朝曾把非汉族部落编入土司。这些部落通过他们的世袭统治者上交贡品，而不是通过常规的税收。明朝沿袭并修改了这一制度，授予部落首领名义上的官阶和王权，并规范了贡品和宗主权的形式。[5] 在长江上游地区，贡品通常包括巨大的宫廷级杉木和楠木。这创造了一种颇为奇特的象征性物资交换：明朝送出了纺织品，土司穿着这些丝织品来显示他们的品阶；土司送出了巨大的木材，明朝皇帝用这些木材来营建他们的权力大厦。

通过大规模的强制劳动和朝贡索取，永乐宫殿树立了一个未来皇帝难以企及的标准。尽管没有文献保存下来完整的采木计划，但直至 1441 年，也就是最早的宫殿完成后的 20 年，仍有 38 万根

142

木材被保存在仓库里。[6]这个惊人的数字表明，在永乐皇帝的指令下，数以百万计的树木被砍伐。后来，当庙宇和宫殿需要修复时，官员们努力寻找足够大小和质量的木材来代替大量的原木；但最好最易得到的树木已经被采伐了。同样重要的是，后来的朝廷根本无法像永乐皇帝那样大规模地驱使徭役。

最终，一系列火灾焚毁了皇宫中最重要的建筑，明朝被迫恢复了边远地区采伐。但是，当16世纪的皇帝下令征用新的木材时，他们的官员竭力服务于工程团队，但任务变得更加艰难，他们被迫向更深的山区寻找有价值的木材。土司也面临着类似的问题，并多次为争夺几片残存的原始林而开战。在成本不断增长和木材稀缺的情况下，官方采木在16世纪后期基本上已不复存在。虽然清初的皇帝在17世纪末和18世纪初恢复了皇木采办，但他们鲜有成功。到了1700年，就连四川和贵州深谷中可用的大木都已采伐殆尽。正如金田所指，原始林的枯竭甚至迫使皇家建筑发生了变化，建筑变得更加华丽，以此弥补木材构件的规模和自然美的损失。[7]这些皇木采办标志着长江沿岸天然林地的衰减。虽然人们可以增加小商品木材的供应，但他们却无法加速大树的生长以满足宫殿架构的需求。

木材、贡品和强迫劳动

几个世纪以来，中国北方和东方的首都一直从西南输入巨大的木材。汉朝政府曾在四川设立了专门的木官。[8]唐朝专门开凿了一条运河，从西南运送木材和竹子。[9]宋朝也不例外，在11世纪的木材危机期间，四川北部森林遭到滥伐。[10]在那个世纪后期，朝廷接受了从西南部落进贡的木材。[11]在这1000年中，西南木政强化了低地汉族商人和山地非汉族伐木工之间的族群和生态壁垒。在公元5、6世纪的中国南方，流行着汉族商人和木客之间的交易。木客是神秘的群体，他们能够"斫杉枋，聚于高峻之上"，然后"与人交市，以木易人刀斧"。[12]随着时间的推移，这种关系逐渐正式化。例如，在1196年，南宋法律禁止汉人进入四川东南部的山区砍伐木材，指示他们"须候蛮人赍带板木出江，方得就叙州溉下交易"。[13]随着时间的推移，民族—生态伐木的边疆（ethno-ecological logging frontier）发生了变化，但基本的交换模式惊人地持久。明朝的资料表明，到15世纪，"[汉]斧斤无得而入"长江上游支流丰富的森林。[14]

在明朝的头几十年，伐木业继续沿袭早期的方式。有几次，朝廷派遣官员到非汉族部落督采皇木，用于南京的宫殿营建。根据云南东北部的一处碑刻记载，1375年，宜宾县的一位官员带领180名当地劳工砍伐了140根香楠木用于宫殿营建。[15]这些木材可能用于1378年开始的内廷大规模扩建。[16]朝廷将云南东北部的另一个地方指定为官林，并将其最好的树木标上"皇木"的标记，以保留供宫廷使用。[17]然而，朱元璋很快就削减了建设项目，作为他广泛推动自给自足经济的一部分。1379年，他甚至关闭了南京的主要木材场，显然是打算完全停止营建。[18]1390年，朱元璋的第十一个儿子朱椿掌控了四川的木材市场，并把朝贡要求降低到名义上的数额。[19]1393年南京龙江关开放后，朝廷规定，所有未来的建筑项目都应完全依赖关税木材，工部不应进行任何不必要的伐木。[20] 尽管名义上试图限制这种行为，然而部落伐木仍在继续。在 1387 年，珉德，当时的马湖知府，向南京运送了一批香楠木材。[21] 朱椿还用四川的原木在成都建造了自己的府邸。[22] 尽管朱元璋试图减少国家的足迹，但明初的政权还是延续了向西南峡谷索取木材的趋势。

1398 年，朱元璋去世后，经过一番争斗，权力移交到了永乐皇帝，永乐皇帝于 1403 年将朝廷迁到他在北京的府邸，并进行了一系列大规模的建筑工程，以新的规模将北京扩展为帝国首都。[23] 北京还是元大都时的大部分建筑在 14 世纪末期坍塌毁坏。在 1403 年至 1420 年间，永乐皇帝重建并扩充了北京的城墙和宫殿。[24] 为了他的宏大建筑，永乐皇帝像他的父亲、兄长，甚至更早的统治者那样，转向了同一片森林：长江上游的巨杉和楠木。1406 年，为了准备第一拨建筑工程，他从工部派了一批高级官员去四川、江西、湖广、浙江和山西寻找最大、最美的树木。[25] 虽然朝廷最终从这些地方都获取了木材，但超自然的影响显示四川是帝国伐木的主要地点。宋礼*报告，在他寻访期间的一个晚上，几棵大树掉进了河里，自行顺流而下。皇帝认为这是神灵的昭示，并把这个地方命名为神木山。[26] 无论是作为历史先例的延续，还是通过神灵的干预，这一地区成为永乐时期最密集的木材采伐中心。在营建北京城的过程中，宋礼曾至少四次到四川寻访。朝廷还派御史顾佐进行高层监管，而宦官谢安在现场待了 20 年。[27]

---

* 宋礼，时任工部尚书。

即使找到了巨木，伐木工程的劳力仍然是一个重大问题，官员们面临着一个两难的选择，是不惜重金派遣汉人劳工，还是冒着反抗的风险使用当地非汉族人员。散落在该地区的碑刻提供了这项工程的信息片段。位于四川南部的宜宾县的一处碑文记载了1406年初的一次行动：

> 八佰人夫到此间，山溪崛峻路艰难。
>
> 官肯用心我用力，四佰木植早早完。[28]

145　　这首诗文表明，这些劳动者可能是从中国内地来到这里。在其他情况下，很明显，劳动力来自非汉族人群。1406年的另一块碑文记载了附近的一个由夷人佰长监督的伐木项目，他让他的110名下属把木头拖运到河里。[29]另一块来自四川东北部的石碑也记录了1406年秋天收到的伐木命令。在此事例中，一个总甲长被派去监管十筏（一筏约80根）木材的采伐和运输，显然是通过使用乡村的劳动力。[30]这些碑文零散地记录了宫殿营建所导致的大规模人力动员，它可能需要在整个西部和西南部进行数以千计的类似伐木项目。

长江上游峡谷的伐木只是将木材运往首都的工作的开始。甚至在工作队把一根根木头从山涧里漂出来，绑成木筏后，这些木头还得行进数千公里才能到达北京。为了把木材运到首都，沿河各县指定了专门的"皇木解户"——以漂筏运木为业，替代其他徭役。[31]到达首都后，工人将木材堆放在专门指定的神木厂，这是1407年在通州建立的较大转运中心的一部分。[32]至今通州的一个公交站仍被命名为皇木厂，保留着这一历史遗迹。

　　几年内，奏报中开始传递伐木工人所经历的种种困难。1413年，朝廷严厉批评了督办山西采木的官员不恤其军民之苦。[33] 户部奏报，伐木群体被课以重税，任何额外的要求都会使他们出售田产，卖妻鬻子。[34] 1414年，四川部落地区的采木军夫奏报缺粮。[35] 1416年，另一群采木军夫受到山西道教信徒的攻击。[36] 尽管困难重重，但这些采木工程还是一直持续到1424年永乐皇帝去世。

重返峡谷

　　永乐皇帝的去世对帝国的所有采集经济都产生了巨大的影响，帝国伐木业也不例外。永乐皇帝死后的第二年，他的继任者颁布了一项诏令，宣布了对运送木材的士兵和民工的体恤，并下令终止采木工程，但没有提及那些曾砍伐大量木材的非汉族部落劳工。所有剩余的原木都被堆放起来，以备将来之需。[37] 这是15世纪20年代末和30年代国家采伐量大幅度减少的一部分缩影，最终导致整个帝国大部分官方伐木和采矿项目的关闭。[38] 随着北京城的建成和1424年四川木材场的关闭，在一个多世纪里明朝基本上没有进行大规模的伐木作业。1426年，当官员被派往湖广为南京皇宫采伐大木时，他们很快就陷入了困境，导致朝廷取消伐木，并下令处理现有的供给物资。[39] 1441年，北京朝廷开始另一轮重建紫禁城中轴线上三大殿的工程。这些宫殿在1420年被焚毁，从未被完全修

146

复。[40] 不过，永乐年间仍然遗留有充足木材，利用现有的这些材料就可以完成这些工程。[41] 虽然没有 15 世纪早期木材采购活动的完整统计记录，但这些回顾性的记录表明，它们的规模是巨大的。在 15 世纪的大部分时间里，官员倾向于通过使用现有的供给和限制西南地区的采伐活动来节约木材。

最终，永乐时代的供给确实耗尽了，在 15 世纪后期的大部分时间里，国家断断续续地进行了伐木。虽然没有详细的记录，但是我们知道在西南区域仍有一些伐木工程，只不过是因为它们被弘治皇帝（1487—1505）取消了。1511 年，正德皇帝派工部右侍郎刘丙到四川、湖广和贵州监管采木，但很快因发现刘丙采伐的木材材质差而取消了采伐。1521 年，嘉靖皇帝甚至停止派遣士兵守卫北京的神木厂，暗示它不再拥有任何有意义的供给。[42] 1528 年，一项新政策要求，任何进一步的维修都必须得到工部的批准和预算，然后才能派遣伐木队。[43]

在 15 世纪末和 16 世纪初的大部分时间里，国家监督下的伐木很少而且不稳定，但是四川和贵州的土司们继续按照标准化的进贡制度进献木材。他们把这些木料——通常是最大、质量最高的楠木——献给明廷，以换取礼品、头衔甚至金钱。1484 年，永宁女统治者奢禄向朝廷献上一船大木，"给诰如例"。[44] 1512 年，附近酉阳的统治者进献了 20 根木材，并在 1524 年再次进献。[45] 1514 年，永顺的土司彭世麒进献了 30 根大木材和 200 根小木材，"亲督运至京"，这样他就可以把他的儿子和后嗣送进朝廷。三年后，彭世麒又进献了 470 根楠木，他的儿子也进献了一批数量不明的木材。在第二次进献之后，朝廷授予彭世麒一个更高的官衔和一件四爪蟒袍，并让他的儿子成为一名编外官员。[46] 这些例子虽然零散，但表明已有一种规范的机制，让土司们用大木来交换官衔和特殊物品。虽然这些职级在官方等级中的位置基本上是虚名，但对于西南非汉族统治者来说，它们显然具有实质的象征性权力，这一点可以由他们向朝廷进献的木材的长度来证明。

16 世纪中期，情况再次发生变化，接踵而来的火灾焚毁了宫中一些最宏大的建筑。1540 年，闪电击中了明太庙，不得不重建。[47] 1556 年，三大殿再次被烧毁，需要数千根大木料进行修复，才能保持永乐原址的规模。[48] 1584 年，三大殿再次被烧毁，需要大规模修复。[49] 官方停止采木，似乎是一件好事。但仅 20 年后，嘉靖皇帝为了应对 1540 年的大火，恢复了采木，派了两名高级工部官员潘鉴和戴金，到湖广和四川重开采木。[50] 在接下来的几十年里，皇家建筑一再遭到破坏，这意味着至少在 1606 年之前，继潘鉴和戴金之后，从都察院和工部上层抽调的官员一直在轮换。

16 世纪中后期的采木官僚机构既庞大又复杂。每个分派的最高官员被授予"督木"的头衔，并相应地监督其他官员。[51] 我们可以从一个副督木官李宪卿的墓志铭中了解这种木材官僚机构的规模。在 16 世纪 40 年代，李至少指挥 22 名中低级官员，管理着分布于四川、湖广和贵州等地超过 45 个采木点。[52] 1556 年，这些工程变得更大。朝廷派遣了大臣一员和郎中二员监督西南三省的大木采伐；郎中二员监督较小木材的采伐，一个在北方，一个在长江下游地区；大臣一员和司官一员负责监督修建运木滑道的采石工作；还有四名御史来监督这些庞大的采木队伍的给养和薪水。两年后，朝廷在木材管理机构增加了工部尚书提督一员、侍郎二员和科道官

148

二员监工，同时制定了限制他们支领薪俸的新规。[53] 低级官员和劳工的人数大概也增加了类似的比例。

在一个遥远而危险的边远地区监管大型劳工队伍的成本非常高，而且经常超支。1556 年，朝廷要求户部、兵部和工部拿出 30 万两白银作为采木费用。[54] 同年，贵州被要求负责采伐 4709 根杉木和楠木，费用为 72 万两白银，但省财政仅有不足 1.5 万两白银，约为所需白银的 2%。额外资金必须从其他省级财政支付：10 万两来自广东；14 万两来自云南；9 万两来自江西。[55] 邻近的湖广地区的采木费用最终超过了 300 万两。[56] 由于未能遵守期限和配额，朝廷褫夺了一些地方官员的官衔。[57] 在 1584 年重建期间，费用甚至更高。尽管这次订购的量要少得多，只有 1132 根木材，但贵州再次面临超支的情况：财政部门只有 2 万两，仅满足预算 10 万两的五分之一。[58] 采木总费用超过 900 万两。[59]

面对日益减少的原始林木材储备和不断增长的劳力成本，16世纪的采木作业无法与永乐时期的生产效率相提并论。16 世纪中叶，督木官李宪卿指出，现存最好的树木越来越多地被限制在深山老林里，要克服巨大的困难和付出高额的费用运输到可通航的水道。[60] 这些树木非常巨大，而且地势异常偏远，需要 500 名工人将每根原木拖出山口（见插页图 4）。现场需要数十名专业的金属、木材和石材工人来制造工具和绳索，并建造滑道。[61] 他们建造了"飞桥"和"天车"运输这些原木，跨越数千英尺的峡谷，并用巨大的缆索将它们拖上斜坡（见插页图 5）。即使经过这些努力，许多木材还是不适用，大约 80% 被丢弃，因为它们是中空的，或者在沿途的事故中被损坏或丢失。把木材拖到水路只是工作的一半。

即使木材到达了河流，漂木者不得不漂木穿过危险的湍流（见插页图 6）。到达平静的水面后，工人把 604 根木材扎成木筏，然后用大量的竹子连接起来，使它们更有浮力。一个由 40 人组成的团队拖着每只木筏，直到它们到达更深的水流（见插页图 7），然后二三十个这种木筏一起下水，进行历时三年、行程"万里"（实际约 3000 公里）的北京之旅。[62]

这些远不是伐木工人在险远的边远地区所面临的唯一困难。在《西槎汇草》中，龚辉描绘了该地区众多危险中的焚劫暴戾（见插页图 8）和蛇虎纵横（见插页图 9）。[63] 在人口稀少的山区工作也意味着劳动队必须自己携带食物。

龚辉的插图还描绘了一些工人因患烟瘴而虚弱，或因饥饿而啃食树皮和野草，还有人在逃跑时被抓回。他用一组对仗的语句来概括困难："道里之远，程以千计；夫役之众，日以百计；供顿之繁，岁以万计。"[64] 根据四川的谚语，"入山一千，出山五百"。[65] 除了艰苦的劳动，西部山区的伐木工人还面临几十种环境灾害。16 世纪的督木官李宪卿曾表示，他怀疑即使在永乐年间也从未大量获得营建宫殿的木材。[66]

在 16 世纪，不仅是官方面临越来越困难的采木，还有非汉族的统治者。土司们继续向朝廷进献巨木以换取头衔和礼物，但是他们与北京派来的同行在同一个区域伐木，也同样面临着寻找合适树木的困难。1541 年，明朝太庙遭雷击后的第二年，贵州巡抚陆杰奏报，酉阳、永顺和保靖的土司们正在为重建工程争夺木材。朝廷命令官员制止冲突在该地区蔓延，[67] 没有进一步的记载表明冲突被镇压。然而，这些权宜之计并没有消除问题的根源——不断增长的需求导致原始林供应量的减少——并且下一轮的木材需求导致了此问题进一步升级。

第二次有文献记载的木材战争始于 16 世纪 80 年代中期，当时西部伐木作业正处于鼎盛时期，为万历时期开始重建的三大殿提供木材。1585 年或 1586 年，世袭的播州宣慰使杨应龙向皇帝进献了 70 根特别好的木材，被赐予飞鱼服，这是二品官员的标志。[68] 水西土司安国亨对杨应龙日益显赫的地位感到嫉妒，也请求将木材运往明廷。但是安国亨的货物没有送到朝廷，皇帝很生气，扬言要褫夺安国亨的爵位，除非他补交所承诺的贡品。[69] 三年后，西阳土司再维屏进献了 20 根木料，价值超过 3 万多两，被赐予三品官职。[70] 到 1589 年，土司之间的伐木竞争，无疑因其他竞争而进一步加剧，并演变成公开的战争。与朝鲜作战是朝廷对土司的要求之一，当杨应龙违背了派遣军队去朝鲜与丰臣秀吉作战的承诺时，他进一步激怒了朝廷。最终，杨应龙联合几股势力，发动了叛乱，并扩展到西南的大部分地区。1593 年，杨应龙被判斩刑后，他被允许为采木拿出 4 万两的天价赎金来赎命。[71] 但是杨应龙违背了这一约定，叛乱仍在继续。据记载，到 1598 年，杨应龙武装了 14 万人，迫使明朝派遣更多的军队镇压。杨应龙最终自杀，家人被处死，播州土司被消灭，其领土并入附近的县。[72] 在许多方面，他的去世标志着木材朝贡制度的终结。尽管杨应龙的叛乱不只是因为木材，但砍伐最后一棵最好树木的竞争是导致土司之间发生冲突的主要因素。

到了 16 世纪，西部的原始林减少严重，以至于明朝不得不从南方商人那里购买木材来补充所需。李宪卿写道，16 世纪 40 年代的官员在四川和湘西的部分地区［督（地名）之木］监督伐木，但在湖广的其余地区监督购木。[73] 由于成本超支，到 16 世纪后期木材商人增加了。在 16 世纪 80 年代，两位贵州官员舒应龙和毛在，以采木工费的经常性和成本超支的趋势为由，认为诉诸临时解决方案，如从其他管辖范围挪移金条是不切实际的。他们建议要求商人对标准等级的木材报市场价格，这是当时造船厂管理部门的标准做法。[74] 因为贵州的价格最好，但该省几乎没有什么地方税收基础，舒应龙和毛在认为，其他省份的木材应继续在市场上购买，并派官员在那里监督商人和伐木工。[75] 此后，木材需求对木材供应商的依赖不断增加。[76]

尽管明末的木材产量下降，但清初的皇帝再次派遣伐木工到峡谷。1667 年，几乎就在四川平定之后，康熙皇帝下令在该地区进行采伐。虽然他的官员奏报说山里还有大树，却没能提供足够的杉木和楠木来建造宫殿，于是朝廷用东北的松木代替。1683 年，康熙下达另一项西南伐木令，但勘察显示任务困难后就停止了。大部分木材是从南方商人那里购买的。雍正和乾隆皇帝在 1726 年和 1750 年也曾派遣了伐木探险队，但由于产量下降，又迅速取消了。与明朝一样，清朝下令以市场价格购买木材。这在 17 世纪 80 年代成为了皇木的主要来源，在 1750 年之后则成为了唯一来源。[77]

156

木材巅峰

尽管多次未能提供足够数量的木材，16 世纪 40 年代、16 世纪 80 年代、17 世纪 60 年代、17 世纪 80 年代和 18 世纪 20 年代的调查和伐木作业显示，明、清政府具有从事重大工程的能力。几十名官员被派往遥远的边疆监管大规模的劳动队伍。他们在官方登记册中记录了所有杉木或楠木的大小和等级，以及这些树木和最近的河流之间的距离。这些调查被提交给更高级别的官员以用于规划。在 16 世纪和 17 世纪期间，连续几轮的调查使后来的官员们对西部森林有了全面的了解，这使他们能够对伐木管理进行必要的改革，特别是转向从市场上购买木材。[78]

　　三省交界地区的大规模伐木是否导致了滥伐和环境恶化？[79] 滥伐森林的证据是混杂的。从 16 世纪初开始，官员们反复指出，由于过度砍伐，在主要河流附近的山丘是童山，并写道，伐木队不得不深入山区寻找足够大的木材。当我们比较木材产量时，老杉和楠木的砍伐更加明显（见表 7.1）。1441 年，永乐时代的伐木（1409—1424）留下了 38 万根。16 世纪的产量低得多。1557 年，川黔地区出产了 15007 根。据奏报，伐木队在 1606 年砍伐了 24601 根。17 世纪 80 年代，他们在四川和贵州砍伐了 4500 根楠木和同样数量的杉木；官员们评论说，这只是早期产量的三分之一，并且只有十分之一的楠木和五分之一的杉木被认为是合用的。1727 年的征购仅获得了 1044 根合适的楠木。1750 年达到最低点，当时伐木产量仅有 144 根。[80] 根据这些数字，明末伐木的最佳产量仅接近明初作业的 1%—2%，而清中叶的伐木产量仅为明末产量的 5%。

表 7.1　皇木采伐的木材产量

年份	西南采伐根数	抵京根数
1406—1424	*760000—1500000 或更多	380000 剩余 1441
1557	15007	—
1606	24601	—
1685	8559	1830 合用
1727	*5220	1044 合用
1750	*720	144 合用

资料来源：《雍正四川通志》卷 16《木政》；《道光遵义府志》卷 18《木政》；蓝勇：《明清时期的皇木采办》
* 系根据抵京根数的估算

然而，木材产量的下降并不等同于完全的森林滥伐。官方报告明确指出，在 16 世纪末期，甚至在 17 世纪和 18 世纪，四川仍有大片林地。全部皆伐被限制在有良好水路的山谷；在更深的山区，仍然有大片的原始林。相反，木材产量下降反映了帝国伐木性质的根本转变。在 14 世纪晚期和 15 世纪早期，寥寥的记录表明采伐集中在四川南部和邻近的云南及贵州的小片地区。到了 16 世纪 40 年代，官员被派往更广大的边远地区督木，包括四川、贵州和湖广（湖南和湖北）。除了湖广中部的一些地方，所有这些森林都是由明朝官员监管的劳役或部落劳工砍伐的。但是到了 17 世纪 80 年代，征募的采伐再次集中在四川南部，大致相当于明朝初年的同一区域（地图 7.1）。这表明了两次渐进的调整：在 16 世纪，督木官员通过将伐木边界扩大到新的区域来应对川南地区大木的短缺。在 17 世纪末和 18 世纪初，他们的继任者将皇木采伐集中在限制商业运营的极端地形区域。矛盾的是，这使他们回到了明初

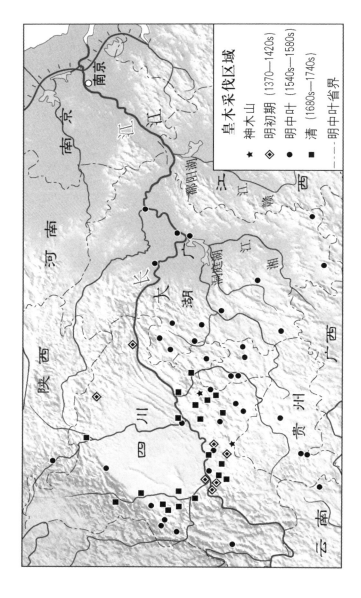

地图 7.1　明清伐木区域

图例：

皇木采伐区域

★　神木山
◇　明初期（1370—1420s）
●　明中叶（1540s—1580s）
■　清（1680s—1740s）
-----　明中叶省界

资料来源：州县和省级地方志、《明史》等。地理参照利用了 TGAZ，图层来自中国历史 GIS 第 6 版。中华地图学社改绘，审图号：GS（2022）3677 号

的采木地点：四川南部的深山。

　　明朝末年，大部分西部边远地区停止了皇木采伐，而商业采伐在私有土地者、私人采伐队和个体商人的监督下继续进行。在湖南、湖北和贵州东部东向的河流沿线，国家转向市场而不是森林征收木材税。正如张萌所指，清朝将木材进贡重新解释为木商代表国家采购材料的许可制度。贵州东部后来成为扩大商品林的主要地点。[81] 这些市场生产的普通木材足以满足大多数建筑项目，而不需要直接督木。皇木采伐在四川峡谷继续进行，但只是为了获得比商品林所能提供的更大的木材。因此，皇木产量的下降与自然生长的最后一个主要伐木期有关。虽然一些原始林仍然存在，但主要是在难以抵达的山谷和高海拔地区，河边的山坡上已经没有最好的木材了。

　　15 世纪初、16 世纪中期至晚期以及 17 世纪晚期，皇木采办的三次繁荣是疯狂掠夺原始林的结果，也是基于丰富自然资源而强迫劳动的收获。一旦遥远西部的深谷中可以利用的原始林被清除掉，商品人工林就成为长江流域仅存的木材来源。在深山和神林之外，人工林也占据了该地区绝大多数的森林覆盖。从大约 1100 年的江南西部和浙江开始，森林所有权、森林监管和森林配置的革命就沿着长江及其支流向西部和南部蔓延。到 1700 年，这种变革在四川和贵州的山区达到政治和环境的极限。

注释

1　中国的建筑是由若干间组成，每间由四根立柱和四根梁枋构成（梁枋，从工艺上来说，前后横木为枋，左右为梁）。间距的大小继而又决定了建筑的整体尺寸。梁思成：《中国建筑史》，12—14。

2　卜正民：《纵乐的困惑》，47。

3　永乐皇帝在 1406—1420 年间采伐了多少木材，目前没有确切的数字。但我们确实知道永乐年间采伐的木材在 1441 年仍有 38 万根没有使用（《明英宗实录》卷 65）。如果我们假设这相当于原来总数的三分之一，那么当时有超过 100 万根的木材曾运往北京。一首当时的诗文记载，800 名工人托运了 400 根木材（曹善寿主编，李荣高编注：《云南林业文化碑刻》，20—21）。如果这一伐木工和伐木量的比率持续下去，北京城营建所需劳役将达到数百万。

4　《嘉靖建平县志》卷 2，118；《嘉靖宁波府志》卷 18，1830。

5　Anderson and Whitmore，"Introduction：'The Fiery Frontier，'" 22–30；乔荷曼（Herman）："Cant of Conquest"。

6　蓝勇：《明清时期的皇木采办》，93。

7　金田：*What the Emperor Built*；根据与金田的个人交流。

8　《蜀郡》，《汉书补注》卷 28a。

9　《蜀郡》，《新唐书》卷 42。

10　《宋会要辑稿·刑法二》，124、149。

11　1085 年在邵州和 1086 年在诚州，朝廷与峒族部落交换木材作为礼物，参见《续资治通鉴长编》卷 356，33；卷 377，50。

12　顾野王：《舆地志》，引自《太平御览·地部十三》。又见邓德明：《南康记·木客》，引自《太平御览·神鬼部四》。

13　《宋会要辑稿·刑法二》，127。

14　《木政》，《嘉庆直隶叙永厅志》卷 29。

15　曹善寿主编，李荣高编注：《云南林业文化碑刻》，18。感谢金田分享这一资料来源。

16　《营造一》，《大明会典》卷 181。

17　曹善寿主编，李荣高编注：《云南林业文化碑刻》，18—19；邓沛：《论明清时期在金沙江下游地区进行的"木政"活动》，89。又见金田：*What the Emperor Built*。

18　《明太祖实录》卷 127，1b。

19　《蜀王〔朱〕椿传》，《明史》卷 117。

20　《营造一》，《大明会典》卷 181。

21　《四川土司一》，《明史》卷 311。

22　《木政》，《嘉庆直隶叙永厅志》卷 29。

23　有关这些事件的一般历史，见范德：《早期明代政府》（*Early Ming Government*）；Dreyer，*Early Ming China*。

24　范德：《早期明代政府》，128；Dreyer，*Early Ming China*，186；韩书瑞：《北京》（*Peking*），109—110。

25　《食货志六》，《明史》卷 82。

26　《木政》，《万历四川总志》卷 20；《木政》，《道光遵义府志》卷 18；《明史》卷 82；《明太宗实录》卷 65，1b。

27　《木政》，《雍正四川通志》卷 16。

28　曹善寿主编，李荣高编注：《云南林业文化碑刻》，20。

29 曹善寿主编，李荣高编注：《云南林业文化碑刻》，21。

30 蓝勇：《明清时期的皇木采办》，87。

31 《嘉靖建平县志》卷2，118；《嘉靖宁波府志》卷18，1830。请注意，所有这些参考文献都是对16世纪60年代或更晚时期的回顾，当时徭役已转换为银币支付。

32 《明史》卷81；《抽分》，《大明会典》207；《物料》，《大明会典》卷190。

33 《明太宗实录》卷139，1b。

34 《明太宗实录》卷146，2a。

35 《明太宗实录》卷152，3a—b。

36 《明太宗实录》卷172，2a。

37 《明仁宗实录》9a。目前尚不清楚这是否也阻止了山区的伐木，但这一命令与谢安在四川任期结束的巧合表明，它实际上是这些伐木项目的结束。

38 1425年，洪熙皇帝颁布诏令："山场、园林、湖池、坑冶、果树、蜂蜜，官设守禁者，悉予民。"随后宣德皇帝也颁布了类似的诏令。参见伊懋可："Three Thousand Years of Unsustainable Growth"，27。又见《大明会典》卷191；以及本书第三章。

39 《食货志六》，《明史》卷82；《明宣宗实录》卷79。直到1441年，朝廷在北京和南京之间来回往返。见范德：《早期明代政府》，第五章。

40 《营造一》，《大明会典》卷181。

41 蓝勇：《明清时期的皇木采办》，93；《明英宗实录》卷65。

42 《食货志六》，《明史》卷82。

43 《营造一》，《大明会典》卷181。

44 《四川土司二》，《明史》卷312。

45 《四川土司二》，《明史》卷312。

46 《土司》，《明史》卷310。

47 《食货志六》，《明史》卷82；金田：*What the Emperor Built*。

48 《营造一》，《大明会典》卷181；金田：*What the Emperor Built*。

49 金田：*What the Emperor Built*。

50 《食货志六》，《明史》卷82。

51 《木政》，《雍正四川通志》卷16；《道光遵义府志》卷18。督木官的临时性质是由于征用的不规范性和明朝等级制度中普遍缺乏中层区域行政官员。见贺凯（Hucker）：《明代中国监察制度》（*Censorial System of Ming China*）。

52 归有光：《通议大夫都察院左副都御史李公行状》，《震川先生集》卷25。感谢金田分享这一材料来源。

53 《营造一》，《大明会典》卷181。

54 《营造一》，《大明会典》卷181。

55 《大木疏》，《万历贵州通志》卷19。

56 《食货志六》，《明史》卷82。

57 《食货志六》，《明史》卷82。

58 《大木疏》，《万历贵州通志》卷19。

59 《食货志六》，《明史》卷82。

60 归有光：《通议大夫都察院左副都御史李公行状》，《震川先生集》卷 25。

61 《木政》，《雍正四川通志》卷 16；《木政》，《康熙筠连县志》卷 3；《木政》，《康熙叙州府庆符县志》卷 2。

62 龚辉：《西槎汇草》卷 1，2a—3b。感谢德文·菲茨杰拉德（Devin Fitzgerald）告知我此信息来源。又见《木政》，《雍正四川通志》卷 16。

63 《西槎汇草》卷 1，2a—3b。

64 《西槎汇草》卷 1，2a。

65 《木政》，《道光遵义府志》卷 18。

66 归有光：《通议大夫都察院左副都御史李公行状》，《震川先生集》卷 25。

67 《土司》，《明史》卷 310。

68 《四川土司二》，《明史》卷 312。《明史》卷 316 提供了较早的数据，《明史》卷 312 提供后期的数据。

69 《贵州土司》，《明史》卷 316。

70 《四川土司二》，《明史》卷 312。

71 《四川土司二》，《明史》卷 312。同样的记载见《播州杨氏》，《罪惟录》卷 34，33a。

72 石康（Swope）："To Catch a Tiger"。

73 《通议大夫都察院左副都御史李公行状》。这篇文章并不能让人明白贵州木材是从商人那里购买的，还是由国家劳役砍伐的，尽管下面引用的长纪念碑文表明，在 16 世纪 40 年代，贵州木材仍然是来自国家劳役砍伐。

74 关于造船厂木材规格和价格标准，见第六章。

75 《大木疏》，《万历贵州通志》卷 19。

76 张萌：《清代中国的木材与森林：维持市场》，第一章。

77 《木政》，《雍正四川通志》卷 16；《木政》，《道光遵义府志》卷 18。

78 不幸的是，这些伐木登记册中似乎没有任何现存的例子。据推测，它们与第二章中详述的地籍和第六章中讨论的木材采购表具有相同的特征。

79 孟泽思：《森林与土地管理》，第八章。

80 这些数字有点难以比较。表 7.1 中 1441 这个数据是储存中剩余的原木，这些原木可能来自任何地区，并没有给出总产量的确切数据。16 世纪和 17 世纪的报告给出了川黔地区砍伐原木的数据，只有 1685 年的数据报告了到达首都的数量。18 世纪的数据只给出了到达首都的数目，没有报告减少的数目。

81 张萌：《清代中国的木材与森林：维持市场》，第一章和第三章。又见张应强：《木材之流动》。

结 论

在作为本书研究核心的六个世纪中，中国南方经历了一场剧烈的环境变迁。这种变迁包括大面积树木植被的清除，林地的衰竭，往往兼具局部严重和区域明显的特点。然而，中国南方的这种转变并非毁林，而是很大程度上导致了整个区域新型森林的创建。虽然一些林地被永久性地清除为农田或荒地，但更常见的是从天然混交林向人工针叶林转变。这种转变是如此广泛，如此依赖于人类行为，以至于只能被描述为一种新的森林生物群落的创造——一种木本植物群落模式，虽然取决于中国南方的亚热带气候条件，但绝大部分是由人类活动创造、传播和控制的。

这种转变中最容易追溯的方面是它所发展出来的一套官僚范畴，用以枚举和管理富有经济效益的山林（forests），并将其与更为宽泛的概念化的林地（woodland）区分开来。数个世纪以来，法律和规范强化了"管理的富足"条件，将林地保持为开放的、免税的土地，其产品可以根据简单的法规自由地采伐。11世纪，当木材短缺的担忧取代了木材丰富的预设，这些规则和态度都发生了变化。很快，国家和私人利益相关者都采取行动，阻止稀缺发生，甚至从稀缺中获利。渐渐地，管理范畴上的"山"成为国家和私人所有权之间的主要联结，在很大程度上取代了更为宽泛的山泽或山野的荒野概念。到 1200 年，国家对整个南方的森林进行了调查和登记。到 1400 年，法律规定森林为专有财产。到 1600 年，财会改革取消了大部分的伐木徭役。土地所有权取代了使用权，市场监督取代了强迫劳动，正式契约和地籍簿取代了非正式的使用规则。

要将森林建成人工的生物群落和管理场所，并确保它们能持续存在，林业必须满足两方面条件，一个是实物的，一个是管理的。第一，人们必须清除现有的植被，代之以人工种植的树木。第二，他们必须确保对土地的所有权。只有同时更改林地组成和林地管理，分散的、开放的林地才能转变为有四至界限的、排他的森林。在缺少上述任何一种条件的情况下，土地通常会恢复非管理景观，并恢复为不同的使用形式和植被模式。因此，管理范畴上的"山"的普及是环境变迁的一个有用表征，这种变迁始于 12 世纪江南和浙江的山区，到 16 世纪扩展到江西和福建，到 18 世纪晚期又扩展到湖南与广东、广西和贵州的部分地区。

因为调查本身就是森林革命的一部分，即使并非不可能，也很难准确地描述在这一转变之前中国南方的林地究竟是什么样子。但我们可以确信地说，这些实物和管理上的行为是如何改变它们的。在整个南方，种植者清除原始的植被，在山间坡地上种满了杉树、松树和竹子。在各地，他们种植其他有商业价值的木本植物，如樟树、桐树和茶树，以及非木本植物如大麻、苎麻和靛蓝。更大范围来看，北起长江，南至西江，东至南海，西至云贵高原的大片土地，由两种生物群落相互渗透而成：低海拔的人工草地和高海拔的人工林地。这种林地的生态管理转型伴随着林地住民的生态—社会转型。就像纳税的农民长久占据着低地一样，现在纳税的林农占据着高地。只有那些人迹罕至的高地和沼泽仍然是其他群落的避难所，无论是木本植物还是人类。

失去的现代性

森林监管的发展为研究中国行政管理知识提供了一个重要案例。与欧洲和东北亚的经验相比，中国的森林管理显得既早熟又奇特，借用亚历山大·伍德赛德（Alexander Woodside）的话来说，就像一种"失去的现代性"。伍德赛德认为，中国早期官僚化留下了超前的经验，这其中既有管理形式主义的好处，也有其陷阱。[1] 类似的模式在景观管理中也可以看到。早在公元780年，中国就通过关税制度把木材作为商品进行直接监管，到12世纪末这一制度趋于成熟。将森林视为地产的地籍形式在1149年发展起来，到14世纪90年代基本成熟，而森林劳动合同在17世纪初达到最复杂的阶段。所有这些都证明了以财政收入为目的是管理森林的高效方法，但代价是增加了官员与环境之间的官僚主义距离。

资产负债表的积极方面并非微不足道。长江木材市场的生产力如此之高——由此产生的关税也是如此之高——以至于无需对森林管理进行实质性变革，就为水军的大规模扩张提供了保障。在12世纪到15世纪的东亚航海竞赛中，尽管造船费用是不断被抱怨的问题，但它只是偶尔转化为对森林本身的压力。以市场为基础的间接管理非常有效，它在很大程度上阻止了国家对森林的更直接冲击。这其中当然也有国家强烈干预的时期：李宪在11世纪70年代进行了大规模的伐木工程，12世纪60年代的海陵王、13世纪70年代的忽必烈和15世纪初的永乐皇帝也都进行了类似的砍伐。蔡京在12世纪初制定了奖励植树的措施，朱元璋在14世纪90年代下令大规模植树。就像欧洲和东北亚部分地区的林业一样，中国南方的森林管理本来可以围绕这些直接的干预措施来发展。

这些"未走的路"造成了具有挑衅性的反事实（counterfactuals），迫使我们认真思考。如果不是因为12世纪20年代金的入侵，蔡京很可能被人们铭记为国家林业之父——中国的柯尔贝尔——而不是小说中的恶棍。如果不是蒙古人在13世纪70年代的征服，中国南方可能会出现像威尼斯或荷兰那样围绕商业资本的发展，而不是重新融入一个大陆帝国的指令经济。如果永乐没有在1402年篡夺帝位，朱元璋对自给自足经济的追求可能会导致林业专注于可持续性的生产，而不是在峡谷地区进行强制劳动破坏。这些路径依赖（path dependency）应该成为对文化决定论和环境决定论的警示。长江森林体系不是地域环境的简单产物，也不是抽象的"中国"文化的必然产物。

尽管如此，中国官僚体制的早期出现一再将关键政策从直接的环境干预转向通用的管理形式。中国森林监管最持久的变化，不是官方法令或专门的森林法庭（wood courts），而是伴随土地调查、税务核算和财产法律的广泛改革而发生的附带变化。事实上，中华帝国的官僚体制最令人惊奇的特点是，它有能力容纳各种不同的环境，并由大量不同的机构管理它们。中国的官僚能够在高层政治和地方生态的重大转变中管理这种生产环境组合。在前几章中，文献所证实的变迁是非常连续的，跨越了区域和多区域帝国之间的血腥蜕变；林地组成发生了从天然混交林到针叶人工林的巨大转变；林地管理发生了从非正式的砍伐限制到通过书面契约和地籍来规范的彻底改观。就国家政策而言，这些在政治、生态和法规方面的关键性发展，只导致了国家的木材收入从对劳动力（徭役）的财政监管转向了对土地的财政监管（土地税）。与此同时，从熙河采买木植司到龙江船厂，帝国多次创建和取消专门机构，并未造成木材供应基本动力的重大变化。

然而，尽管行政效率非常高，但对于本应该记录的事情而言，行政方式却并非完美的代表——这是现代官僚刚刚开始重新发现的一个刻骨铭心的教训。正如詹姆斯·斯科特在《国家视角》一书中所论述的那样，环境的图解会破坏它们想要取代的复杂的相互依赖关系。或者借用企业管理上的一句话："所能测量的即所能得到的。"在中国的森林体系中，这不可避免地意味着，官僚在行政管理上会优先考虑可测量的数据，比如面积、原木尺寸和价格，尤其是与模糊的"生态系统服务"如土壤保持、气候稳定和野生动物栖息地相比。这使得森林群落的生命与纸上抽象形式的木材之间的距离越来越大。曾经发挥复杂的动植物网络功能的林地被主要服务于生产木材和燃料的森林取而代之。

即使在人类内部，商品生产的优先性也是以牺牲替代性较低的产品为代价的，诸如燃料、饥荒食品、狩猎和放牧土地。作为社区生态—社会安全网络的林地变成了少数物主的私有财产。从南亚和东南亚到美洲的情况来看，森林圈闭的第二个后果是剥夺了千万个林地社区的传统作用和天赋。[2]但是，正如本书所揭示的，森林

164

的圈闭和林地社区的剥夺并非严格意义上的欧洲帝国主义的结果。早在欧洲殖民海外之前，这些趋势就在中国出现了，主要是因为森林所有者采用了低地农民使用的产权形式，并将其延伸到山地。产权的强化是诱使地主进入地籍监管体系的胡萝卜，而税收的货币化则是驱使森林劳动者进入合同劳动市场的大棒。

在整个过程中，正是对国家和森林所有者施加监管的机制本身使他们对社区贫困视而不见，除非这些衰退影响到木材生产、税收或合同履行。尽管如此，复杂环境的简化不仅不可避免地导致诸如"生态服务"之类的模糊商品的损失，而且还导致由管理者衡量的木材产量本身的下降。正如船厂主管和伐木官员都发现的那样，木材供应取决于许多他们没有考量的因素。16世纪的官僚们富有先见地通过在簿册上添加更多的空格来应对木材产量的下降。但是，没有任何正式类别中的数目能够完全解释大陆市场上木材供应和需求的转变、国外白银的流入、山坡土壤的侵蚀，或者林地族群迁移到边远地区和合同劳动市场。这种早熟的现代性预见到了科学林业在欧洲发展的陷阱。

165　　尽管如此，将中国林业视为欧洲经验的不成熟版本，仍是一种误导。一方面，没有单一的"欧洲"林业，即使是经常混为一谈的法国学派和德国学派之间也存在着巨大的差异。[3]另一方面，林业及其相关的学科如植物学的发展，也离不开更广泛的智力和政治驱动力。在欧洲，这包括大量相互竞争的国家，允许彼此对立的学派蓬勃发展，相互竞争，相互学习。相比之下，在中国，科举科目的学习占据了主导地位，学习高度受到帝国重视的知识形态的制约。在这种模式中，林业被视为农业的一个小分支，而植物学则留给了文本注释、乡土地理、医药本草学等几种不同的传统。最后，最重要的是林业在欧洲发展较晚，那里的林业得益于几个世界以来的重商经济、调查技术和世界范围内的植物学探索。[4] 有迹象表明，中国可能在 18 世纪朝着趋同的方向发展，当时的一些文献开始把树种区分为更多更细的类别，官员们开始提倡高地土地利用的"最佳做法"，地主开始注意到边坡清理造成的环境退化。[5] 虽然这些发展有机会像在欧洲那样成就独立的林业、植物学或环境科学，但在这之前，中国进入了一个重大的危机时期。当欧洲帝国向世界扩张时，中华帝国却瓦解了，于是影响现代世界大部分地区的是欧洲林业，而不是中国林业。

移民危机

森林史也有助于理解导致中国在 19 世纪衰落的危机，它们与南方高地的人口流动有很大关系。[6] 自从 1954 年何伟恩（Herold J. Wiens）的著作《中国向热带进军》（*China's March toward the Tropics*）出版以来，历史学家一直关注中国国家向南扩大影响的问题。如同弗雷德里克·杰克逊·特纳（Frederick Jackson Turner）对美国西部的观点，中国学者也将吸引移民的可利用土地减少视为重要因素，特别是在 1800 年之后。在《大象的退却》一书中，伊懋可从环境史的角度重新诠释了这种文明叙事，国家的进步反映在这种退却中，不仅有非汉族族群的退却，还有大象以及庇护大象的林地的退却。在《大分流》（*The Great Divergence*）

166

中，彭慕兰（Kenneth Pomeranz）将中国边疆的相对贫困——与欧洲人在美洲的殖民地相比——视为欧洲持续发展与中国经济停滞之间分流的关键因素。有些著作的叙事采取了更直接的马尔萨斯理论，即相对于不断增长的人口，土地的绝对稀缺注定了中国发展模式的失败。[7]另外一些学者通过更为深入细致的叙事，表明边疆的"圈闭"（closure）是一个复杂的过程，包括土地利用和土地权利的变化，加剧了环境退化和社区贫困。[8]

在中国的南部边疆，高地聚落在一种新型的生态—社会冲突中扮演了关键角色。尤其是依赖高地的客家人和"棚民"数量成倍增加，而中国南方适合开发的无主山地却开始消耗殆尽。高地定居者带来了一连串的冲突——在山地地主与新的佃户和棚民阶层之间，在短期耕种与长期耗竭之间，在高地经济作物与下游河流之间。新世界作物的引进是促成高地人口扩张的另一个因素：棚民经常开垦土地种植玉米和番薯以维持生计，尽管他们也进行采矿和种植一年生的经济作物如靛蓝、烟草和茶叶。[9]

18世纪和19世纪的移民来到了一个已经被密集开发的高地环境。当棚民到达时，中国南方最易开垦、最肥沃的坡地已经被人工林覆盖了。这使得他们要么在被林农和茶户所忽略的少数边缘生态位勉强维持生计，要么与林主争夺土地。因为番薯和其他一年生作物长期裸露土地，大量消耗土壤养分，致使脆弱的高地土壤进一步衰竭，并造成了大量有据可查的侵蚀问题。因为客家人和棚民与林场主争夺土地，他们的到来也造成了有大量有据可查的社会冲突。

关于土地权利的斗争，无论是高地居民和低地居民，还是佃户和地主，在19世纪并不新鲜。尽管如此，清朝中后期不断加剧的冲突，反映并促成了高地尤其是客家移民新的社会组织形式的出现。正如王大为（David Ownby）指出，被边缘化的人们创建了秘密会社——包括功夫电影里的"三合会"——面对镇压，他们变得越来越异端。这些会社随着无地者的流动而遍及中国东南部，其中许多人从事包括种植林木和经济作物在内的高地劳作。[10] 后来，共产党又把另一种新的社会组织形式带到高地。[11] 玛丽·S.埃尔博（Mary S. Erbaugh）和梁肇庭梳理了客家人与 1850 年到 1949 年间中国南方出现的起义和革命运动之间的特殊联系：太平天国领导人洪秀全是客家人，朱德和邓小平等一些共产主义革命家也是客家人。[12] 这种联系可能过于轻率。韦思谛指出，尽管客家革命者占优势，族群认同并没有直接映射到政治派别。[13] 尽管如此，数代人以来，土地利用和林地权利的变化一直是联结中国南方起义和叛乱的红线。19 世纪和 20 世纪只不过是把更多拥有新组织形式的被剥夺者带到了竞争日益加剧、资源日益枯竭的环境中。

我此处的观点并不是说太平天国运动和共产主义革命完全是生态冲突。生态不能从人类活动对土地及其生物群落的作用中抽象出来，人类文化也不能从其与非人类生命的互动中抽离出来。相反，我的观点是，这些起义不是人口压力、族群冲突或资本主义转移的简单结果。他们受到八个世纪以来发展的特殊制约，这些发展把人们推到山上，又把山上的人们推进市场，即使山地因圈闭为杉木人工林而变得越来越难以利用。这不是人口增长与土地供给一成不变的**一般**状态，而是山地人口增长和林地供给逐渐减少的**特殊**状况。接踵而至的冲突跨越了族群、宗教正统、国家主体和地主—佃户关系的界限。但是，面对森林圈闭的长期趋势和尝试山间坡地生

168 活人口的空前短期增长，作为生存策略的高地耕作已经结束，这成为冲突产生的基本因素。类似的驱动力破坏了 19 世纪朝鲜和中欧山地森林与低地农场之间的平衡，并造成从法国革命到东学党起义的世纪叛乱。[14]

走出森林之路

中国的森林史将何去何从？当我开始这项研究的时候，我以为我是在为 19 世纪中国错综复杂的社会与环境危机写一篇序言。十年后，我却只能推测这些反抗的生态—社会动力。然而，我希望本书能够令人信服地阐明在此之前制约国家对森林和木材市场进行监管的结构。在本书的结论中，我使用这些结构来假定中华帝国的发展轨迹，无论是通过与欧洲帝国的比较，还是通过结束帝国的危机。第一方面的系列推测涉及行政管理和专业知识之间的相互作用，并最终谈及环境科学和环境保护主义的起源。第二方面的问题涉及此前资源管理体系中的 19 世纪危机。在这两种情况下，我都隐含着中国和西欧之间的对比，前者被认为未能产生一个"现代"的解决方案，而后者则蹒跚地转向了现代性——无论这是否被理解为一种智力、物质或技术的进步。我希望前面几章已经说明了这些事态发展的偶然性。在不同的时期，就专业技术、经济和意识形态的形式而言，中国表现出了与欧洲平行（或预先）发展的趋同进化。然而，中国的历史仍然与众不同。在六个多世纪里，中国在保持繁荣的同时，一直沿着尽量减少国家干预森林的道路发展。到目前为止，它的成功历史远长于正在进行的世界范围的科学林业实验。这表明，我们必须质疑我们现在认为理所当然的森林机制的必然性和优越性。

通过回答一系列关于森林和帝国的问题，我发现了许多在本书中被间接提及的其他问题。我在几个章节中提到了林权和林地纠纷，特别是当它们涉及土地利用和劳动力迁移时。这些都是复杂的问题，尤其是在中国，林权往往与墓地和风水等更为复杂的问题联系在一起。[15] 林地纠纷的处理还把个体引入故事叙事，包括像妇女、儿童和不识字的农民这些沉默的群体。诸如薪材和木炭之类的木材燃料值得研究，尤其是它们与煤炭的使用以及 19 世纪和 20 世纪的能源转型有关。木材在其他用途上的变化，无论是用于木工、家具还是医药，都有其丰富的历史可以探索，对森林的诗意和文学想象也是如此。这些都是重要而复杂的问题，需要进一步研究。现在，我将用最后几段内容回到更大的关于生态和制度变化的故事上来。

中国的景观既不是全新的，也不是完全旧的。大约在 1000 年到 1600 年之间，中国南方的林地从一个包含人类的生物群落——一个由火耕流种和择伐改造而成的混交林——过渡到另一个具有更多人类影响的群落，即以杉木人工林为主的景观。直至 18 世纪中叶，它还具有进一步的延续性。在那之后，很明显，中国南方林地在 1750—1980 年之间经历了另一次根本性的转变，这其中很大一部分受到战争掠夺和激进社会政策的制约，但并不完全如此。矛盾的是，尽管出现了重要的新发展，但 1980 年以来的景观变化更像是回到了 18 世纪以前的形式，而不是 19 世纪和 20 世纪趋势的延续。这表明中国还没有完全走出它在宋朝进入的森林时代。

更重要的是，木材利用形式历经千年，其持续重要性表明，我们必须反思我们对森林和林业的理解。森林不仅是人类活动的容器或条件；虽然它们变化缓慢，但确实在变化。但是，森林也不完全是人类行为的产物；树木有其自身复杂的行为和相互作用。虽然种植、修剪和采伐仍然是人类最重要的行为，促进了幼龄针叶树主导的生物群落，但是这些树木产生了其自身的限制和潜力。森林和林业都不能脱离彼此而存在。即使像"森林"（*forest*）和"木材"（*timber*）这样的词语，也代表了行政管理上反映和改造生物生长模式的尝试。考虑到人类聚落对中国环境影响的深度和强度，生物群落，即使被认为是野生的生物群落，也受到人类规则、规范和行为的制约。鉴于林业和农业产品在物质上的持续重要性，即使被认为属于人类的制度机构，也与它们赖以建立的生物群落密切相关。

就像忒修斯之船（ship of Theseus）一样，随着腐烂的木板被替换成新木板，船体也在不断地重建，然而这些构造显示出惊人的持久性，远远超过了它们的任何组件的寿命。新的林木长大，被拣选，并被加工后放入合适的位置。新的工人由他们将接替的退休人员培训。书面的记录和潜在的规则规定了操作的规范和顺序。树木本身生长的长期性提供了自身的连续性形式。面对恶意的命令和善意的忽视，这些模式是次生生长多年累积的产物，是极难改变的。从一个角度来看，中国的管理者默认了这些限制，强加了中间水平的特定官僚主义形式，让各个林区遵循其内在的驱动力。从另一个角度来看，管理者仍然远离他们所管理的林区，因为抽象的权威无法改变根深蒂固的地方模式。最终，其中出现的制度并非不可

170

避免，也不是高层决策的简单产物；它们是妥协的结果，取决于其
所管辖的林区，以及统治者将这些地方形式嫁接并修剪成一个连贯
整体的反复尝试。

注释

1　Woodside, *Lost Modernities*.
2　对于美国东北部地区的这种早期转变的开创性研究是克罗农（Cronon）的《土地上的变迁》（*Changes in the Land*）。在现代南亚和东南亚关于林权的文献特别多，参见 McElwee, *Forests Are Gold*；Peluso, *Rich Forests, Poor People*；Guha, *Unquiet Woods*。
3　Radkau, *Nature and Power*, 212–221。
4　参见 Grove, *Green Imperialism*；Lowood, "Calculating Forester"；Warde, *Invention of Sustainability*。
5　例如，白杉与赤杉的区分似乎与杉木属与柳杉属的现代分类方法有关。参见《物产》，《乾隆瑞金县志》卷 2。关于官员提倡"最佳做法"，参见"县有余山土劝民栽种杂粮"，《湖南省例成案》7.5a—21b。关于对侵蚀的认识，见安·奥思本：《土地垦殖的地方政治》。
6　中国的历史学家已经开始质疑这种衰落叙事。参见王文生：*White Lotus Rebels*。尽管如此，在 19 世纪，甚至在鸦片战争和太平天国运动之前，治国方略的基调已经发生明显变化。
7　例如，赵冈：《中国历史上的人类与土地》（*Man and Land in Chinese History*）；黄宗智：《小农家庭与乡村发展》（*Peasant Family and Rural Development*）。
8　重要的著作包括 Perdue, *Exhausting the Earth*；马立博：《虎、米、丝、泥》；费每尔：《山地边疆》（*Mountain Frontier*）和《人口与生态》（*Population and Ecology*）；陈国栋：《台湾的非拓垦性伐林》。关于此项研究非常实用的学术总结，参见马立博：《中国环境史》，第 5 章。
9　韦思谛：《棚民》（Shed People）；安·奥思本：《土地垦殖的地方政治》；安·奥思本：《丘陵与低地》；班凯乐：《中国烟草史》；加德拉：Harvesting Mountains；梁肇庭：《中国历史上的移民与族群性》。
10　王大为：*Brotherhoods and Secret Societies*。
11　韦思谛：*Revolution in the Highlands*。
12　Erbaugh, "Secret History of the Hakkas"；梁肇庭：《中国历史上的移民与族群性》。
13　韦思谛：*Revolution in the Highlands*。
14　Bayly, *Birth of the Modern World*, chap. 12；Lee, "Forests and the State"；Matteson, *Forests in Revolutionary France*；Sahlins, *Forest Rites*.
15　见孟一衡："Roots and Branches," chap. 6。

附录 A：税收数据中的森林

关于明朝税收的研究，已经有许多重要的成果，最为著名的有何炳棣的《中国人口研究》、黄仁宇的《十六世纪明代中国之财政与税收》及梁方仲的相关研究。这些研究表明，将土地登记数据作为实际耕地面积的直接依据是非常不可靠的。很明显，这些数据至多是财政意义上的面积的指标，也就是税户的数量和规模。尽管这些数字对于解释绝对土地的变化并不是特别有用，但作为国家统计和监管下的农田和山林数量的粗略指标，还是相当有用的。此外，虽然《明史》和《大明会典》等重要文献提供的概括性资料，汇总了来源广泛的各种数字，但利用地方志中的地区性和区域性数字，可以形成更高程度的时空确定性。有时甚至可以按照类别分析土地和人口，包括将土地细分为水田、旱地、山林和陂塘。

土地占有数字的汇编本身就是一个历史性的偶然过程。土地面积数字所表达的自然景观在 1149 年发生显著变化，而在 1315 年、1391 年和 1581 年（选择了四个主要的分界点）变化较小。尽管如此，这些数字对于粗略地估算土地登记程度是有用的，特别是当我们跨时间段比较某一特定管辖区范围内的数据，以最大程度地减少地方不同计量单位带来的困难时，尤其如此。此外，尽管省域和帝国范围内的计量单位发生显著变化，但府和县的管辖区域相对稳定——尤其是在南方内陆地区。本附录提供了前几章中使用的具体数据，以便对山林登记的分布提供索引，从徽州府开始，它提供了单一的、最好的数据链，继之是江西和福建一个府较为分散的数据。

徽州府山林面积的变化

徽州府按照县和土地占有类型（1315 年后）细分，提供了宋、元、明时期中国南方最好的单一时间序列的地籍数据（见表 A.1）。虽然这些数据都出自徽州，但因为徽州府是山林登记实践转变的中心，它仍然为追踪长时段变化提供了连续性数据资源。除了第二章引用的轶事之外，这些数据为 1149 年调查后的土地登记变化提供了最清晰的证据。除了婺源外，其他县的土地面积至少增加了60%，而周边三个县的土地面积增加为原来的三倍。这三个县——祁门、黟县和绩溪——也是 1315 年山林面积比例最高的三个县（见表 A.1 中的黑体字）。这表明，1149 年登记面积大幅增加，在很大程度上归因于税簿上增加了山林项。

在 13 世纪很长一段时间里，登记土地面积增幅要小得多，主要是另外两个县，即休宁和婺源，这两个县在 12 世纪曾经增长最为缓慢。目前还不清楚是自我上报渐次增加的结果，还是延祐经理期间（1314—1320）的突然暴发。在 1315—1391 年间，婺源和祁门县土地登记的面积实际上下降了，主要是由于山林项从这两个县的税簿中消失（见表 A.1 中的斜体字）。其原因在于 14 世纪 50 年代一个短暂的地方政权给予的税收减免（这并非如周绍明所说，是由朱元璋造成的）。尽管婺源和祁门的山林面积再也没有达到 1315 年的水平，但在明朝其余时间里，土地登记面积缓慢增加，这主要是由两县林地增加驱动的。同样值得注意的是，在 13 世纪和 15 世纪，渐进的自我上报对增加土地面积方面，至少与洪武时期（1368—1391）和张居正主政时期（1581）更为强硬的扩大登记尝试一样成功。宋末元初，通过自我上报，徽州府的土地面积增长了 15%；元末明初，一直保持平稳（抛开祁门和婺源消失的山林面积）；15 世纪增长了 26%，山林面积和非山林面积都有相似的增长；在 16 世纪的较长时间里，仅有小幅增长。

表 A.1　徽州府各县山林面积变化

	歙县	休宁	婺源	祁门	黟县	绩溪	徽州总计
土地总面积变化（%）							
12 世纪早期 至 1175 年	81.00	63.00	17.00	**260.00**	**263.00**	**196.00**	93.00
1175—1315	2.00	53.00	20.00	2.00	7.00	4.00	15.00
1315—1391	0.40	0.00	*−62.50*	*−82.60*	−7.30	0.10	−38.10
1391—1491	17.00	29.00	55.00	71.00	5.00	6.00	26.00
1491—1611	10.00	−5.00	12.00	140.00	0.00	3.00	16.00
山林面积变化（%）							
1315	19.00	15.00	46.00	**69.00**	**55.00**	**51.00**	**45.00**
1369	19.00	15.00	0.00	0.00	55.00	51.00	26.00
1391	19.00	15.00	0.00	0.00	60.00	51.00	25.00
1491	16.00	15.00	19.00	14.00	57.00	48.00	26.00
1611	17.00	13.00	19.00	58.00	56.00	46.00	25.00

　　注：黑体数字表示在 12 世纪土地总面积增长最多的三个县，以及这三个县的山林面积在 1315 年占据的高百分比。斜体数字表示有两个县的林地项在 14 世纪 50 年代或 60 年代林地被移除出税簿

　　资料来源：《淳熙新安志》《弘治徽州府志》

南方其他地区面积的变化

没有哪个府的数据链能与徽州相媲美，但是在江西和福建的几个地区，一些分散的数字让我们能够追溯明朝山林登记的变化（见表 A.2）。在徽州附近地区，土地登记模式可能看起来是非常相似的。位于徽州南部的饶州是最近似的例子。在 16 世纪早期，登记的耕地面积增长了约 10%，而山林面积只增长了一个舍入误差。1581 年，根据张居正的调查，耕地面积增加了近四分之一，其中大部分是以牺牲山林为代价的，山林面积的减少在 13% 以上。这可能反映出，张居正调查登记的山林，已经被转换为具有适当税收等级的耕地。虽然这些地区没有可比较的纵向数据，但很可能从鄱阳湖到杭州湾的整个带状地区都与徽州和饶州较为相似，在 12 世纪山林登记达到一个很大的高峰，然后又相对平缓地增加。

174

表 A.2 南方五府山林面积变化

| | 1315—1391 年的变化（%） | | 1391—1511 年的变化（%）★ | | 1511—1611 年的变化（%） | |
	非山林	山林	非山林	山林	非山林	山林
南安★	—	—	−22.67	−3.23	—	—
饶州	—	—	7.97	0.37	24.77	−13.61
瑞州	—	—	—	—	6.51	0.26
建宁	—	—	−0.40	1.73	—	—
徽州★	−19.20	−65.52	26.49	25.85	10.70	3.64

注：★ 这两个府并没有 1511 年的数据资料。南安府最接近的可以获取的资料是 1531 年的。徽州最接近的可以获取的资料是 1491 年的

资料来源：《嘉靖南安府志》《正德饶州府志》《正德瑞州府志》《嘉靖建宁府志》《弘治徽州府志》《江西省赋役全书》

福建建宁、江西瑞州，以及江西南部的一个军事哨所南安，展示了一系列其他可能性。可能因为偷税漏税，南安耕地和少量山林登记面积（不到登记面积的 0.5%）都明显减少。建宁的土地面积基本保持平稳，非山林面积小幅减少，山林小幅增加。在江西中部另外一个繁荣的地区瑞州，我们知道在 1581 年调查之后，非山林面积有所增加，这可能是因为沼泽地的开垦。虽然这些数据仅来自少数几个地区，但它使我们对发展的范围有所了解。

景观变化的最后一些证据来自 1581 年前后江西部分地区的综合面积数据（见表 A.3），尽管是间接的。张居正组织进行的 1581 年土地调查，一般被认为是失败的。然而，如果我们看看府一级的数据，这一认识可能会有所改变，在某些地区，土地调查在增加应

表 A.3　1581 年调查后土地总面积变化

	1501—1541 年间的最好数字	1597 年	变化（%）
饶州	63728	70547	10.7
广信	49328	48113	−2.3
九江	9659	12485	29.3
南昌	49987	70461	41.0
临江	27307	34038	24.6
瑞州	36293	37723	3.9
建昌	14251	17017	19.4
袁州	16528	22397	35.5
赣州	10861	33528	208.7
总计	277825	346309	24.6

资料来源：《正德饶州府志》《嘉靖广信府志》《嘉靖九江府志》《万历新修南昌府志》《隆庆临江府志》《正德瑞州府志》《正德建昌府志》《正德袁州府志》《天启赣州府志》《江西省大志》

税面积方面取得了显著成功，其中一些土地可能来自登记的新林地。从调查前后九个府的土地登记数据变化来看，情况很不相同。我认为，其中至少有四种不同的趋势。

江西东北部的广信和饶州是该省最发达的地区，从宋朝开始就有很高的山林登记率，当时它们属于江南东部的一部分，毗邻徽州。这里登记的土地面积变化不大。然而，如上所述，至少在饶州，这其中隐含着一个相对重要的转变，即应税面积从山林向非山林的转变。就像邻近的徽州一样，这个地区的大部分原始森林正在逐渐转变为农田。

在该省的其他大部分地区，登记的土地面积增加了20%—40%。我认为，鄱阳湖沼泽地的开垦和江西边境山区的山林登记实际上是两个截然不同的过程。在距离鄱阳湖最近的三个府，南昌、九江和临江，土地面积平均增长了24%—40%。在邻近的瑞州，增长更为平缓。几乎可以肯定，这反映了前一个世纪围湖造田土地的延迟登记。

在多山的西部袁州和东部建昌，土地面积增加的数量相近，但原因可能各不相同。这两个府都没有多少沼泽地可供开垦，但可能都有大量未开垦的林地。尤其是袁州，在明朝中期，林区非常发达，1581年调查前，山林面积占应税面积的30%以上。在我使用的大部分数据中，缺少建昌的详细数字，但到了清朝中期，建昌的林业也活跃起来。我认为，这些地区可能在1581年经历了一波山林圈地潮，或许与1149年更东部的发展相似，但其意义可能没有那么重要。

最后，在1581年的调查中，江西南部赣州的土地面积增加了三倍。在 16 世纪早期，赣州还是一片蛮荒之地，但到了 17 世纪早期，其木材业已日趋成熟。1581 年调查期间的这一大规模土地登记潮，反映了赣州更充分地融入到国家权力的多元进程。作为广大的客家腹地的一部分，赣州的土地登记是当地人口成为纳税人口趋势的一部分。鉴于林产品对赣州地区和客家人口的重要性，一些新征税的土地几乎肯定是山林。

虽然这些数据不完整，但还是表明了一系列情况。一方面，在 1149 年之后，像饶州这样的地方——实际上从鄱阳湖到杭州湾的整个地区——应纳税的山林面积可能只发生了很小的变化。如果说有什么区别，那就是在 1581 年的调查中，由于登记类别的改变，这个地区大部分的山林转变成了农田。另一方面，像赣州和南安这样的地方，在明朝后期以前，很难保存税收记录。但是，一旦发展了商品林，在 1581 年后就出现了土地登记的巨大发展。在这两极之间，江西中部的许多府县（和类似地区）根本没有发展大规模的森林经济。但是像袁州和建昌这样的地方，在明朝中后期经历了一波山林登记和发展的浪潮。

附录 B：关于史料的说明

如果没有数字方法和在线数据库，本书的研究可能要花费整个学术生涯。正是因为有了这些工具和资源，我才能够在十年内完成。为了避免进一步混淆本已复杂和有时曲折的叙述，我在正文中已经大量省略掉了关于研究方法的讨论。尽管如此，这些问题还是需要某种程度的解释。

到目前为止，在这项研究工作中使用最多的工具是全文检索，它是最近历史研究工作的基础，但通常还没有被认可。依靠专门的中文资源数据库和更为通用的搜索工具如谷歌、百度，通过使用全文检索如"杉"（fir）这样的关键词，我能够搜索到涵盖范围非常广的各种资料。通过这种方式，我发现了完整的文本类型，有些是我以前不知道的。我就是这样找到了几篇关于船政的文章，大部分是独立的文本；这也是我找到有关木政的文章的途径，其中大部分都隐藏在地方志后面的篇目中。除了确定与主题高度相关的文章，全文检索也让我找到了广泛分散在通论（generalist accounts）中的轶事资料。例如，《续资治通鉴长编》是关于宋朝历史和政府的通论，没有专门的森林或木材贸易部分。通过全文检索，我发现了几十个政策变化的小例子，这些轶事使我能够大致勾勒出宋朝森林干预的图景。

178　　同样重要的是，全文检索使我能够识别其他检索词。慢慢地，我形成了一个思维导图（和一份谷歌电子表格），在诸如"竹木""抽分""采办"以及其他数十个关键词共同组成的森林和林地管理的官僚机制之间建立起了联系。由于前现代的中国的确没有一个单一的、集中的林业机构，因此能够追踪跨多个管理机构的干预措施及其偏好，就显得尤为重要。

这种方法是有代价的。关键词检索，得之于广度，失之于语境。关键词的选择也非常重要，有些过于具体，结果会很少；有些过于笼统，就会产生大量无关信息。最好的关键词是与源文本中清晰的本体紧密对应的关键词。但是，即使这些本体很清晰，关键词组织查询的方式仍然可能不是所期望的那样。本文部分地以中国植物学、税务核算和建筑管理的基本词汇为指导。事实上，我能够很容易地回忆起每一章用于展开查询的关键词。最后，为了使用全文检索，我几乎完全依赖数据库，尤其偏好那些没有收费墙或其他访问限制的数据库。这些数据库提供的书目信息并不总是完整的。在某些情况下，很难确认数字版本背后的实体版本，这给文献链增加了一定程度的不确定性。

除了关键词检索，我还使用规则表达式（regular expressions）作为访问大量数据的方式，包括第二章和附录 A 中使用的大部分数据。我与马普科学史研究所和他们的地方志研究工具（Local Gazetteer Research Tools）的研究人员合作，开发规则表达式来标记已知的关键词，并根据地方志中的结构识别相关数据。例如，对税务核算词汇的了解使我能够通过半自动化过程标记和提取大量税收数据，在几周内将我的数据组规模扩大了四倍。与更广泛的关键词检索一样，规则表达式也建立在历史文本的底层语义和结构内容之上。

所有的历史都是其史料的一种功能，由它们所使用的档案及其作者的阅读偏好所塑造。本书也不例外。然而，值得注意的是，在这种情况下，"档案"并不是现实的存储库中的一组文件箱，甚至不是一种文本类型，而是一组松散的迥然不同的史料，其中许多还是数字的。而"阅读"过程部分依赖于像全文检索和规则表达式标记这样的计算辅助方法，以及本人的人类感知和认知能力。

179

术语表

人物

Cai Jing　蔡京（1047—1126 年）
Cai Kelian　蔡克廉（活跃于 16 世纪 60 年代）
Chen Xu　陈旭（活跃于约 1524—1545 年）
Cheng Changyu　程昌寓（活跃于 1130 年）

Dai Jin　戴金（活跃于约 1541 年）

Fan Chengda　范成大（1125—1193 年）
Fang La　方腊（?—1121 年）

Gong Hui　龚辉（活跃于约 1540 年）
Gu Zuo　顾佐（?—1446 年）
Gui E　桂萼（?—1541 年）
Guoheng　安国亨（活跃于约 1587 年）

Hai Rui　海瑞（1514—1587 年）
Han Lin'er　韩林儿（1340—1366 年）
Han Shantong　韩山童（?—1351 年）
Han Yong　韩雍（1422—1478 年）
Huang Yingnan　黄应南（活跃于约 1160 年）

Ke Xian　柯暹（1389—1457 年）
Kim Panggyong　金方庆（1212—1300 年）

Li Chunnian　李椿年（1096—1164 年）
Li Gang　李纲（1083—1140 年）
Li Xian　李宪（活跃于约 1073 年）

240

Liu Bing　刘丙（?—1518 年）
Liu Guangji　刘光济（活跃于 1544—1578 年）
Lu Jie　陆杰（1488—1554 年）

Mao Zai　毛在（1544—?）
Minde　鈜德（活跃于约 1387 年）

Ni Dong　倪涷（active 1570—1590 年）

Pan Jian　潘鉴（1482—1544 年）
Pang Shangpeng　庞尚鹏（1524—1580 年）
Peng Shiqi　彭世麒（活跃于约 1514 年）

Qi Gongzhi　綦公直（活跃于约 13 世纪 70 年代至 80 年代）

Rong Ni　荣薿（活跃于 1141—1158 年）

She Lu　奢禄（活跃于约 1484 年）
Shen Kuo　沈括（1030—1095 年）
Shu Yinglong　舒应龙（活跃于约 1580 年）
Song Li　宋礼（1358—1422 年）
Su Shi　苏轼（1037—1101 年）

Wang Anshi　王安石（1021—1086 年）
Wang Li　汪礼（活跃于 1453—1472 年）
Wang Yangming　王阳明　aka Wang Shouren　即王守仁（1472—1528 年）
Wang Zongmu　王宗沐（1524—1592 年）

Xia Shi　夏时（1395—1464 年）
Xie An　谢安（活跃于 1406—1440 年）

Yang Yao　杨幺（1108—1135 年）
Yang Yinglong　杨应龙（1551—1600 年）
Ye Mengde　叶梦得（1077—1148 年）
Yuan Cai　袁采（1140—1190 年）

Zaiweiping　再维屏（活跃于约 1589 年）
Zhang Juzheng　张居正（1525—1582 年）
Zhang Lü　章间，有时写作 "张闾" 或 "张驴"（活跃于 1306—1314 年）

Zhang Rongshi　张荣实（活跃于 1234—1277 年）

Zhang Xi　张禧（活跃于 1260—1276 年）

Zhang Xuan　张瑄（活跃于约 1275 年）

Zhou Rudou　周如斗（活跃于 1547—1577 年）

Zhu Chun　朱椿（1371—1423 年）

Zhu Qing　朱清（活跃于约 1275 年）

Zhu Xi　朱熹（1130—1200 年）

Zhu Ying　朱英（1417—1485 年）

树木

bai/bo　柏　cedar, cypress（柏科植物，叶呈鳞片状而非针状，主要在柏亚科中）

baiyang　白杨　poplar（杨属）

chu　楮　paper mulberry（构树，又名楮桑）

gui　桂　cassia, osmanthus（某种樟属植物，尤其是肉桂，也指某种木犀属植物，尤其是桂花树；注意：在中文中，樟属植物大体分为两种，某些树种称为"樟"，另外一些树种称为"桂"）

huai　槐　pagoda tree, sophora（*Styphnolobium japonicum*，从前命名为 *Sophora japonicum*）

jiu　柏，或　wujiu　乌柏　tallow tree（*Saporum sebiferum*）

li　栗　chestnut（栗属）

li　梨　pear（梨属，主要是 *Pyrus pyrifolia*）

li　李　plum，中文 / 日语　李（*Prunus salicina*）

liu　柳　willow（柳属）

lizhi　荔枝　lychee（*Litchi chinensis*）

mei　梅　plum, green plum, ume（*Prunus mume*）

nai　奈　apple, crab apple（苹果属）

qi　漆　lacquer tree, Japane sesumac, varnish tree（*Toxicodendron vernicifluum*）

qiu　楸　zelkova, Manchurian catalpa（*Catalpa bungei*）

sang　桑　mulberry（桑属，主要是 *Morus alba*）

shan/sha　杉　fir（指几种针叶树，在形态上与真正的冷杉［Abies］相似，通常有短针叶和直立茎干；这些物种进化分类通常涉及现在归入柏科的多个不同属：在中国南方，杉并非指真正的杉，而大部分是指中国杉［*Cunninghamia lanceolata*］或者日本柳杉［*Cryptomeria japonica*］，它也可能包括落羽杉［*Taxodiacia*］、水杉［*Metasequoia glyptostroboides*］以及铁杉［*Tsuga*］；在中国北方，尤其是边远的东北地区，杉通常指的是真正的杉［Abies］，或者是指落叶松［*Larix*］的某些种类）

shi　柿　persimmon（*Diospyros kaki*）

song　松　pine（松属）；中国南方的主要商业用材松树是马尾松（*Pinus massoniana*）

tao　桃　peach（*Prunus persica*）

tong　桐　tung（*Vernicia fordii*）

xing　杏　apricot（*Prunus armeniaca*）

yu　榆　elm（榆属）

zao　枣　jujube, Chinese date, red date（*Ziziphus jujuba*）

zhang　樟　camphor（某些肉桂属植物，尤其是指 *Cinnamomum camphora*；注意：在中文中，大体分为两种，有些称为樟，其他的则被称为桂）

zhe　柘　Chinese mulberry（*Maclura tricuspidata*）

zhu　竹　bamboo（亚科 *Bambosoideae*）

zi　梓　catalpa（梓属）

其他术语

baiyao　白鹞　white falcon，一种远洋战船

ban　板　boards，切割的板材

bangjia　帮甲　驻军造船厂的编外户主

bantu　版图　cadastral charts

baochuan　宝船　treasure ships

baojia　保甲　地方自卫和互助的组织

baozheng　保正　地方自卫组织之长（保甲）

buhu　捕户　hunting household

Caifu Fu　财赋府　Finance Commission

caikan　采砍　logging

cha　插　tree slip or cutting, or to plant from a slip or cutting

chahu　茶户　tea household

chayuan　茶园　tea plantation

chi shanze zhi jin　驰山泽之禁　relax the restriction on the mountains and marshes

choufen　抽分　or choujie　抽解　drawn portion，竹子、木材和大宗商品的关税

chuanhu　船户　boat household

chumao　锄茅　dig weeds

chupi　楮皮　paper mulberry bark

dang　荡　pools

dao　盗　theft

dao tianye gumai　盗田野谷麦　stealing wheat and rice from fields

daomai tianzhai　盗卖田宅　fraudulently selling fields and houses

daoyu chuan　魛鱼船　mullet ship，长江下游常见的一种船

di　地　dry field

dian ji bu　坫基簿　cadastres of areal plot diagrams

dumu　督木　timber supervisor

erbi　珥笔　brush-pen hatpins，讼师的通俗名称

fan　蕃　藏人或中亚人

fang　枋　square-cut lumber

feiqiao　飞桥　flying bridge

fenshan hetong　分山合同　forest shareholding agreement

gong　贡　tribute

gongfei yin　工费银　public expense silver，15 世纪中期的一项税收改革

guanlin　官林　state forest

guanmin　官民　state or private［property］

gui xin　鬼薪［cutting］　firewood for the spirits，秦汉时期的刑罚

haigu chuan　海鹘船　sea hawk ship，一种四桨帆船

haiyu　海鳅　whale，一种大型远洋战船

hebo suo　河泊所　river mooring station

hu yi　虎翼　tiger wings，宋朝皇家侍卫水军的精锐部队

huanggu　黄鹄　yellow goose，一种远洋战船

huangma　黄麻　hemp

huangmu　皇木　imperial timber

huangmu jie hu　皇木解户　imperial timber transport household

huoshan hetong　伙山合同　forest partnership agreement

hutie　户贴　household receipt

jin yin tong tie ye　金银铜铁冶　gold, silver, copper, and iron smelters

jingjie　经界　plot boundaries

jinshan　禁山　restricted forest

junping yin　均平银　equalized silver，15 世纪晚期的一项税收改革

junyao　均徭　equalized corvée，15 世纪中期的一项税收改革

kejia　客家　Hakka，字面意思"客人家庭"，或（更好）"寄居者"（sojourner）或"租佃家庭"（tenant families）

kuaichuan　快船　fast warships

li yu zhonggong　利与众共　of public benefit

liehu　猎户　hunting household

lifen　力分　labor share

lijia　里甲，行政村或十一税的村级组织

lijia junping　里甲均平　village equalization，16 世纪初期的一项税收改革

lin　林　grove, woodland

linmu　林木　timber trees

linmu can tian　林木参天　woods that block out the sky

longduan　垄断　monopolize

ludang　芦荡　reed pools

man　蛮　"barbarians"，尤其指南方内陆的非汉族族群

meizha　煤渣　coal fragments

miao　苗　seedling

minbing　民兵　militia

muguan　木官　timber office

pinyue　拼约　clearance contract

qianhufu　千户府　myriarchy，掌握 1000 人的军队

qingdan　清单　inventory list

qingzhang xince　清丈新册　clarified measurements in the new cadastres，例如，基于 1581 年调查的面积

ru　儒　Confucian scholar

shanchang　山场　forest workshop, lumberyard

shantian mudi　山田墓地　mountain plots and grave land

shanye　山野，或　shanye hupo　山野陂湖　mountains, wilds, ponds, and embankments,

各种山泽

shanye wu yi jia gongli 山野物已加功力 products of the wild with labor already invested in them

shanze 山泽，或 shanlin huze 山林湖泽 mountains and marshes or mountains, groves, ponds, and marshes wilds; open-access lands

shanze zhi li 山泽之利 bounties of the mountains and marshes

shanze zhi rao 山泽之饶 products gathered from the wilds

shaohuang 烧荒 burn the grasses

She 畲，武夷山的一个族群，可能与他们的火耕有关，或者是其语言中"人"一词的音译

Shenmu Chang 神木厂 Sacred Timber Depot

Shenmu Shan 神木山 Sacred Tree Mountain

shicai chang 事材场 lumber-working yard

shitan 石炭 mineral coal

shuijun zongguan 水军总管 director of the navy

sichai 四差 four levies，15 世纪中期的一项税收改革

songshi 讼师 litigation master

songshu 讼书 litigation manual

tang 塘，或 tangchi 塘池 pond

taojin hu 淘金户 gold-panning household

tian 田 paddy field

tianche 天车 winch, crane, or capstan

tianfu 田赋 land tax

tongshan 童山 bare mountain

tuicai chang 退材场 lumber recovery yard

xide qiaocai 觿得樵采 common-access fuel collection

Xihe Cai Mai Muzhi Si 熙河采买木植司 Xihe Logging and Timber Purchase Bureau

yanzhang 烟瘴 miasmatic vapors，可能是疟疾

yaoyi 徭役 corvée, labor service

yehu 冶户 smelter households

yu 虞 hunter, forester

yuan 园 garden or orchard

yuan li 园篱 orchards and hedges

yuanlin 园林 orchards and woodlands

yue ling 《月令》 seasonal regulations

yuhu 渔户 fishing household

zachan　杂产　miscellaneous property

zaohu　灶户　saltern household

zhonghu zhili　众户殖利　public benefit

zhuanyun si　转运司　transport bureau

zhufen　主分　ownership share

zhumu chang　竹木场　bamboo and timber depot

zushan qi　租山契　forest rental contract

参考文献

缩写

CB	李焘《续资治通鉴长编》
EBKQ	《珥笔肯綮》，出自杨一凡等编《历代珍稀司法文献》
JYFN	李心传《建炎以来系年要录》
LDQY	张传玺编《中国历代契约会编考释》
MNQY	杨国桢编《闽南契约文书综录》
QYTF	杨一凡和田涛主编《中国珍稀法律典籍续编·庆元条法事类》
SHY	《宋会要辑稿》

原始资料

以下许多资源都是通过访问数据库获得。我已经尽可能地标示电子版本的纸质版。要想获得更详细的信息，请参阅附录 B。为了避免重复，我没有将地名索引翻译成标准格式。例如，《崇祯开化县志》给出版本编撰的时代（崇祯），地名（开化），行政管理级别（县级行政区：县；分属行政区：州；地方行政区：府；省级行政区：省），以及"志"（gazetteer）一词。非标准的地方志书名是单独翻译的。

中国哲学书电子化计划（China Text Project）：https：//ctext.org。
汉籍资料库（Kanseki Repository）：www.kanripo.org。
维基文库（Wikisource）：https：//zh.wikisource.org。
世界数字图书馆（World Digital Library）：www.wdl.org。

《八闽通志》(福建省地方志)，陈道纂修，明弘治刊本，爱如生中国方志库，第一辑。
《宝庆四明志》(宝庆年间宁波地方志)，胡榘纂修，宋宝庆刊本，爱如生中国方志库，第一辑。
《宝祐重修琴川志》(宝祐年间修订琴川地方志)，鲍廉纂修，四库全书本，爱如生中国方志库，第一辑。
《宾退录》，赵与时，四库全书本，维基文库。
《避暑录话》，叶梦得，四库全书本，维基文库。
《骖鸾录》，范成大，四库全书本，维基文库。

《漕船志》，朱家相，淮安文献丛刊本，维基文库。

《昌国州图志》，郭荐纂修，清咸丰四明六志刊本，爱如生中国方志库，第一辑。

《尺牍双鱼》，陈继儒，出自《中国历代契约会编考释》，张传玺编，北京：北京大学出版社，1995年。

《崇祯开化县志》，朱朝藩纂修，明崇祯刊本，爱如生中国方志库，第一辑。

《船政》，天一阁嘉靖刊本，出自《天一阁藏明代政书珍本丛刊》，虞浩旭主编，北京：线装书局，2010年。

《船政新书》，倪涷，四库全书本，中国哲学书电子化计划。

《淳熙三山志》，四库全书本，维基文库。

《淳熙新安志》，赵不悔纂修，清嘉庆十七年刊本，爱如生中国方志库，第一辑。

《辍耕录》，陶宗仪，维基文库。

《大明会典》，李东阳等编，四库全书本，中国哲学书电子化计划。

《大明律》，维基文库。

《道光遵义府志》，莫友芝纂修，清道光刊本，爱如生中国方志库，第一辑。

《珥笔肯綮》，小桃源觉非山人，出自《历代珍稀司法文献》，杨一凡编，北京：社会科学文献出版社，2012年。

《公私必用》，出自《中国历代契约会编考释》，张传玺编，北京：北京大学出版社，1995年。

《姑苏志》，王鏊，四库全书本，中国哲学书电子化计划。

《广东通志初稿》，戴璟纂修，明嘉靖刊本，爱如生中国方志库，第一辑。

《广东新语》，屈大均，续修四库全书版，中国哲学书电子化计划。

《光绪江西通志》，曾国藩纂修，清光绪七年刊本，爱如生中国方志库，第一辑。

《海瑞集》，海瑞著，陈义钟校，北京：中华书局，1962年。

《汉书》，班固，四库全书本，维基文库。

《汉书补注》，班固著，颜师古注，王先谦补注，上海：商务印书馆，1962年。

《洪武苏州府志》，卢熊纂修，明洪武十二年刊本，爱如生中国方志库，第一辑。

《弘治抚州府志》，黎喆纂修，明弘治刊本，出自《天一阁藏明代方志选刊续编》，朱鼎玲、陆国强主编，上海：上海书店，1990年。

《弘治徽州府志》，彭泽纂修，明弘治刊本，爱如生中国方志库，第一辑。

《弘治太仓州志》，李端纂修，清宣统元年刊本，爱如生中国方志库，第一辑。

《弘治岳州府志》，刘玑纂修，明弘治刊本，出自《天一阁藏明代方志选刊续编》，朱鼎玲、陆国强主编，上海：上海书店，1990年。

《后汉书》，范晔，四库全书本，维基文库。

《皇明条法事类纂》，出自《中国珍稀法律典籍集成》，刘海年、杨一凡主编，北京：科学出版社，1994年。

《晦庵先生朱文公文集》，朱熹，影上海涵芬楼藏本，饶平苏，维基文库。

《徽州府赋役全书》，出自《明代史籍汇刊》，田生金，台北：台湾学生书局，1970年。

《湖南省例成案》，出自《中国古代地方法律文献·丙编》，刘笃才、杨一凡主编，北京：社会科学文献出版社，2012年。

《嘉隆新例》，出自《中国珍稀法律典籍集成》，刘海年、杨一凡主编，北京：科学出版社，1994 年。

《嘉定赤城志》，黄䃟纂修，台州丛书刊本，爱如生中国方志库，第一辑。

《嘉定镇江志》，卢宪纂修，清宛委别藏刊本，爱如生中国方志库，第一辑。

《嘉靖茶陵州志》，张治纂修，明嘉靖四年刊本，出自《天一阁藏明代方志选刊续编》，朱鼎玲、陆国强主编，上海：上海书店，1990 年。

《嘉靖常德府志》，陈洪谟纂修，明嘉靖刊本。

《嘉靖池州府志》，王崇纂修，明万历四十年刊本，爱如生中国方志库，第一辑。

《嘉靖赣州府志》，康河纂修，明嘉靖十五年刊本，出自《天一阁藏明代地方志选刊》，廖鹭芬编，上海：上海古籍书店，1981—1982 年。

《嘉靖广信府志》，张士镐纂修，明嘉靖刊本，出自《天一阁藏明代方志选刊续编》，朱鼎玲、陆国强主编，上海：上海书店，1990 年。

《嘉靖广东通志初稿》，戴璟纂修，明嘉靖十四年刊本，爱如生中国方志库，第一辑。

《嘉靖衡州府志》，杨佩纂修，明嘉靖十五年刊本，出自《天一阁藏明代地方志选刊》，廖鹭芬编，上海：上海古籍书店，1982 年。

《嘉靖湖广图经志书》，薛刚编，明嘉靖元年刊本，爱如生中国方志库，第一辑。

《嘉靖建宁府志》，夏玉麟纂修，明嘉靖二十年刊本，出自《天一阁藏明代地方志选刊》，廖鹭芬编，上海：上海古籍书店，1982 年。

《嘉靖建平县志》，连镶纂修，明嘉靖刊本，爱如生中国方志库，第一辑。

《嘉靖九江府志》，冯曾纂修，明嘉靖十五年刊本，出自《天一阁藏明代方志选刊续编》，朱鼎玲、陆国强主编，上海：上海书店，1990 年。

《嘉靖南安府志》，刘节纂修，明嘉靖十五年刊本，出自《天一阁藏明代方志选刊续编》，朱鼎玲、陆国强主编，上海：上海书店，1990 年。

《嘉靖南宫县志》，叶恒嵩纂修，民国 22 年刊本，爱如生中国方志库，第一辑。

《嘉靖宁波府志》，周希哲纂修，明嘉靖三十九年刊本，爱如生中国方志库，第一辑。

《嘉靖仁和县志》，沈朝宣纂修，清光绪刻武林掌故丛编刊本，爱如生中国方志库，第一辑。

《嘉靖邵武府志》，邢址纂修，明嘉靖刊本，出自《天一阁藏明代地方志选刊》，廖鹭芬编，上海：上海古籍书店，1982 年。

《嘉靖太仓州志》，周士佐纂修，明崇祯二年重印刊本，爱如生中国方志库，第一辑。

《嘉靖新例》，出自《中国珍稀法律典籍集成》，刘海年、杨一凡主编，北京：科学出版社，1994 年。

《嘉靖延平府志》，陈能纂修，明嘉靖四年刊本，出自《天一阁藏明代地方志选刊》，廖鹭芬编，上海：上海古籍书店，1982 年。

《嘉靖永丰县志》，管景纂修，明嘉靖二十三年刊本，出自《天一阁藏明代地方志选刊》，廖鹭芬编，上海：上海古籍书店，1982 年。

《嘉靖浙江通志》，胡宗宪纂修，明嘉靖四十年刊本，出自《天一阁藏明代地方志选刊》，廖鹭芬编，上海：上海古籍书店，1982 年。

《江西省大志》，王宗沐纂修，明万历二十五年重印，台北：成文出版社，1989 年。

《江西省赋役全书》，出自《明代史籍汇刊》，田生金编，台北：台湾学生书局，1970 年。

《建炎以来系年要录》，李心传，四库全书本，中国哲学书电子化计划。

《嘉庆宜宾县志》，刘元熙纂修，民国重印明隆庆刊本，爱如生中国方志库，第一辑。

《嘉庆余杭县志》，张吉安纂修，民国八年重印刊本，爱如生中国方志库，第一辑。

《嘉庆直隶叙永厅志》，周伟业纂修，清嘉庆十七年刊本，爱如生中国方志库，第一辑。

《晋书》，房玄龄，四库全书本，维基文库。

《景定建康志》，马光祖纂修，清嘉庆六年金陵孙忠愍祠刊本，爱如生中国方志库，第一辑。

《金陵图咏》，朱之蕃，世界数字图书馆，美国国会图书馆中文珍本收藏。

《稽神录》，徐铉，维基文库。

《旧唐书》，刘煦，四库全书本，维基文库。

《康熙江西通志》，于成龙纂修，四库全书本，维基文库。

《康熙筠连县志》，丁林声纂修，康熙二十五年手稿本，爱如生中国方志库，第一辑。

《康熙叙州府庆符县志》，丁林声纂修，康熙二十五年刊本，爱如生中国方志库，第一辑。

《历代珍稀司法文献》，杨一凡主编，北京：社会科学文献出版社，2012 年。

《柳州文钞》，柳宗元，出自《唐宋八大家文钞》，茅坤编，维基文库。

《龙江船厂志》，李昭祥，维基文库。

《隆庆临江府志》，管大勋纂修，出自《天一阁藏明代地方志选刊》，廖鹭芬编，上海：上海古籍书店，1982 年。

《梦溪笔谈》，沈括，四库全书本，维基文库。

《闽书》，何乔远纂修，明崇祯刊本，爱如生中国方志库，第一辑。

《明仁宗实录》，"中央研究院历史语言研究所"重印版，台北：中华，1962 年。

《明史》，张廷玉，四库全书本，维基文库。

《明太宗实录》，"中央研究院历史语言研究所"重印版，1962 年。

《明太祖实录》，"中央研究院历史语言研究所"重印版，1962 年。

《明宣宗实录》，"中央研究院历史语言研究所"重印版，1962 年。

《明英宗实录》，"中央研究院历史语言研究所"重印版，1962 年。

《名公书判清明集》，中国社会科学院历史研究所宋辽金元研究室编重印版，北京：中华书局，1987 年。

《南昌市林业志》，南昌：南昌市地方志编纂委员会，1991 年。

《南海志》，陈大震纂修，元大德刊本，爱如生中国方志库，第一辑。

《南京工部职掌条例》，出自《金陵全书一编》卷三十五，南京：南京出版社，2010 年。

《农桑辑要》，四库全书本，中国哲学书电子化计划。

《农政全书》，徐光启，四库全书本，维基文库。

《蓬窗日录》，陈全之，四库全书本，中国哲学书电子化计划。

《潜夫论》，王符，四库全书本，维基文库。

《乾隆杭州府志》，郑沄纂修，乾隆刊本，爱如生中国方志库，第一辑。

《乾隆衡阳县志》，陶易纂修，乾隆二十六年刊本，爱如生中国方志库，第一辑。

《乾隆祁阳县志》，李蒔纂修，乾隆三十年刊本，爱如生中国方志库，第一辑。

《乾隆瑞金县志》，郭灿纂修，乾隆十八年刊本，爱如生中国方志库，第一辑。

《祁门十四都五保鱼鳞册》，出自《徽州千年契约文书 宋·元·明编》第 11 卷，王钰欣、周绍泉主编，石家庄：花山文艺出版社，1993 年。

《齐民要术》，贾思勰，四库全书本，维基文库。

《青溪寇轨》，方勺，金华丛书刊本。

《庆元条法事类》，出自《中国珍稀法律典籍续编》，杨一凡、田涛主编，哈尔滨：黑龙江人民出版社，2002 年。

《尚书》，四库全书本，维基文库。

《史记》，司马迁，四库全书本，中国哲学书电子化计划。

《宋会要辑稿》，徐松，中国哲学书电子化计划。

《宋史》，脱脱，四库全书本，维基文库。

《宋书》，沈约，四库全书本，维基文库。

《宋刑统》，国学宝典。

《宋朝事实》，李攸，四库全书本，维基文库。

《太平广记》，李昉，四库全书本，维基文库。

《太平御览》，李昉，四库全书本，维基文库。

《唐会要》，王溥，四库全书本，中国哲学书电子化计划。

《唐律疏议》，长孙无忌，四库全书本，维基文库。

《天启赣州府志》，余文龙纂修，清顺治十七年刊本，爱如生中国方志库，第一辑。

《天启衢州府志》，林应翔纂修，明天启二年刊本，爱如生中国方志库，第一辑。

《同治万安县志》，欧阳骏纂修，清同治十二年刊本，爱如生中国方志库，第一辑。

《图书编》，章潢，四库全书本，维基文库。

《万历贵州通志》，沈思充纂修，明万历二十五年刊本，爱如生中国方志库，第一辑。

《万历吉安府志》，余之祯纂修，明万历十三年刊本，爱如生中国方志库，第一辑。

《万历泉州府志》，阳思谦纂修，明万历刊本，爱如生中国方志库，第一辑。

《万历绍兴府志》，萧良幹纂修，明万历刊本，爱如生中国方志库，第一辑。

《万历四川总志》，虞怀忠纂修，明万历刊本，爱如生中国方志库，第一辑。

《万历新修南昌府志》，范涞纂修，出自《日本藏中国罕见地方志丛刊》，北京：书目文献出版社，1991 年。

《文献通考》，马端临，四库全书本，维基文库。

《西槎汇草》，龚辉，天一阁藏本，世界数字图书馆，美国国会图书馆中文珍本收藏。

《新唐书》，欧阳修、宋祁，四库全书本，维基文库。

《新语》，陆贾，四库全书本，维基文库。

《续资治通鉴长编》，李焘，四库全书本，中国哲学书电子化计划。

《盐铁论》，桓宽，四库全书本，维基文库。

《延祐四明志》，洪迈，四库全书本，维基文库。

《雍正四川通志》，黄廷桂纂修，四库全书本，爱如生中国方志库，第一辑。

《雍正浙江通志》，李卫纂修，四库全书本，爱如生中国方志库，第一辑。

《元史》，宋濂，四库全书本，维基文库。

《袁氏世范》，袁采，四库全书本，维基文库。

《震川先生集》，归有光，四部丛刊本，维基文库。

《正德福州府志》，叶溥纂修，明正德十五年本，爱如生中国方志库，第一辑。

《正德建昌府志》，夏良胜纂修，明正德十二年本，出自《天一阁藏明代地方志选刊》，廖鹭芬编，上海：上海古籍书店，1982 年。

《正德南康府志》，陈霖纂修，明正德十年本，出自《天一阁藏明代地方志选刊》，廖鹭芬编，上海：上海古籍书店，1982 年。

《正德瑞州府志》，熊相纂修，明正德本，出自《天一阁藏明代方志选刊续编》，朱鼎玲、陆国强主编，上海：上海书店，1990 年。

《正德袁州府志》，严嵩纂修，明正德本，爱如生中国方志库，第一辑。

《证类本草》，唐慎微，四库全书本，汉籍资料库。

《至顺镇江志》，脱因、俞希鲁纂修，清道光二十二年丹徒包氏刊本，爱如生中国方志库，第一辑。

《至元嘉禾志》，单庆、徐硕纂修，清光绪刊本，爱如生中国方志库，第一辑。

《至正金陵新志》，张铉纂修，四库全书本，爱如生中国方志库，第一辑。

《至正四明续志》，王元恭、徐亮纂修，清咸丰刻四明六志刊本，爱如生中国方志库，第一辑。

《种树书》，郭橐驼，全唐文本，维基文库。

《周官新义》，王安石，四库全书本，维基文库。

《酌中志》，刘若愚，维基文库。

《罪惟录》，查继佐，吴兴刘氏嘉业堂稿本，维基文库。

二手资料

Abel, Clarke. *Narrative of a Journey in the Interior of China, and of a Voyage to and from That Country, in the Years 1816 and 1817: Containing an Account of the Most Interesting Transactions of Lord Amherst's Embassy to the Court of Pekin and Observations on the Countries Which It Visited*. London: Longman, Hurst, Rees, Orme, and Brown, 1818.

Albion, Robert Greenhalgh. *Forests and Sea Power: The Timber Problem of the Royal Navy, 1652–1862*. Cambridge, MA: Harvard University Press, 1926.

Allen, Timothy, and Thomas Hoekstra. *Toward a Unified Ecology*. 2nd ed. New York: Columbia University Press, 2015.

Allsen, Thomas. "The Rise of the Mongolian Empire and Mongolian Rule in North China." In *The Cambridge History of China*, vol. 6, *Alien Regimes and Border States, 907–1368*, edited by Herbert Franke and Denis C. Twitchett. Cambridge: Cambridge University Press, 1994.

Anderson, James A., and John K. Whitmore. "Introduction: 'The Fiery Frontier and the Dong World.'" In *China's Encounters on the South and Southwest: Reforging the Fiery Frontier over Two Millennia*, edited by James A. Anderson and John K.Whitmore. Leiden: Brill, 2014.

Andrade, Tonio. *The Gunpowder Age: China, Military Innovation, and the Rise of the West in World History*. Princeton, NJ: Princeton University Press, 2017.

Aoki, Atsushi. "Kenshō no chiiki-teki imēji: Jūichi-jūsan seiki kōsei shakai no hō bunka to jinkō idō o megutte" [The image of litigation: Regarding eleventh-to thirteenth-century Jiangxi society's legal culture and population movements]. *Shakai keizaishigaku* 65, no. 3 (1999): 3–22.

Appuhn, Karl. *A Forest on the Sea: Environmental Expertise in Renaissance Venice*. Baltimore: Johns Hopkins University Press, 2009.

Averill, Stephen C. *Revolution in the Highlands: China's Jinggangshan Base Area*. Lanham, MD: Rowman and Littlefield, 2006.

——. "The Shed People and the Opening of the Yangzi Highlands." *Modern China* 9, no. 1 (1983): 84–126.

Barbieri-Low, Anthony. *Artisans in Early Imperial China*. Seattle: University of Washington Press, 2007.

Barros, Ana M. G., and José M. C. Pereira. "Wildfire Selectivity for Land Cover Type: Does Size Matter?" *PLoS ONE* 9, no. 1 (January 2014): e84760.

Barrow, John, and George Macartney. *Some Account of the Public Life, and a Selection from the Unpublished Writings, of the Earl of Macartney*. 2 vols. London: T. Cadell and W. Davies, 1807.

Bayly, C. A. *The Birth of the Modern World, 1780–1914*. Malden, MA: Wiley-Blackwell, 2003.

Bello, David A. *Across Forest, Steppe, and Mountain: Environment, Identity, and Empire in Qing China's Borderlands*. Cambridge: Cambridge University Press, 2016.

Benedict, Carol. *Golden-Silk Smoke: A History of Tobacco in China, 1550–2010*. Berkeley: University of California Press, 2011.

卞利：《明清徽州社会研究》，合肥：安徽大学出版社，2004 年。

Biran, Michal. "Periods of Non-Han Rule." In *A Companion to Chinese History*, edited by Michael Szonyi, 129–143. Malden, MA: Wiley-Blackwell, 2017.

Birge, Bettine. *Women, Property, and Confucian Reaction in Sung and Yuan China*. Cambridge: Cambridge University Press, 2010.

Bol, Peter K.. "The Rise of Local History: History, Geography, and Culture in Southern Song and Yuan Wuzhou." *Harvard Journal of Asiatic Studies* 61, no. 1 (2001): 37–76.

——. "Wang Anshi and the *Zhouli*." In *Statecraft and Classical Learning: The Rituals of Zhou in East Asian History*, edited by Benjamin Elman and Martin Kern, 229–251. Leiden: Brill, 2009.

Bond, William John, and Jon E. Keeley. "Fire as a Global 'Herbivore': The Ecology and Evolution of Flammable Ecosystems." *Trends in Ecology and Evolution* 20, no. 7 (August 2005): 387–394.

Bourgon, Jér.me. "Uncivil Dialogue: Law and Custom Did Not Merge into Civil Law under the Qing." *Late Imperial China* 23, no. 1 (June 2002): 50–90.

Brain, Stephen. *Song of the Forest: Russian Forestry and Stalinist Environmentalism, 1905–1953*. Pittsburgh: University of Pittsburgh Press, 2011.

Brook, Timothy. *The Chinese State in Ming Society*. New York: Routledge, 2004.

———. *The Confusions of Pleasure: Commerce and Culture in Ming China*. Berkeley: University of California Press, 1999.

———. *Geographical Sources of Ming-Qing History*. 2nd ed. Ann Arbor: Center for Chinese Studies, University of Michigan, 2002.

Brown, Robert. *The Miscellaneous Botanical Works of Robert Brown*. Edited by John Joseph Bennett. Vol. 1. London: Published for the Ray Society by R. Hardwicke, n.d.

Brummett, Palmira. *Ottoman Seapower and Levantine Diplomacy in the Age of Discovery*. Albany: State University of New York Press, 1993.

Campbell, Aurelia. *What the Emperor Built: Architecture and Empire in the Early Ming*. Seattle: University of Washington Press, 2020.

曹善寿主编, 李荣高编注:《云南林业文化碑刻》, 德宏民族出版社, 2005 年。

Casale, Giancarlo. *The Ottoman Age of Exploration*. New York: Oxford University Press, 2011.

Chaffee, John W.. "Huizong, Cai Jing, and the Politics of Reform." In *Emperor Huizong and the Late Northern Song: The Politics of Culture and the Culture of Politics*, edited by Patricia Buckley Ebrey and Maggie Bickford. Cambridge, MA: Harvard University Asia Center, 2006.

———. "The Impact of the Song Imperial Clan on the Overseas Trade of Quanzhou." In *The Emporium of the World: Maritime Quanzhou, 1000–1400*, edited by Angela Schottenhammer, 13–45. Leiden: Brill, 2001.

———. *The Muslim Merchants of Premodern China: The History of a Maritime Asian Trade Diaspora, 750–1400*. Cambridge: Cambridge University Press, 2018.

Chan, Hok-lam. "The Chien-Wen, Yung-Lo, Hung-Hsi, Hsuan-Te Reigns, 1399–1435." In *The Cambridge History of China*, vol. 7, *The Ming Dynasty, 1368–1644*, pt. 1, edited by Frederick W. Mote and Denis C. Twitchett. Cambridge: Cambridge University Press, 1988.

———. "The Organization and Utilization of Labor Service under the Jurchen Chin Dynasty." *Harvard Journal of Asiatic Studies* 52, no. 2 (1992): 613–664.

———. "The Rise of Ming T'ai-tsu (1368–98): Facts and Fictions in Early Ming Official Historiography." *Journal of the American Oriental Society* 95, no. 4 (1975): 679–715.

Chan, Wing-hoi. "Ethnic Labels in a Mountainous Region: The Case of She 'Bandits.' " In *Empire at the Margins: Culture, Ethnicity, and Frontier in Early Modern China*, edited by Pamela Kyle Crossley, Helen F. Siu, and Donald S. Sutton. Berkeley: University of California Press, 2006.

Chao, Kang. *Man and Land in Chinese History: An Economic Analysis*. Stanford, CA: Stanford University Press, 1986.

陈国栋:《台湾的非拓垦性伐林 (约 1600—1976) 》,《积渐所至: 中国环境史论文集》, 伊懋可和刘翠溶编, Cambridge: Cambridge University Press, 1998。

Chen, Yuan Julian. "Frontier, Fortification, and Forestation: Defensive Woodland on the Song-Liao Border in the Long Eleventh Century." *Journal of Chinese History* 2, no. 2 (2018): 313–334. https://doi.org/10.1017/jch.2018.7.

陈柯云：《从〈李氏三林置产簿〉看明清徽州山林经营》，《江淮论坛》1992 年第 1 期，第 73—84 页。

陈柯云：《明清徽州地区山林经营中的"力分"问题》，《中国史研究》1987 年第 1 期。

陈嵘：《中国森林史料》，北京：中国林业出版社，1983 年。

Chien, Cecilia Lee-fang. *Salt and State: An Annotated Translation of the Songshi Salt Monopoly Treatise*. Ann Arbor: Center for Chinese Studies, University of Michigan, 2004.

Chittick, Andrew. "Dragon Boats and Serpent Prows: Naval Warfare and the Political Culture of South China's Borderlands." In *Imperial China and Its Southern Neighbours*, edited by Victor H. Mair and Liam C. Kelley. Singapore: Institute of Southeast Asian Studies, 2015.

——. "The Song Navy and the Invention of Dragon Boat Racing." *Journal of Song-Yuan Studies* 41, no. 1 (2011): 1–28.

Church, Sally K. "Zheng He: An Investigation into the Plausibility of 450-Ft Treasure Ships." *Monumenta Serica* 53, no. 1 (December 2005): 1–43.

Church, Sally K., John Gebhardt, and Terry Little. "A Naval Architectural Analysis Of the Plausibility of 450-Ft Treasure Ships." Paper prepared for the First International Conference of the Zheng He Society, Malacca, 2010.

Churchman, Catherine. "Where to Draw the Line? The Chinese Southern Frontier in the Fifth and Sixth Centuries." In *China's Encounters on the South and Southwest: Reforging the Fiery Frontier over Two Millennia*, edited by James A. Anderson and John K. Whitmore. Leiden: Brill, 2014.

Clark, Hugh R. *The Sinitic Encounter in Southeast China through the First Millennium CE*. Honolulu: University of Hawai'i Press, 2015.

Coggins, Chris. *The Tiger and the Pangolin: Nature, Culture, and Conservation in China*. Honolulu: University of Hawai'i Press, 2003.

——. "When the Land Is Excellent: Village Feng Shui Forests and the Nature of Lineage, Polity and Vitality in Southern China." In *Religion and Ecological Sustainability in China*, edited by James Miller, Dan Smyer Yu, and Peter van der Veer. London: Routledge, 2014.

Cohen, Myron L.. "Writs of Passage in Late Imperial China: The Documentation of Practical Understandings in Minong, Taiwan." In *Contract and Property in Early Modern China*, edited by Madeleine Zelin, Jonathan K. Ocko, and Robert Gardella. Stanford, CA: Stanford University Press, 2004.

Cronon, William. *Changes in the Land: Indians, Colonists, and the Ecology of New England*. New York: Hill and Wang, 2003.

——. *Nature's Metropolis: Chicago and the Great West*. New York: W. W. Norton, 2009.

Crossley, Pamela Kyle, Helen F. Siu, and Donald S. Sutton, eds. *Empire at the Margins: Culture, Ethnicity, and Frontier in Early Modern China*. Berkeley: University of California

Press, 2006.

Daniels, Christian, and Nicholas K. Menzies. *Agro-Industries and Forestry*. Pt. 3 of *Biology and Biological Technology*, vol. 6 of *Science and Civilisation in China*, edited by Joseph Needham. Cambridge: Cambridge University Press, 1996.

Dardess, John W.. "A Ming Landscape: Settlement, Land Use, Labor, and Estheticism in T'ai-Ho County, Kiangsi." *Harvard Journal of Asiatic Studies* 49 (1989): 295–364.

——. "Shun-ti and the End of Yüan Rule in China." In *The Cambridge History of China*, vol. 6, *Alien Regimes and Border States, 907–1368*, edited by Herbert Franke and Denis C. Twitchett. Cambridge: Cambridge University Press, 1994.

Davis, Richard L.. "The Reign of Tu-tsung and His Successors." In *The Cambridge History of China*, vol. 5, pt. 1, *The Sung Dynasty and Its Precursors, 907–1279*, edited by Denis C. Twitchett and Paul Jakov Smith. Cambridge: Cambridge University Press, 2009.

De Bary, William Theodore, and Irene Bloom, comps. *Sources of Chinese Tradition*. 2nd ed. Vol. 1. New York: Columbia University Press, 1999.

DeLanda, Manuel. *A New Philosophy of Society: Assemblage Theory and Social Complexity*. London: Continuum, 2006.

——. *A Thousand Years of Nonlinear History*. New York: Zone Books, 2000.

Delgado, James P. *Khubilai Khan's Lost Fleet: In Search of a Legendary Armada*. Berkeley: University of California Press, 2010.

Deng, Gang. *Maritime Sector, Institutions, and Sea Power of Premodern China*. Westport, CT: Greenwood Press, 1999.

邓沛：《论明清时期在金沙江下游地区进行的 "木政" 活动》,《青海师专学报》2006 年第 2 期, 第 89—91 页。

邓智华：《明中叶江西地方财政体制的改革》,《中国社会经济史研究》2001 年第 21 卷第 1 期。

Dennis, Joseph R.. *Writing, Publishing, and Reading Local Gazetteers in Imperial China, 1100–1700*. Cambridge, MA: Harvard University Asia Center, 2015.

Dillon, Michael. "Jingdezhen as a Ming Industrial Center." *Ming Studies*, no. 1 (January 1978): 37–44.

——. "Transport and Marketing in the Development of the Jingdezhen Porcelain Industry during the Ming and Qing Dynasties." *Journal of the Economic and Social History of the Orient* 35, no. 3 (1992): 278–290.

Dodson, John Richard, Shirene Hickson, Rachel Khoo, Xiao-Qiang Li, Jemina Toia, and Wei-Jian Zhou. "Vegetation and Environment History for the Past 14000 Yr BP from Dingnan, Jiangxi Province, South China." *Journal of Integrative Plant Biology* 48, no. 9 (September 2006): 1018–1027.

Dreyer, Edward. *Early Ming China: A Political History, 1355–1435*. Stanford, CA: Stanford University Press, 1982.

——. "Military Origins of Ming China." In *The Cambridge History of China*, vol. 7, *The*

Ming Dynasty, 1368–1644, pt. 1, edited by Frederick W. Mote and Denis C. Twitchett, 58–106. Cambridge: Cambridge University Press, 1988.

———. "The Poyang Campaign, 1363: Inland Naval Warfare in the Founding of the Ming Dynasty." In *Chinese Ways in Warfare*, edited by Frank A. Kierman and John K. Fairbank. Cambridge, MA: Harvard University Press, 1973.

———. *Zheng He: China and the Oceans in the Early Ming Dynasty, 1405–1433*. New York: Pearson, 2006.

Du, Yongtao. *The Order of Places: Translocal Practices of the Huizhou Merchants in Late Imperial China*. Leiden: Brill, 2015.

Dykstra, Maura. "Complicated Matters: Commercial Dispute Resolution in Qing Chongqing from 1750 to 1911." Ph.D. diss., University of California, Los Angeles, 2014.

Ebrey, Patricia Buckley. *Emperor Huizong*. Cambridge, MA: Harvard University Press, 2014.

———. *Family and Property in Sung China: Yuan Ts'ai's Precepts for Social Life*. Princeton, NJ: Princeton University Press, 1984.

Elliott, Mark C.. "*Hushuo*: The Northern Other and the Naming of the Han Chinese." In *Critical Han Studies: The History, Representation, and Identity of China's Majority*, edited by Thomas S. Mullaney, James Leibold, Stéphane Gros, and Eric Vanden Bussche. Berkeley: University of California Press, 2012.

Elvin, Mark. "The Environmental History of China: An Agenda of Ideas." *Asian Studies Review* 14, no. 2 (November 1990): 39–53.

———. "The Environmental Legacy of Imperial China." *China Quarterly*, no. 156 (1998): 733–756.

———. *The Pattern of the Chinese Past*. Stanford, CA: Stanford University Press, 1973.

———. *The Retreat of the Elephants: An Environmental History of China*. New Haven, CT: Yale University Press, 2004.

———. "Three Thousand Years of Unsustainable Growth: China's Environment from Archaic Times to the Present." *East Asian History* 6 (December 1993): 7–46.
论文是 1994 年 5 月 11 日牛津大学圣安东尼学院现代中国研究中心年度讲座的基础。
伊懋可、刘翠溶编：《积渐所至：中国环境史论文集》, Cambridge: Cambridge University Press, 1998。

Endicott-West, Elizabeth. *Mongolian Rule in China: Local Administration in the Yuan Dynasty*. Cambridge, MA: Harvard University Asia Center, 1989.

Erbaugh, Mary S. "The Secret History of the Hakkas: The Chinese Revolution as a Hakka Enterprise." *China Quarterly*, no. 132 (1992): 937–968.

Falkowski, Mateusz. "Fear and Abundance: Reshaping of Royal Forests in Sixteenth-Century Poland and Lithuania." *Environmental History* 22, no. 4 (October 2017): 618–642.

Fang, Jingyun, Zehao Shen, Zhiyao Tang, Xiangping Wang, Zhiheng Wang, Jianmeng Feng, Yining Liu, Xiujuan Qiao, Xiaopu Wu, and Chengyang Zheng. "Forest Community

Survey and the Structural Characteristics of Forests in China." *Ecography* 35, no. 12 (December 2012): 1059–1071.

Fang, Jingyun, Zhiheng Wang, and Zhiyao Tang, eds. *Atlas of Woody Plants in China: Distribution and Climate*. New York: Springer, 2011.

Farmer, Edward L. *Early Ming Government: The Evolution of Dual Capitals*. Cambridge, MA: Harvard University Asia Center, 1976.

Faure, David. *Emperor and Ancestor: State and Lineage in South China*. Stanford, CA: Stanford University Press, 2007.

Fiskesjō, Magnus. "Rising from Blood-Stained Fields: Royal Hunting and State Formation in Shang China." *Bulletin of the Museum of Far Eastern Antiquities*, no. 73 (2001): 48–191.

Foster, John Bellamy. "Marx's Theory of Metabolic Rift: Classical Foundations for Environmental Sociology." *American Journal of Sociology* 105, no. 2 (September 1999): 366–405.

Franke, Herbert. "The Chin Dynasty." In *The Cambridge History of China*, vol. 6, *Alien Regimes and Border States, 907–1368*, edited by Herbert Franke and Denis C. Twitchett. Cambridge: Cambridge University Press, 1994.

———. "Chinese Law in a Multinational Society: The Case of the Liao (907–1125)." *Asia Major* 5, no. 2 (1992): 111–127.

Fritzb.ger, Bo. *A Windfall for the Magnates: The Development of Woodland Ownership in Denmark c. 1150–1830*. Odense: University Press of Southern Denmark, 2004.

傅衣凌：《明清时代商人及商业资本》，北京：中华书局，1956 年，2007 年重印。

Funada Yoshiyuki. "Genchō chika no shikimoku—jin ni tsuite" [Semuren under the Yuan dynasty]. *Shigaku zasshi* 108, no. 9 (1999): 1593–1618.

———. "The Image of the Semu People: Mongols, Chinese, and Various Other Peoples Under the Mongol Empire." Paper presented at the roundtable "The Nature of the Mongol Empire and Its Legacy," Centre for Studies in Asian Cultures and Social Anthropology, Austrian Academy of Sciences, Vienna, November 6, 2010.

船田善之：《色目人与元代制度、社会——重新探讨蒙古、色目、汉人、南人划分的位置》，《元史论丛》第 9 辑，刘迎胜主编，北京：中国广播电视出版社，2004 年。

Funes Monzote, Reinaldo. *From Rainforest to Cane Field in Cuba: An Environmental History since 1492*. Translated by Alex Martin. Chapel Hill: University of North Carolina Press, 2008.

Gadgil, Madhav, and Ramachandra Guha. *This Fissured Land: An Ecological History of India*. Berkeley: University of California Press, 1993.

Gardella, Robert. "Contracting Business Partnerships in Late Qing and Republican China: Paradigms and Patterns." In *Contract and Property in Early Modern China*, edited by Madeleine Zelin, Jonathan K. Ocko, and Robert Gardella. Stanford, CA: Stanford University Press, 2004.

———. *Harvesting Mountains: Fujian and the China Tea Trade, 1757–1937*. Berkeley: University of California Press, 1994.

Gernet, Jacques. *Buddhism in Chinese Society*. Translated by Franciscus Verellen. New York:

Columbia University Press, 1998.

———. *A History of Chinese Civilization*. Translated by J. R. Foster and Charles Hartman. 2nd ed. Cambridge: Cambridge University Press, 1996.

Gerritsen, Anne. "Fragments of a Global Past: Ceramics Manufacture in Song-Yuan-Ming Jingdezhen." *Journal of the Economic and Social History of the Orient* 52, no. 1 (2009): 117–152.

———. *Ji'an Literati and the Local in Song-Yuan-Ming China*. Leiden: Brill, 2007.

Giersch, C. Patterson. "From Subjects to Han: The Rise of Han as Identity in Nineteenth-Century Southwest China." In *Critical Han Studies: The History, Representation, and Identity of China's Majority*, edited by Thomas S. Mullaney, James Leibold, Stéphane Gros, and Eric Vanden Bussche. Berkeley: University of California Press, 2012.

Girardot, N. J., James Miller, and Xiaogan Liu, eds. *Daoism and Ecology: Ways within a Cosmic Landscape*. Cambridge, MA: Center for the Study of World Religions, Harvard Divinity School, 2001.

Glete, Jan. *Warfare at Sea, 1500–1650: Maritime Conflicts and the Transformation of Europe*. New York: Routledge, 2000.

Golas, Peter J. *Mining*. Pt. 13 of *Chemistry and Chemical Technology*, vol. 5 of *Science and Civilisation in China*, edited by Joseph Needham. Cambridge: Cambridge University Press, 1999.

Goldstone, Jack A. "The Rise of the West–or Not? A Revision to Socio-economic History." *Sociological Theory* 18, no. 2 (2000): 175–194.

Grew, Bernd-Stefan, and Richard H.lzl. "Forestry in Germany, c. 1550–2000." In *Managing Northern Europe's Forests: Histories from the Age of Improvement to the Age of Ecology*, edited by K. Jan Oosthoek and Richard H.lzl, 15–65. Oxford, UK: Berghahn Books, 2018.

Grove, Linda, and Joseph W. Esherick. "From Feudalism to Capitalism: Japanese Scholarship on the Transformation of Chinese Rural Society." *Modern China* 6, no. 4 (1980): 397–438.

Grove, Richard H. *Green Imperialism: Colonial Expansion, Tropical Island Edens and the Origins of Environmentalism, 1600–1860*. Cambridge: Cambridge University Press, 1996.

Guha, Ramachandra. *The Unquiet Woods: Ecological Change and Peasant Resistance in the Himalaya*. Expanded ed. Berkeley: University of California Press, 2000.

Guo, Futao, Zhangwen Su, Guangyu Wang, Long Sun, Fangfang Lin, and Aiqin Liu. "Wildfire Ignition in the Forests of Southeast China: Identifying Drivers and Spatial Distribution to Predict Wildfire Likelihood." *Applied Geography* 66 (January 2016): 12–21.

Hansen, Valerie. *Negotiating Daily Life in Traditional China: How Ordinary People Used Contracts, 600–1400*. New Haven, CT: Yale University Press, 1995.

Hardin, Garrett. "The Tragedy of the Commons." *Science* 162, no. 3859 (December 13, 1968): 1243–1248.

Hargett, James M.. "Song Dynasty Local Gazetteers and Their Place in the History of Difangzhi Writing." *Harvard Journal of Asiatic Studies* 56, no. 2 (1996): 405–442.

Harrell, Stevan. *Ways of Being Ethnic in Southwest China.* Seattle: University of Washington Press, 2001.

Hartman, Charles. "A Textual History of Cai Jing's Biography in the *Songshi.*" In *Emperor Huizong and the Late Northern Song: The Politics of Culture and the Culture of Politics,* edited by Patricia Buckley Ebrey and Maggie Bickford. Cambridge, MA: Harvard University Asia Center, 2006.

Hartwell, Robert. "A Cycle of Economic Change in Imperial China: Coal and Iron in Northeast China, 750–1350." *Journal of the Economic and Social History of the Orient* 10, no. 1 (1967): 102–159.

———. "Demographic, Political, and Social Transformations of China, 750–1550." *Harvard Journal of Asiatic Studies* 42, no. 2 (1982): 365–442.

———. "Financial Expertise, Examinations, and the Formulation of Economic Policy in Northern Sung China." *Journal of Asian Studies* 30, no. 2 (February 1971): 281–314.

———. "Markets, Technology, and the Structure of Enterprise in the Development of the Eleventh-Century Chinese Iron and Steel Industry." *Journal of Economic History* 26, no. 1 (1966): 29–58.

———. "A Revolution in the Chinese Iron and Coal Industries during the Northern Sung, 960–1126 A. D." *Journal of Asian Studies* 21, no. 2 (February 1962): 153–162.

Haw, Stephen G. "The Semu Ren in the Yuan Empire–Who Were They?" Paper presented at the "Mobility and Transformations: New Directions in the Study of the Mongol Empire" joint research conference of the Institute for Advanced Studies and the Israel Science Foundation, Jerusalem, 2014.

He, Xi, and David Faure, eds. *The Fisher Folk of Late Imperial and Modern China: An Historical Anthropology of Boat-and-Shed Living.* New York: Routledge, 2016.

———. "Introduction: Boat-and-Shed Living in Land-Based Society." In *The Fisher Folk of Late Imperial and Modern China: An Historical Anthropology of Boat-and-Shed Living,* edited by Xi He and David Faure. New York: Routledge, 2016.

Heijdra, Martin. "The Socio-economic Development of Rural China during the Ming." In *The Cambridge History of China,* vol. 8, *The Ming Dynasty, 1368–1644,* pt. 2, edited by Denis C. Twitchett and Frederick W. Mote. Cambridge: Cambridge University Press, 1998.

Henthorn, William E. *Korea: The Mongol Invasions.* Leiden: Brill, 1963.

Herman, John E.. "The Cant of Conquest: Tusi Offices and China's Political Incorporation of the Southwest Frontier." In *Empire at the Margins: Culture, Ethnicity, and Frontier in Early Modern China,* edited by Pamela Kyle Crossley, Helen F.Siu, and Donald S. Sutton. Berkeley: University of California Press, 2006.

Ho, Ping-ti. "The Introduction of American Food Plants into China." *American Anthropologist* 57, no. 2 (April 1955): 191–201.

———. *Studies on the Population of China, 1368–1953.* Cambridge, MA: Harvard University Press, 1959.

Hsiao, Ch'i-Ch'ing. "Mid-Yuan Politics." In *The Cambridge History of China*, vol. 6, *Alien Regimes and Border States*, *907–1368*, edited by Herbert Franke and Denis C. Twitchett. Cambridge: Cambridge University Press, 1994.

——. *The Military Establishment of the Yuan Dynasty*. Cambridge, MA: Harvard University Asia Center, 1978.

Huang, Philip C. C.. *The Peasant Family and Rural Development in the Yangzi Delta*, *1350– 1988*. Stanford, CA: Stanford University Press, 1990.

Huang, Ray. "The Ming Fiscal Administration." In *The Cambridge History of China*, vol. 8, *The Ming Dynasty*, *1368–1644*, pt. 2, edited by Denis C. Twitchett and Frederick W. Mote. Cambridge: Cambridge University Press, 1998.

——. *Taxation and Governmental Finance in Sixteenth-Century Ming China*. Cambridge: Cambridge University Press, 2009.

Hucker, Charles O. *The Censorial System of Ming China*. Stanford, CA: Stanford University Press, 1966.

Hulsewe, A. F. P.. *Remnants of Ch'in Law: An Annotated Translation of the Ch'in Legal and Administrative Rules of the 3rd Century B.C. Discovered in Yun-meng Prefecture*, *Hu-pei Province*, *in 1975*. Leiden: Brill, 1985.

Hung, Kuang-chi. "When the Green Archipelago Encountered Formosa: The Making of Modern Forestry in Taiwan under Japan's Colonial Rule (1895–1945)." In *Environment and Society in the Japanese Islands: From Prehistory to the Present*, edited by Bruce L. Batten and Philip C. Brown. Corvallis: Oregon State University Press, 2015.

Hymes, Robert. "Marriage, Descent Groups, and the Localist Strategy in Sung and Yüan Fu-Chou." In *Kinship Organization in Late Imperial China*, *1000–1940*, edited by Patricia Buckley Ebrey and James L. Watson. Berkeley: University of California Press, 1986.

Imber, Colin. *The Ottoman Empire*, *1300–1650: The Structure of Power*. New York: Palgrave Macmillan, 2004.

Itō Masahiko. *Sō Gen gōson shakai shiron: Minsho Rikōsei taisei no keisei katei* [Historical essay on Song-Yuan village society: The formation of the early Ming *lijia* system]. Tokyo: Kyūko Shoin, 2010.

Jiang, Wenying, et al. "Natural and Anthropogenic Forest Fires Recorded in the Holocene Pollen Record from a Jinchuan Peat Bog, Northeastern China." *Palaeogeography*, *Palaeoclimatology*, *Palaeoecology* 261, nos. 1–2 (April 2008): 47–57.

姜舜源：《明清朝廷四川采木研究》，《中国紫禁城学会论文集》第二辑，于倬云、朱诚如主编，北京：紫禁城出版社，2002 年。

金钟博：《明代里甲制与赋役制度之关系及其演变》，台北："中国文化大学"史学研究所，1985 年。

Johnson, Wallace, trans. *The T'ang Code*. Vol. 2, *Specific Articles*. Princeton, NJ: Princeton University Press, 1997.

J. rgensen, Dolly. "The Roots of the English Royal Forest." In *Anglo-Norman Studies 32*:

Proceedings of the Battle Conference 2009, edited by C. P. Lewis, 114–128. Woodbridge, UK: Boydell Press, 2010.

Kain, Roger J. P., and Elizabeth Baigent. *The Cadastral Map in the Service of the State: A History of Property Mapping*. Chicago: University of Chicago Press, 1992.

Keightley, David N.. *Sources of Shang History: The Oracle-Bone Inscriptions of Bronze Age China*. Berkeley: University of California Press, 1985.

Kim, Nam. "Sinicization and Barbarization: Ancient State Formation at the Southern Edge of Sinitic Civilization." In *Imperial China and Its Southern Neighbours*, edited by Victor H. Mair and Liam C. Kelley. Singapore: Institute of Southeast Asian Studies, 2015.

蓝勇：《明清时期的皇木采办》,《历史研究》1994 年第 6 期，第 86—98 页。

Langlois, John D.. "The Code and ad hoc Legislation in Ming Law." *Asia Major* 6, no. 2 (1993): 85–112.

Lau, Ulrich, and Thies Staack. *Legal Practice in the Formative Stages of the Chinese Empire: An Annotated Translation of the Exemplary Qin Criminal Cases from the Yuelu Academy*. Leiden: Brill, 2016.

Lee, John S. "Forests and the State in Pre-industrial Korea, 918–1897." Ph.D. diss., Harvard University, 2017.

———. "Postwar Pines: The Military and the Expansion of State Forests in Post-Imjin Korea, 1598–1684." *Journal of Asian Studies* 77, no. 2 (May 2018): 319–332.

Leong, Sow-Theng. *Migration and Ethnicity in Chinese History: Hakkas, Pengmin, and Their Neighbors*. Edited by Tim Wright. Stanford, CA: Stanford University Press, 1997.

Levathes, Louise. *When China Ruled the Seas: The Treasure Fleet of the Dragon Throne, 1405–1433*. 1994. Reprint, New York: Oxford University Press, 1997.

Levine, Ari Daniel. "Che-tsung's Reign (1085–1100) and the Age of Faction." In *The Cambridge History of China*, vol. 5, pt. 1, *The Sung Dynasty and Its Precursors, 907–1279*, edited by Denis C. Twitchett and Paul Jakov Smith. Cambridge: Cambridge University Press, 2009.

———. *Divided by a Common Language: Factional Conflict in Late Northern Song China*. Honolulu: University of Hawai'i Press, 2008.

Lewis, Mark Edward. *China between Empires*. Cambridge, MA: Harvard University Press, 2009.

———. *China's Cosmopolitan Empire: The Tang Dynasty*. Edited by Timothy Brook. Cambridge, MA: Belknap Press of Harvard University Press, 2012.

———. *Sanctioned Violence in Early China*. Albany: State University of New York Press, 1989.

Li, Minghe, and Gary A. Ritchie. "Eight Hundred Years of Clonal Forestry in China: I. Traditional Afforestation with Chinese Fir [*Cunninghamia lanceolata* (Lamb.) Hook.]." *New Forests* 18, no. 2 (September 1999): 131–142.

Li, Ren-Yuan. "Making Texts in Villages: Textual Production in Rural China during the Ming-Qing Period." Ph. D. diss., Harvard University, 2014.

Li, Xiaoqiang, John Dodson, Jie Zhou, and Xinying Zhou. "Increases of Population and Expansion of Rice Agriculture in Asia, and Anthropogenic Methane Emissions since 5000 BP." *Quaternary International* 202, nos. 1–2（June 2009）：41–50.

梁方仲：《明代赋役制度》，出自《梁方仲文集》，北京：中华书局，2008 年。

梁方仲：《明代粮长制度》，上海：上海人民出版社，1957 年。

梁思成：《中国建筑史》，天津：百花文艺出版社，1998 年。

Liu, Kam-Biu, and Hong-lie Qiu. "Late-Holocene Pollen Records of Vegetational Changes in China: Climate or Human Disturbance." *Tao* 5 no. 3（September 1994）：393–410.

刘翠溶：《汉人拓垦与聚落之形成：台湾环境变迁之起始》，《积渐所至：中国环境史论文集》，伊懋可、刘翠溶编，Cambridge：Cambridge University Press，1998 年。

刘志伟：《在国家与社会之间：明清广东里甲赋役制度研究》，北京：中国人民大学出版社，2010 年。

Lo, Jung-pang. *China as a Sea Power, 1127–1368: A Preliminary Survey of the Maritime Expansion and Naval Exploits of the Chinese People during the Southern Song and Yuan Periods*. Edited by Bruce A. Elleman. Singapore: National University of Singapore Press, 2012.

Lowood, Henry E. "The Calculating Forester: Quantification, Cameral Science, and the Emergence of Scientific Forestry Management in Germany." In *The Quantifying Spirit in the Eighteenth Century*, edited by Tore Frängsmyr, J. L. Heilbron, and Robin E. Rider. Berkeley: University of California Press, 1990.

栾成显：《明代黄册研究》，北京：中国社会科学出版社，1998 年。

罗香林：《客家研究导论》，兴宁：希山书藏，1933 年。

Macauley, Melissa. *Social Power and Legal Culture: Litigation Masters in Late Imperial China*. Stanford, CA: Stanford University Press, 1998.

Mann, Charles C. *1493: Uncovering the New World Columbus Created*. New York: Vintage, 2012.

Marks, Robert B. *China: Its Environment and History*. Lanham, MD: Rowman and Littlefield, 2011.

——. *Tigers, Rice, Silk, and Silt: Environment and Economy in Late Imperial South China*. Cambridge: Cambridge University Press, 1998.

Matteson, Kieko. *Forests in Revolutionary France: Conservation, Community, and Conflict, 1669–1848*. Cambridge: Cambridge University Press, 2015.

Mazumdar, Sucheta. "The Impact of New World Food Crops on the Diet and Economy of China and India, 1600–1900." In *Food in Global History*, edited by Raymond Grew, 58–78. Boulder, CO: Westview Press, 1999.

McDermott, Joseph. "Bondservants in the T'ai-hu Basin during the Late Ming: A Case of Mistaken Identities." *Journal of Asian Studies* 40, no. 4（1981）：675–701.

——. *The Making of a New Rural Order in South China*. Vol. 1, *Village, Land, and Lineage in Huizhou, 900–1600*. Cambridge: Cambridge University Press, 2014.

McDermott, Joseph, and Shiba Yoshinobu. "Economic Change in China, 960–1279." In

The Cambridge History of China, vol. 5, pt. 2, *Sung China, 960–1279*, edited by John W. Chaffee and Denis C. Twitchett. Cambridge: Cambridge University Press, 2015.

McElwee, Pamela D. *Forests Are Gold: Trees, People, and Environmental Rule in Vietnam.* Seattle: University of Washington Press, 2016.

McKnight, Brian E., and James T. C. Liu, trans. *The Enlightened Judgments: Ch'ing-Ming Chi, the Sung Dynasty Collection.* Albany: State University of New York Press, 1999.

McNeely, Jeffrey A., Kenton Miller, Russell A. Mittermeier, Walter V. Reid, and Timothy B. Werner. *Conserving the World's Biological Diversity.* Gland, Switzerland: International Union for Conservation of Nature and Natural Resources; Washington, DC: World Resources Institute, Conservation International, World Wildlife Fund–US, and World Bank, 1990.

McNeill, J. R. *Mosquito Empires: Ecology and War in the Greater Caribbean, 1620–1914.* New York: Cambridge University Press, 2010.

Medley, Margaret. "Ching-Tê Chên and the Problem of the 'Imperial Kilns.' " *Bulletin of the School of Oriental and African Studies, University of London* 29, no. 2 (1966): 326–338.

Menzies, Nicholas K. *Forest and Land Management in Imperial China.* New York: Palgrave Macmillan, 1994.

———. "Strategic Space: Exclusion and Inclusion in Wildland Policies in Late Imperial China." *Modern Asian Studies* 26, no. 4 (October 1992): 719–733.

Mihelich, Mira Ann. "Polders and the Politics of Land Reclamation in Southeast China during the Northern Song Dynasty (960–1126)." Ph.D. diss., Cornell University, 1979.

Mikhail, Alan. *Nature and Empire in Ottoman Egypt: An Environmental History.* Cambridge: Cambridge University Press, 2012.

———. *Under Osman's Tree: The Ottoman Empire, Egypt, and Environmental History.* Chicago: University of Chicago Press, 2017.

Miller, Ian M.. "Forestry and the Politics of Sustainability in Early China." *Environmental History* 22, no. 4 (October 2017): 594–617.

———. "Roots and Branches: Woodland Institutions in South China, 800–1600." Ph.D. diss., Harvard University, 2015.

Moore, Jason W. " 'Amsterdam Is Standing on Norway,' Part I: The Alchemy of Capital, Empire and Nature in the Diaspora of Silver, 1545–1648." *Journal of Agrarian Change* 10, no. 1 (January 2010): 33–68.

———. " 'Amsterdam Is Standing on Norway,' Part II: The Global North Atlantic in the Ecological Revolution of the Long Seventeenth Century." *Journal of Agrarian Change* 10, no. 2 (April 2010): 188–227.

———. "Transcending the Metabolic Rift: A Theory of Crises in the Capitalist World-Ecology." *Journal of Peasant Studies* 38, no. 1 (January 2011): 1–46.

Mostern, Ruth. *"Dividing the Realm in Order to Govern": The Spatial Organization of the Song State (960–1276 CE).* Cambridge, MA: Harvard University Press, 2011.

———. "Sediment and State in Imperial China: The Yellow River Watershed as an Earth

System and a World System." *Nature and Culture* 11, no. 2 (June 2016): 121–147.

Mote, Frederick W. "Chinese Society under Mongol Rule." In *The Cambridge History of China*, vol. 6, *Alien Regimes and Border States*, *907–1368*, edited by Herbert Franke and Denis C. Twitchett. Cambridge: Cambridge University Press, 1994.

———. "The Rise of the Ming Dynasty." In *The Cambridge History of China*, vol. 7, *The Ming Dynasty*, *1368–1644*, pt. 1, edited by Frederick W. Mote and Denis C.Twitchett, 11–157. Cambridge: Cambridge University Press, 1988.

Mullaney, Thomas S., James Leibold, Stéphane Gros, and Eric Vanden Bussche, eds. *Critical Han Studies: The History*, *Representation*, *and Identity of China's Majority*. Berkeley: University of California Press, 2012.

Nakajima Gakushō. *Mindai goson no funso to chitsujo: Kishu monjoo shiryo to shite* [Disputes and order in Ming dynasty villages: Using Huizhou documents assources]. Tokyo: Kyūko shoin, 2002.

Naquin, Susan. *Peking: Temples and City Life*, *1400–1900*. Berkeley: University of California Press, 2000.

Needham, Joseph, Ho Ping-Yü, Lu Gwei-Djen, Wang Ling. *Military Technology: The Gunpowder Epic*. Pt. 7 of *Chemistry and Chemical Technology*, vol. 5 of *Science and Civilisation in China*, edited by Joseph Needham. Cambridge: Cambridge University Press, 1987.

Needham, Joseph, Wang Ling. *Mathematics and the Sciences of the Heavens and the Earth*. Vol. 3 of *Science and Civilisation in China*, edited by Joseph Needham. Cambridge: Cambridge University Press, 1959.

Needham, Joseph, Wang Ling, Kenneth Girdwood Robinson. *Physics*. Pt. 1 of *Physics and Physical Technology*, vol. 4 of *Science and Civilisation in China*, edited by Joseph Needham. Cambridge: Cambridge University Press, 1962.

Needham, Joseph, Wang Ling, Lu Gwei-Djen. *Civil Engineering and Nautics*. Pt.3 of *Physics and Physical Technology*, vol. 4 of *Science and Civilisation in China*, edited by Joseph Needham. Cambridge: Cambridge University Press, 1971.

O Kŭm-sŏng. *Mindai shakai keizaishi kenkyū: Shinshisō no keisei to sono shakai keizaiteki yakuwari* [Research in Ming dynasty society and economy: The formation of the gentry stratum and their social and economic roles]. Translation of *Chungguk kŭnse sahoe kyŏngjesa yŏn'gu*. Tokyo: Kyūko Shoin, 1990.

Ocko, Jonathan K. "The Missing Metaphor: Applying Western Legal Scholarship to the Study of Contract and Property in Early Modern China." In *Contract and Property in Early Modern China*, edited by Madeleine Zelin, Jonathan K. Ocko, and Robert Gardella. Stanford, CA: Stanford University Press, 2004.

Oosthoek, K. Jan, and Richard H.lzl, eds. *Managing Northern Europe's Forests: Histories from the Age of Improvement to the Age of Ecology*. Oxford, UK: Berghahn Books, 2018.

安·奥思本（Osborne, Anne）:《丘陵与低地：清代长江下游地区的经济与生态互动》（ Highlands and Lowlands: Economic and Ecological Interactions in the Lower Yangzi Region under the Qing)，《积渐所至：中国环境史论文集》，伊懋可、刘翠溶编，Cambridge：Cambridge University Press，1998。

———. "The Local Politics of Land Reclamation in the Lower Yangzi Highlands." *Late Imperial China* 15, no. 1（1994）：1–46.

Ostrom, Elinor. *Governing the Commons：The Evolution of Institutions for Collective Action.* Cambridge：Cambridge University Press, 1990.

Ōta K. *Mōko shūrai：So no gunjishiteki kenkyū*［Mongol invasion：The study of its military history］. Tokyo：Kinseisha, 1997.

Ownby, David. *Brotherhoods and Secret Societies in Early and Mid-Qing China：The Formation of a Tradition.* Stanford, CA：Stanford University Press, 1996.

Peluso, Nancy Lee. *Rich Forests, Poor People：Resource Control and Resistance in Java.* Berkeley：University of California Press, 1994.

Peluso, Nancy Lee, and Peter Vandergeest. "Genealogies of the Political Forest and Customary Rights in Indonesia, Malaysia, and Thailand." *Journal of Asian Studies* 60, no. 3（2001）：761–812. Perdue, Peter C. *Exhausting the Earth：State and Peasant in Hunan, 1500–1850.* Cambridge, MA：Harvard University Asia Center, 1987.

Pomeranz, Kenneth. *The Great Divergence：China, Europe, and the Making of the Modern World Economy.* Rev. ed. Princeton, NJ：Princeton University Press, 2001.

———. *The Making of a Hinterland：State, Society, and Economy in Inland North China, 1853–1937.* Berkeley：University of California Press, 1993.

Puett, Michael. "Centering the Realm：Wang Mang, the *Zhouli*, and Early Chinese Statecraft." In *Statecraft and Classical Learning：The Rituals of Zhou in East Asian History*, edited by Benjamin Elman and Martin Kern. Leiden：Brill, 2009.

Pyne, Stephen J. *Fire：Nature and Culture.* London：Reaktion Books, 2012.

漆侠，乔幼梅：《中国经济通史》，北京：经济日报出版社，1999 年。

Rackham, Oliver. *The History of the Countryside：The Classic History of Britain's Landscape, Flora and Fauna.* 1986. Reprint, London：Phoenix, 2001.

Radkau, Joachim. *Nature and Power：A Global History of the Environment.* Translated by Thomas Dunlap. Cambridge：Cambridge University Press, 2008.

———. *Wood：A History.* Translated by Patrick Camiller. Cambridge, UK：Polity, 2012.

Rawski, Evelyn Sakakida. *Agricultural Change and the Peasant Economy of South China.* Cambridge, MA：Harvard University Press, 1972.

Ren, Guoyu. "Decline of the Mid-to Late Holocene Forests in China：Climatic Change or Human Impact?" *Journal of Quaternary Science* 15, no. 3（March 2000）：273–281.

Richards, John F. *The Unending Frontier：An Environmental History of the Early Modern World.* Berkeley：University of California Press, 2006.

Richardson, S. D. *Forestry in Communist China.* Baltimore：Johns Hopkins University Press, 1966.

Robinet, Isabelle. *Taoism：Growth of a Religion.* Translated by Phyllis Brooks. Stanford,

CA: Stanford University Press, 1997.

Robinson, David M.. *Empire's Twilight: Northeast Asia under the Mongols*. Cambridge, MA: Harvard University Asia Center, 2009.

——. "Politics, Force and Ethnicity in Ming China: Mongols and the Abortive Coup of 1461." *Harvard Journal of Asiatic Studies* 59, no. 1 (1999): 79−123.

Rossabi, Morris. *Khubilai Khan: His Life and Times*. 20th anniversary ed., with a new preface. Berkeley: University of California Press, 2009.

——. "The Muslims in the Early Yüan Dynasty." In *China under Mongol Rule*, edited by John D. Langlois. Princeton, NJ: Princeton University Press, 1981.

——. "The Reign of Khubilai Khan." In *The Cambridge History of China*, vol. 6, *Alien Regimes and Border States, 907−1368*, edited by Herbert Franke and Denis C. Twitchett. Cambridge: Cambridge University Press, 1994.

Sahlins, Peter. *Forest Rites: The War of the Demoiselles in Nineteenth-Century France*. Cambridge, MA: Harvard University Press, 1998.

Sanft, Charles. "Environment and Law in Early Imperial China (Third Century BCE−First Century CE): Qin and Han Statutes concerning Natural Resources." *Environmental History* 15, no. 4 (2010): 701−721.

Sasaki, Randall James. *The Origins of the Lost Fleet of the Mongol Empire*. College Station: Texas A&M University Press, 2015.

Schafer, Edward H.. "The Conservation of Nature under the T'ang Dynasty." *Journal of the Economic and Social History of the Orient* 5, no. 3 (1962): 279−308.

——. "Hunting Parks and Animal Enclosures in Ancient China." *Journal of the Economic and Social History of the Orient* 11, no. 3 (1968): 318−343.

Schlesinger, Jonathan. *A World Trimmed with Fur: Wild Things, Pristine Places, and the Natural Fringes of Qing Rule*. Stanford, CA: Stanford University Press, 2017.

Schneewind, Sarah. "Ming Taizu *Ex Machina*." *Ming Studies*, no. 1 (January 2007): 104−112.

Schoppa, R. Keith. *Song Full of Tears: Nine Centuries of Chinese Life around Xiang Lake*. Boulder, CO: Basic Books, 2002.

Schottenhammer, Angela. "China's Emergence as a Maritime Power." In *The Cambridge History of China*, vol. 5, pt. 2, *Sung China, 960−1279*, edited by John W. Chaffee and Denis C. Twitchett. Cambridge: Cambridge University Press, 2015.

Schurmann, Herbert Franz. *Economic Structure of the Yuan Dynasty*. Cambridge, MA: Harvard University Press, 1956.

Scott, James C. *The Art of Not Being Governed: An Anarchist History of Upland Southeast Asia*. New Haven, CT: Yale University Press, 2010.

——. *Seeing Like a State: How Certain Schemes to Improve the Human Condition Have Failed*. New Haven, CT: Yale University Press, 1999.

Sen, Tansen. *Buddhism, Diplomacy, and Trade: The Realignment of India-China Relations,*

600–1400. Lanham, MD: Rowman and Littlefield, 2015.

Shiba, Yoshinobu. "The Business Nucleus of the Southern Song Capital of Hangzhou." In *The Diversity of the Socio-economy in Song China*, *960–1279*, edited by Shiba Yoshinobu. Tokyo: Toyo Bunko, 2011.

———. *Commerce and Society in Sung China*. Translated by Mark Elvin. Ann Arbor: Center for Chinese Studies, University of Michigan, 1969.

———. "Environment versus Water Control: The Case of the Southern Hangzhou Bay Area from the Mid-Tang through the Qing." In *Sediments of Time: Environment and Society in Chinese History*, edited by Mark Elvin and Ts'ui-jung Liu. Cambridge: Cambridge University Press, 1998.

———. "Ningbo and Its Hinterland." In *The City in Late Imperial China*, edited by G. William Skinner. Stanford, CA: Stanford University Press, 1977.

Shin, Leo K. *The Making of the Chinese State: Ethnicity and Expansion on the Ming Borderlands*. Cambridge: Cambridge University Press, 2012.

Sivaramakrishnan, K. *Modern Forests: Statemaking and Environmental Change in Colonial Eastern India*. Stanford, CA: Stanford University Press, 1999.

Smith, Bruce D. "The Ultimate Ecosystem Engineers." *Science* 315, no. 5820 (March 11, 2007): 1797–1798.

Smith, Paul Jakov. "Introduction: Problematizing the Song-Yuan-Ming Transition." In *The Song-Yuan-Ming Transition in Chinese History*, edited by Paul Jakov Smith and Richard von Glahn. Cambridge, MA: Harvard University Asia Center, 2003.

———. "Irredentism as Political Capital: The New Policies and the Annexation of Tibetan Domains in Hehuang (the Qinghai-Gansu Highlands) under Shenzong and His Sons, 1068–1126." In *Emperor Huizong and the Late Northern Song: The Politics of Culture and the Culture of Politics*, edited by Patricia Buckley Ebrey and Maggie Bickford. Cambridge, MA: Harvard University Asia Center, 2006.

——— . *Taxing Heaven's Storehouse: Horses, Bureaucrats, and the Destruction of the Sichuan Tea Industry*, *1074–1224*. Cambridge, MA: Harvard University Asia Center, 1991.

So, Billy K. L. *Prosperity, Region, and Institutions in Maritime China: The South Fukien Pattern*, *946–1368*. Cambridge, MA: Harvard University Asia Center, 2001.

So, Kwan-wai. *Japanese Piracy in Ming China during the 16th Century*. Lansing: Michigan State University Press, 1975.

Sun Xiangjun and Chen Yinshuo. "Palynological Records of the Last 11,000 Yrs in China." *Quaternary Science Reviews* 10(1991): 537–544.

Swope, Kenneth M.. "To Catch a Tiger: The Suppression of the Yang Yinglong Miao Uprising (1587–1600) as a Case Study in Ming Military and Borderlands History." In *New Perspectives on the History and Historiography of Southeast Asia: Continuing Explorations*, edited by Michael Arthur Aung-Thwin and Kenneth R. Hall. Abingdon, Oxon: Routledge, 2011.

Szonyi, Michael. *The Art of Being Governed: Everyday Politics in Late Imperial China*. Princeton, NJ: Princeton University Press, 2017.

Tackett, Nicolas. *The Origins of the Chinese Nation: Song China and the Forging of an East Asian World Order*. Cambridge: Cambridge University Press, 2017.

Tanaka Masatoshi. "Popular Uprisings, Rent Resistance, and Bondservant Rebellionsin the Late Ming." In *State and Society in China: Japanese Perspectives on Ming-Qing Social and Economic History*, edited by Linda Grove and Christian Daniels. Tokyo: University of Tokyo Press, 1984.

Tang, Lixing. *Merchants and Society in Modern China: Rise of Merchant Groups*. Abingdon, Oxon: Routledge, 2017.

Tang, Zhiyao, Zhiheng Wang, Chengyang Zheng, and Jingyun Fang. "Biodiversity in China's Mountains." *Frontiers in Ecology and the Environment* 4, no. 7 (September 2006): 347–352.

Tao, Jing-shen. "The Move to the South and the Reign of Kao-Tsung (1127–1162)." In *The Cambridge History of China*, vol. 5, pt. 1, *The Sung Dynasty and Its Precursors, 907–1279*, edited by Denis C. Twitchett and Paul Jakov Smith. Cambridge: Cambridge University Press, 2009.

Teplyakov, V. K. *A History of Russian Forestry and Its Leaders*. Darby, PA: Diane Publishing, 1998.

Totman, Conrad. *The Green Archipelago: Forestry in Preindustrial Japan*. Athens: Ohio University Press, 1998.

——. *The Lumber Industry in Early Modern Japan*. Honolulu: University of Hawai'i Press, 1995.

Twitchett, Denis C., ed. *The Cambridge History of China*. Vol. 3, *Sui and T'ang China, 589–906*, pt. 1. Cambridge: Cambridge University Press, 1979.

——. *Financial Administration under the T'ang Dynasty*. Cambridge: Cambridge University Press, 1971.

Twitchett, Denis C., and Tilemann Grimm. "The Cheng-t'ung, Ching-t'ai, and T'ien-Shun Reigns, 1436–1464." In *The Cambridge History of China*, vol. 7, *The Ming Dynasty, 1368–1644*, pt. 1, edited by Frederick W. Mote and Denis C. Twitchett. Cambridge: Cambridge University Press, 1988.

Twitchett, Denis C., and Frederick W. Mote, eds. *The Cambridge History of China*.Vol. 8, *The Ming Dynasty, 1368–1644*, pt. 2. Cambridge: Cambridge University Press, 1998.

Vainker, S. J.. *Chinese Pottery and Porcelain*. London: British Museum Press, 2005.

Vermeer, Eduard B. "The Mountain Frontier in Late Imperial China: Economic and Social Developments in the Bashan." *T'oung Pao* 77, no. 4/5 (1991): 300–329.

——.《清代中国边疆地区的人口与生态》(Population and Ecology along the Frontier in Qing China),《积渐所至：中国环境史论文集》, 伊懋可、刘翠溶编, Cambridge: Cambridge University Press, 1998。

Von Glahn, Richard. *The Country of Streams and Grottoes: Expansion, Settlement, and the Civilizing of the Sichuan Frontier in Song Times*. Cambridge, MA: Harvard University Asia

Center, 1987.

———. *The Economic History of China: From Antiquity to the Nineteenth Century.* Cambridge: Cambridge University Press, 2016.

———. *Fountain of Fortune: Money and Monetary Policy in China, 1000–1700.* Berkeley: University of California Press, 1996.

———. "Imagining Pre-modern China." In *The Song-Yuan-Ming Transition in Chinese History*, edited by Paul Jakov Smith and Richard von Glahn. Cambridge, MA: Harvard University Asia Center, 2003.

———. "Ming Taizu *Ex Nihilo*?" *Ming Studies*, no. 1 (January 2007): 113–141.

———. "The Ningbo-Hakata Merchant Network and the Reorientation of East Asian Maritime Trade, 1150–1350." *Harvard Journal of Asiatic Studies* 74, no. 2 (December 2014): 249–279.

———. "Towns and Temples: Urban Growth and Decline in the Yangzi Delta, 1100–1400." In *The Song-Yuan-Ming Transition in Chinese History*, edited by Paul Jakov Smith and Richard von Glahn. Cambridge, MA: Harvard University Asia Center, 2003.

Wagner, Donald B. "The Administration of the Iron Industry in Eleventh-Century China." *Journal of the Economic and Social History of the Orient* 44, no. 2 (2001): 175–197.

Walsh, Michael. *Sacred Economies: Buddhist Monasticism and Territoriality in Medieval China.* New York: Columbia University Press, 2010.

Wang, Qingkui, Silong Wang, and Yu Huang. "Comparisons of Litterfall, Litter Decomposition, and Nutrient Return in a Monoculture *Cunninghamia lanceolata* and a Mixed Stand in Southern China." *Forest Ecology and Management* 255 (2008): 1210–1218.

Wang, Wensheng. *White Lotus Rebels and South China Pirates: Crisis and Reform in the Qing Empire.* Cambridge, MA: Harvard University Press, 2014.

王德毅:《李椿年与南宋土地经界》,《食货月刊》1972 年第 2 卷第 5 期,"中国农业历史与文化",http://agri-history.ihns.ac.cn/history/nansong1.html。

Warde, Paul. *Ecology, Economy and State Formation in Early Modern Germany.* Cambridge: Cambridge University Press, 2010.

———. "Fear of Wood Shortage and the Reality of the Woodland in Europe, c.1450–1850." *History Workshop Journal* 62, no. 1 (October 2006): 28–57.

———. *The Invention of Sustainability: Nature and Destiny, c. 1500–1870.* Cambridge: Cambridge University Press, 2018.

Wiens, Herold J.. *China's March toward the Tropics: A Discussion of the Southward Penetration of China's Culture, Peoples, and Political Control in Relation to the Non-Han-Chinese Peoples of South China and in the Perspective of Historical and Cultural Geography.* Hamden, CT: Shoe String Press, 1954.

Will, Pierre-Etienne, et al. *Handbooks and Anthologies for Officials in Imperial China: A Descriptive and Critical Bibliography.* Leiden: Brill, 2020. Selection savailable online from Legalizing Space in China, http://lsc.chineselegalculture.org, accessed March 23, 2017.

Williams, Michael. *Deforesting the Earth: From Prehistory to Global Crisis, an Abridgment.*

Chicago: University of Chicago Press, 2006.

Wilson, Andrew R. "The Maritime Transformations of Ming China." In *China Goes to Sea: Maritime Transformation in Comparative Historical Perspective*, edited by Andrew S. Erickson, Lyle J. Goldstein, and Carnes Lord. Annapolis, MD: Naval Institute Press, 2009.

Wing, John T. *Roots of Empire: Forests and State Power in Early Modern Spain, c.1500–1750*. Leiden: Brill, 2015.

Wittfogel, Karl A. "Public Office in the Liao Dynasty and the Chinese Examination System." *Harvard Journal of Asiatic Studies* 10, no. 1 (1947): 13–40.

Wittfogel, Karl A. and Feng Jiasheng. *History of Chinese Society: Liao, 907–1125*. Philadelphia: American Philosophical Society, 1949.

Woodside, Alexander. *Lost Modernities: China, Vietnam, Korea, and the Hazards of World History*. Cambridge, MA: Harvard University Press, 2006.

Wright, Tim. "An Economic Cycle in Imperial China? Revisiting Robert Hartwell on Iron and Coal." *Journal of the Economic and Social History of the Orient* 50, no. 4 (2007): 398–423.

杨国桢：《明清土地契约文书研究》，北京：中国人民大学出版社，2009 年。

杨国桢编：《闽南契约文书综录》，厦门：厦门大学出版社，1990 年。

Yang Peina. "Government Registration in the Fishing Industry in South China during the Ming and Qing." In *The Fisher Folk of Late Imperial and Modern China: An Historical Anthropology of Boat-and-Shed Living*, edited by Xi He and David Faure. New York: Routledge, 2016.

Ye, Tao, Yao Wang, Zhixing Guo, and Yijia Li. "Factor Contribution to Fire Occurrence, Size, and Burn Probability in a Subtropical Coniferous Forest in East China." *PLoS ONE* 12, no. 2 (February 16, 2017): e0172110.

Yonglin, Jiang trans. *The Great Ming Code / Da Ming lu*. Seattle: University of Washington Press, 2014.

Yuan, Tsing. "The Porcelain Industry at Ching-Te-Chen 1550–1700." *Ming Studies*, no. 1 (January 1978): 45–54.

Zelin, Madeleine. "A Critique of Rights of Property in Prewar China." In *Contract and Property in Early Modern China*, edited by Madeleine Zelin, Jonathan K.Ocko, and Robert Gardella. Stanford, CA: Stanford University Press, 2004.

Zhang, Jian, et al. "Stability of Soil Organic Carbon Changes in Successive Rotations of Chinese Fir [*Cunninghamia lanceolata* (Lamb.) Hook] Plantations." *Journal of Environmental Sciences* 21 (2009): 352–359.

Zhang, Ling. "Changing with the Yellow River: An Environmental History of Hebei, 1048–1128." *Harvard Journal of Asiatic Studies* 69, no. 1 (2009): 1–36.

——. *The River, the Plain, and the State: An Environmental Drama in Northern Song China, 1048–1128*. Cambridge: Cambridge University Press, 2016.

Zhang, Meng. "Financing Market-Oriented Reforestation: Securitization of Timberlands and Shareholding Practices in Southwest China, 1750–1900." *Late Imperial China* 38, no. 2 (December 2017): 109–151.

——. *Sustaining the Market: Long-Distance Timber Trade in China, 1700–1930*. Seattle: University of Washington Press, forthcoming.

——. "Timber Trade along the Yangzi River: Market, Institutions, and Environment, 1750–1911." Ph.D. diss., University of California, Los Angeles, 2017.

张应强:《木材之流动：清代清水江下游地区的市场、权力与社会》, 北京：生活·读书·新知三联书店, 2006 年。

张传玺:《中国历代契约会编考释》(上), 北京：北京大学出版社, 1995 年。

Zhao, Yan. "Vegetation and Climate Reconstructions on Different Time Scales in China: A Review of Chinese Palynological Research." *Vegetation History and Archaeobotany* 27, no. 2 (March 2018): 381–392.

Zhong, An-Liang, and Wen-Yue Hsiung. "Evaluation and Diagnosis of Tree Nutritional Status in Chinese-Fir [*Cunninghamia lanceolata* (Lamb.) Hook] Plantations, Jiangxi, China." *Forest Ecology and Management* 62 (December 1993): 245–270.

Zhong Chong. "Sekkō Shō Tōyō Ken Hokkō Bonchi ni okeru sō zoku no chiri–zokufu zhiryō no bunseki o chū shin to shite" [Geography of lineage in the North River basin of Dongyang County, Zhejiang–based on analysis of genealogical materials]. *Jimbun chiri* 57, no. 4 (2005): 353–373.

周维权:《中国古代园林史》, 北京：清华大学出版社, 1990 年。

Zurndorfer, Harriet. *Change and Continuity in Chinese Local History: The Development of Hui-Chou Prefecture, 800 to 1800*. Leiden: Brill, 1997.

——. "Chinese Merchants and Commerce in Sixteenth Century China: The Role of the State in Society." In *Leyden Studies in Sinology: Papers Presented at the Conference Held in Celebration of the Fiftieth Anniversary of the Sinological Institute of Leyden University, December 8–12, 1980*, edited by Wilt Lukas Idema, 75–86. Leiden: Brill, 1981.

索　引

译后记

　　2020年春，新冠疫情肆虐，蜗居家中，收到了上海光启书局肖峰先生的邀约，翻译《杉木与帝国》，林业史研究室的几位同事经过商议，接下了此书的翻译任务。北京林业大学林业史研究室成立于1982年，时任北京林学院代院长陈陆圻教授任研究室主任，其后张钧成、董源、印嘉佑等老一辈林史学者筚路蓝缕，为林业史研究室的发展作出了重要贡献。2006年至2014年，在时任北京林业大学校长尹伟伦院士、人文学院院长严耕教授主持下，完成了《中华大典·林业典》的编纂，为中国林业史研究积累了丰富的史料。2014年至2019年，在严耕教授主持下，林业史研究室又完成了科技部科技基础性工作专项"中国森林典籍志书资料整编"课题。在此期间，林业史研究室的几位老师，还合作完成了《林业史话》《中国林业史》《中国古代林业文献选读》《中国古代林业文献导读》等教材和科普著作。

　　但是，北京林业大学林业史研究室长期侧重于史料搜集和文献整理，理论研究有所不足。国内学术界关于中国森林史和林业史的研究，也较为薄弱。近些年，环境史研究异军突起，大量论著涌现，都或多或少地涉及森林史和林业史问题。不过，已有的中国环境史论著，大都聚焦于中国森林衰减、退化的历史。著名环境史学家伊懋可在其名著《大象的退却》中，更是将千年来中国森林的变迁称为"大毁林"。美国圣约翰大学孟一衡的新著《杉木与帝国》，虽然没有否认中国历史上森林衰退的长期趋势，但颠覆了过去人们对中国森林变迁的认知。它告诉我们，早期近代中国南方曾经发生过"大造林"，不仅维持了宋代以降中国持续增长的木材需求，还保持了中国南方的森林景观，形成了一套独立于欧洲近现代林业的制度体系，堪称现代林业制度的先驱，至今仍有启示和借鉴意义。

在本书的写作过程中，作者充分利用了当代数据库检索带来的便利，广泛搜罗了宋、元、明、清时期的史书方志、契约文书以及现代学者的研究成果，围绕杉木培育和采伐、木材运输和贸易、山林权属和交易、土地利用和植被变化与帝国制度、王朝更迭之间的关系，深入地剖析了中国南方人工林发生、发展的历程，再现了早期近代中国南方所发生的造林革命和森林变迁。本书从观点立论、材料运用到章节安排，都使人耳目一新。正是有感于此书的学术价值，几位老师同心协力，完成了翻译工作，这是林业史研究室同仁共同努力的结晶。

本书的具体分工如下：张连伟负责翻译序言、导论、第一章、结论和附录内容，李莉负责翻译第三章、第七章，李飞负责翻译第五章、第六章，郎洁负责翻译第二章、第四章。陈秋羽协助李飞翻译了第五章、第六章，马文硕协助翻译了中文版序言。在几位老师翻译的基础上，李莉审读了全书初稿，张连伟最后统稿定稿。本书作者孟一衡先生审阅了全部译稿，提出了具体的修改意见；责编肖峰先生针对书中一些术语、文字的翻译，也提出了建设性的修改意见。

本书的翻译，得到了中央高校基本科研业务费专项资金资助（项目编号：2015ZCQ-RW-02）。

由于译者水平有限，翻译过程中难免有疏漏、谬误之处，恳请方家批评指正。

译者

2021 年 12 月

守望思想　　逐光启航

杉木与帝国：早期近代中国的森林革命

〔美〕孟一衡 著

张连伟 李 莉 李 飞 郎 洁 译

责任编辑　肖　峰
营销编辑　池 森 赵宇迪
装帧设计　陈绿竟
审 图 号　GS（2022）3677 号

出版：上海光启书局有限公司
地址：上海市闵行区号景路 159 弄 C 座 2 楼 201 室　201101
发行：上海人民出版社发行中心
印刷：上海雅昌艺术印刷有限公司
制版：南京理工出版信息技术有限公司

开本：890mm × 1240mm　1/32
印张：9.75　　字数：211，000　　插页：9
2022 年 8 月第 1 版　　2022 年 8 月第 1 次印刷
定价：82.00 元
ISBN：978-7-5452-1932-6 / S·1

图书在版编目(CIP)数据

杉木与帝国：早期近代中国的森林革命 /（美）孟
一衡著；张连伟等译 . —上海：光启书局，2022
书名原文：Fir and Empire: The Transformation
of Forests in Early Modern China
ISBN 978-7-5452-1932-6

Ⅰ . ① 杉… 　Ⅱ . ① 孟… ② 张… 　Ⅲ . ① 森林—变迁—
中国—古代　Ⅳ . ① S717.2

中国版本图书馆 CIP 数据核字（2021）第 261825 号